燃气经营企业从业人员专业培训教材

城镇燃气通用与专业知识
（第二版）

仲玉芳　主编

中国建筑工业出版社

图书在版编目（CIP）数据

城镇燃气通用与专业知识/仲玉芳主编. —2 版
. —北京：中国建筑工业出版社，2022.10
燃气经营企业从业人员专业培训教材
ISBN 978-7-112-28109-1

Ⅰ.①城…　Ⅱ.①仲…　Ⅲ.①城市燃气－技术培训－
教材　Ⅳ.① TU996

中国版本图书馆 CIP 数据核字（2022）第 202110 号

本书结合目前我国燃气事业的发展及应用情况，系统、简要地讲述了燃气供应系统的基本理论和基本知识。本书内容分上下两篇，上篇通用知识分城镇燃气基础知识、消防安全与应急管理知识、能源应用与环境保护、城镇燃气智慧化和信息化管理；下篇专业知识分管道燃气经营企业、液化石油气经营企业、压缩天然气（CNG）加气站经营企业、液化天然气（LNG）加气站经营企业，全书共8章。

本书可为燃气行业广大管理人员、技术人员、操作人员提供全面且实用的专业参考，还可作为行业职工培训教材使用。

责任编辑：李　慧
责任校对：张辰双

燃气经营企业从业人员专业培训教材
城镇燃气通用与专业知识
（第二版）
仲玉芳　主编

*

中国建筑工业出版社出版、发行（北京海淀三里河路 9 号）
各地新华书店、建筑书店经销
北京建筑工业印刷厂制版
天津翔远印刷有限公司印刷

*

开本：787 毫米 ×1092 毫米　1/16　印张：18　字数：443 千字
2022 年 11 月第二版　　2022 年 11 月第一次印刷
定价：**59.00** 元
ISBN 978-7-112-28109-1
（39960）

燃气经营企业从业人员专业培训教材
审定委员会

出 版 说 明

　　为了加强燃气企业管理，保障燃气供应，促进燃气行业健康发展，维护燃气经营者和燃气用户的合法权益，保障公民生命、财产安全和公共安全，国务院第 129 次常务会议于 2010 年 10 月 19 日通过了《城镇燃气管理条例》（国务院令第 583 号公布），并自 2011 年 3 月 1 日起实施。

　　住房和城乡建设部依据《城镇燃气管理条例》，制定了《燃气经营企业从业人员专业培训考核管理办法》（建城〔2014〕167 号），并结合国家相关法律法规、标准规范等有关规定编制了《燃气经营企业从业人员专业培训考核大纲》（建办城函〔2015〕225 号）。

　　为落实考核管理办法，规范燃气经营企业从业人员岗位培训工作，我们依据考核大纲，组织行业专家编写了《燃气经营企业从业人员专业培训教材》。

　　本套教材培训对象包括燃气经营企业的企业主要负责人、安全生产管理人员以及运行、维护和抢修人员，教材内容涵盖考核大纲要求的考核要点，主要内容包括法律法规及标准规范、燃气经营企业管理、通用知识和燃气专业知识等四个主要部分。本套教材共 9 册，分别是：《城镇燃气法律法规与经营企业管理》《城镇燃气通用与专业知识》《燃气输配场站运行工》《液化石油气库站运行工》《压缩天然气场站运行工》《液化天然气储运工》《汽车加气站操作工》《燃气管网运行工》《燃气用户安装检修工》。本套教材严格按照考核大纲编写，符合促进燃气经营企业从业人员学习和能力的提高要求。

　　限于编者水平，我们的编写工作中难免存在不足，恳请使用本套教材的培训机构、教师和广大学员多提宝贵意见，以便进一步的修正，使其不断完善。

燃气经营企业从业人员专业培训教材审定委员会

前　言

城镇燃气设施是现代化文明城市建设的重要标志之一。燃气的供应，不仅能改善城镇居民的生活环境，提高生活质量，而且也是合理利用和节约能源的一项重要举措。

随着我国国民经济持续、快速的发展和人民生活水平的提高，我国城镇燃气事业有了突飞猛进的发展。燃气行业对人才的需求也日趋紧迫，加快燃气队伍专业化建设是各燃气企业面临的一个重要问题。本书的出版旨在为燃气行业广大技术人员提供全面且实用的专业支持。

本书内容分上、下篇，上篇通用知识分城镇燃气基础知识、消防安全与应急管理知识、能源应用与环境保护、城镇燃气智慧化和信息化管理，可以满足城镇燃气从业人员对燃气基础知识的需求；下篇专业知识分管道燃气经营企业、液化石油气经营企业、压缩天然气（CNG）加气站经营企业、液化天然气（LNG）加气站经营企业，可以满足城镇燃气从业人员对燃气专业技术知识的需求。本书在编写过程中力求做到全面，尽量涵盖燃气行业管理者和专业技术人员所需的知识，并介绍了一些燃气行业新材料、新技术、新工艺。

本书根据《燃气经营企业从业人员专业培训考核大纲》编写，可为燃气行业广大管理人员、技术人员、操作人员提供全面且实用的专业参考，还可作为行业职工培训教材使用。

本书由杭州市公用事业发展中心仲玉芳主编，并负责全书的统稿和定稿。浙江省长三角标准技术研究院对本书的编写提供了大力支持。新奥能源控股有限公司高欣、田志霞、杨成恩担任本书的主审工作，提出了许多精辟的见解和有益的修改意见，希望本书能在促进燃气事业发展、提高燃气队伍素质方面起到积极的作用。

本书的编写过程中，参考了大量的国内外相关著作、资料，在此向有关的编著者和资料提供者表示真诚的谢意。

由于编者水平所限，书中错误和不妥之处，敬请读者批评指正。

目　录

上篇　通用知识

下篇　专业知识

上 篇

通用知识

1 城镇燃气基础知识

1.1 城镇燃气的分类

按照燃气的来源，城镇燃气一般分为人工燃气、天然气、液化石油气、生物质气等。

1.1.1 人工燃气

以固体或液体可燃物为原料经各种热加工制得的可燃气体称为人工燃气。

1. 干馏煤气

以煤为原料利用焦炉或直立式炭火炉等进行干馏，所获得的可燃气体称为干馏煤气。干馏煤气中甲烷和氢的含量较高，低热值约为 $17kJ/m^3$，由于含氢量大，所以燃烧速度很快。干馏煤气的生产历史最长，工艺比较成熟，是我国部分城镇燃气的主要来源之一。

2. 汽化煤气

以固体燃料（如煤或炭）为原料，在汽化炉中通入汽化剂（如空气、氧气、水蒸气等），在高温条件下经过汽化反应而得到的可燃气体称为汽化煤气，通常有发生炉煤气、水煤气、压力汽化煤气。

（1）煤在常压下，以空气、水蒸气作为汽化剂经汽化后所得到的煤气称为发生炉煤气。

（2）煤在常压下，以水蒸气作为汽化剂制得的煤气称为水煤气。

（3）压力汽化又称高压汽化，得到的燃气称为压力汽化煤气。它是以高压氧气和水蒸气作为汽化剂，使煤在高压下进行连续汽化的一种制气方法。这种制气方法最初是以制造城市煤气为目的而发展起来的，后来逐渐扩展到生产合成气。煤在压力下进行汽化可以促进甲烷的生成。经过净化和脱除二氧化碳后的净煤气组成中，甲烷的含量接近焦炉煤气，作为城镇燃气比较理想。

此外，煤的地下汽化技术也是一种对煤进行加工的方法。它是把煤的开采和转化结合起来，对地下煤层就地进行汽化的工艺过程。煤的地下汽化原理与一般的煤炭汽化原理相同，只是它的"汽化炉"直接设在地下煤层中，以从地面鼓入的空气或富氧空气作为汽化剂。地下汽化煤气与发生炉煤气接近。

3. 油制气

油制气是以石油及其副产品（如重油）为原料，经过高温裂解而制成的可燃气体。目前，我国主要以重油为原料，制气方法有蓄热裂解法、催化裂解法和部分氧化法等。

（1）蓄热裂解法。在有水蒸气存在、温度为 800～900℃ 的条件下使碳氢化合物裂解，由加热和制气两个阶段交替进行，间歇制取油制气。水蒸气的存在可以降低炉内分压以促进裂解反应。蓄热裂解法制取的燃气一般含重碳氢化合物比较多，含氢量较少。

（2）催化裂解法。在热裂解法的生产过程中加入适当催化剂，促进裂解过程中生成的碳氢化合物与水蒸气之间发生反应，生成含氢和一氧化碳较高的燃气。催化裂解气的组分、热值及燃烧性能非常接近焦炉煤气，是比较理想的城镇燃气气源。催化裂解法制取城镇燃气已得到广泛应用。

（3）部分氧化法。将水蒸气和氧气作为汽化剂，使原料油与适量的氧进行部分氧化反应及其他一系列反应，生成主要含氢和一氧化碳的混合气。

1.1.2　天然气

天然气是由有机物质生成的，这些有机物质是海洋和湖泊中的动、植物残骸在特定环境中经物理和生物化学作用而形成的分散的碳氢化合物。

天然气在地壳内的迁移，是由于天然气本身具有流动性以及压力、重力、分子力、水动力、毛细管力、岩石再结晶等多种外力因素共同作用而产生的结果。

天然气生成之后，储集在地下岩石的孔隙、裂缝中。能储存天然气并能使天然气在其内部流动的岩石，称为储岩层，又叫储集层，储集层是天然气形成不可缺少的重要条件。天然气根据产生方式的不同，可分为：石油伴生气、气田气、矿井气三种。

天然气既是制取乙炔、合成氨、炭黑等化工产品的原料气，又是优质燃料气，是城镇燃气的理想气源。目前我国多数城市已把天然气作为城市的主要气源，随着国家西气东输计划的实施和液化天然气大规模引进，天然气在整个能源利用中的比重将越来越大，必将对国家经济和社会发展产生巨大作用。

1.1.3　液化石油气

液化石油气是开采和炼制石油过程中，作为副产品而获得的一部分碳氢化合物。目前我国供应的液化石油气主要是从炼油厂催化裂化气体中提取的。由于生产工艺和操作条件的不同，制取的液化石油气的组分也有所差异，通常由油田伴生气和天然气中制取的液化石油气中烷烃含量较多。从石油炼制过程得到的液化石油气中，除含有烷烃外还含有烯烃和二烯烃。液化石油气的主要组分是丙烷、丙烯、丁烷、丁烯。这些碳氢化合物在常压下的沸点为 $-42.7 \sim -0.5℃$，所以在常温常压下呈气态，而当压力升高或温度降低一定程度时，很容易使之转化成为液体状态，所以称这类碳氢化合物为液化石油气。

1.1.4　生物质气

生物质气是以生物质为原料通过发酵、干馏或直接汽化等方法产生的可燃气体。各种有机物质，如蛋白质、纤维素、脂肪、淀粉等，在隔绝空气的条件下发酵，并在微生物的作用下可产生可燃气体，也称为沼气。发酵的原料粪便、垃圾、杂草和落叶等有机物质，用于干馏和汽化的秸秆、稻壳、树枝、木屑都是农业和林业的废弃物。因此，生物质气属于可再生资源。生物质气中甲烷的含量约为60%，二氧化碳的含量约为35%，还含有少量的氢、一氧化碳等气体。生物质气的低热值约为 $21MJ/m^3$。目前，沼气在一些乡镇中得到了广泛的应用。

1.2　城镇燃气的基本性质

燃气是指所有的天然和人工的气体燃料的总称。工业与民用燃气的组成中包括可燃气体、少量的惰性气体和混合气体。可燃气体有氢气（H_2）、一氧化碳（CO）、甲烷（CH_4）、乙烷（C_2H_6）、丙烯（C_3H_6）、丙烷（C_3H_8）、丁烯（C_4H_8）、丁烷（C_4H_{10}）、戊烷（C_5H_{12}）、苯（C_6H_6）；惰性气体有氮气（N_2）及其他不活泼气体；混合气体有水蒸气（H_2O）、二氧化碳（CO_2）、氨气（NH_3）、氰化氢（HCN）和硫化氢（H_2S）等。

1.2.1 燃气的物理化学性质

1. 燃气的密度与相对密度

燃气的密度是指单位容积分子燃气所具有的质量。混合气体密度可按下式计算：

$$\rho_m = \frac{\sum \rho_i V_i}{100} \qquad (1-1)$$

式中　ρ_m——混合气体密度，kg/m^3；

　　　ρ_i——混合气体各组分的密度，kg/m^3；

　　　V_i——混合气体各组分的体积分数，%。

相对密度，是指该物质与标准物质的密度之比。对于气态燃气来说，相对密度是气态燃气密度与空气密度的比值（一般用 S 表示）。$S > 1$ 表明该气态燃气比空气重，$S < 1$ 表明该气态燃气比空气轻。对于液态燃气来说，相对密度是液态燃气密度与纯水密度的比值（一般用 D 表示）。$D > 1$ 表明该液态燃气比水重，$D < 1$ 表明该液态燃气比水轻。几种常用燃气的密度和相对密度见表 1-1。

几种常用燃气的密度和相对密度　　　　　　　　表 1-1

燃气种类	密度（kg/m^3）	相对密度
天然气	0.75～0.8	0.58～0.62
焦炉煤气	0.4～0.5	0.3～0.4
液化石油气（气态）	1.9～2.5	1.5～2.0

2. 燃气的含湿量

在燃气储存、输送过程中，湿燃气中水蒸气的含量将发生变化，而干燃气的含量却保持不变。湿燃气中 1kg 干燃气所夹带的水蒸气（以克计）称为湿燃气的含湿量，以符号 d 表示，单位为 g/kg 干燃气，即：

$$d = 1000 \frac{M_{zq}}{M_g} \qquad (1-2)$$

式中　M_{zq}——1kg 湿燃气中所含水蒸气的质量；

　　　M_g——1kg 湿燃气中所含干燃气的质量。

显然，$(1 + 0.001d)$ 湿燃气含有 1kg 干燃气和 $0.001d$ kg 水蒸气。

3. 燃气的露点

饱和蒸汽经冷却或加压，立即处于过饱和状态，当遇到接触面或凝结核便液化成露，这时的温度称为露点。

对于气态碳氢化合物，与饱和蒸汽压相应的温度也就是露点。例如，丙烷在 $3.49 \times 10^5 Pa$ 压力时露点为 $-10℃$，而在 $8.46 \times 10^5 Pa$ 压力时露点为 $+ 20℃$。气态碳氢化合物在某一蒸气压时的露点也就是液体在同一压力时的沸点。

碳氢化合物混合气体的露点与混合气体的组成及其总压力有关。在实际的液化石油气供应中，由于碳氢化合物蒸气分压力降低，故而露点也降低了。

露点随混合气体的压力及各组分的容积而变化，混合气体的压力增大，则露点升高。当用管道输送气态碳氢化合物时，必须保持其温度比露点高5℃以上，以防凝结，阻碍输气。

4. 水化物

（1）水化物的生成条件

如果碳氢化合物中的水分超过一定含量，在一定的温度和压力条件下，水能与液相和气相的 C_1、C_2、C_3 和 C_4 生成结晶水化物 $C_mH_n \cdot xH_2O$（对于甲烷，$x = 1\sim6$；对于乙烷，$x = 6$；对于丙烷及异丁烷，$x = 17$）。水化物在聚集状态下是白色的结晶体，或带铁锈色，依据它的生成条件，一般水化物类似于冰或致密的雪。水化物是不稳定的结合物，在低压或高温条件卜易分解为气体和水。在湿气中形成水化物的主要条件是压力和温度。同时，杂质、高速、紊流、脉动（例如由活塞式压送机引起的）、急剧转弯等因素也会对水化物的形成有影响。如果气体被水蒸气饱和，即输气管的温度等于湿气的露点，则水化物即可以形成，因为混合物中水蒸气分压远超过水化物的蒸汽压。但如果降低气体中水分含量使得水蒸气分压低于水化物的蒸气压，则水化物也就不存在了。高压输送天然气并且管道中含有足够水分时，会遇到生成水化物的问题，此外，丙烷在容器内极速蒸发时也会形成水化物。

（2）水化物的防止

水化物的生成会缩小管道的流通断面，甚至堵塞管线、阀件和设备。为防止水化物的生成或分解已生成的水化物有如下两种方法：

1）采用降低压力、升高温度、加入可以使水化物分解的反应剂（防冻剂），最常用来分解水化物结晶的反应剂是甲醇（木精），其分子式为 CH_3OH。此外，还用甘醇（乙二醇）、二甘醇、三甘醇、四甘醇作为反应剂。醇类之所以能用来分解或预防水化物的产生，是因为它的蒸汽与水蒸气可形成溶液，水蒸气变为凝析水，降低了水蒸气的含量，从而降低了生成水化物的临界点。醇类水溶液的冰点比水的冰点低得多，因吸收了气体中的水蒸气，使气体的露点降低很多。在使用醇类的地方，一般装有排水装置，将输气管中的液体排出。

2）脱水使气体中水分含量降低到不致生成水化物的程度。为此要使露点降低到大约低于输气管道工作温度5~7℃，这样就使得在输气管道的最低温度下，气体的相对湿度接近于60%，达到现行国家标准《液化石油气》GB 11174 的要求。

1.2.2 燃气的热力学与燃烧特性

1. 燃气的热值

气体燃料的热值是指单位数量的燃料（如 $1m^3$ 或 $1kg$）完全燃烧时所放出的热量。

热值分为高位热值和低位热值。高位热值是指燃气完全燃烧后其烟气被冷却至原始温度，而其中的水蒸气以凝结水状态存在时所放出的热量。低位热值是指燃气完全燃烧后其烟气被冷却至原始温度，但烟气中的水蒸气为蒸汽状态时所放出的热量。显然，燃气的高位热值要大于其低位热值，差值为水蒸气的汽化潜热。

燃气的低位热值可按式（1-3）求出：

$$Q_L = \frac{\sum V_i \cdot q_i}{100} \qquad (1-3)$$

式中　Q_L——燃气的低位热值，kJ/m^3；

V_i——混合气体各组分的体积分数，%；

q_i——燃气中各单一组分的热值，kJ/m^3。

2. 着火温度和爆炸浓度极限

（1）着火温度

可燃气体与空气混合物在没有火源作用下被加热而引起自燃的最低温度称为着火温度（又称自燃点）。甲烷性质稳定，以甲烷为主要成分的天然气着火温度较高。即使是单一可燃组分，其着火温度也不是固定数值，着火温度与可燃组分在空气混合物中的浓度、混合程度、压力、燃烧室形状、有无催化作用等有关。在工程中，实际的着火温度应由试验确定。

（2）爆炸浓度极限（又称着火极限）

在可燃气体与空气混合物中，如燃气浓度低于某一限度，氧化反应产生的热量不足以弥补散失的热量，无法维持燃烧爆炸；当燃气浓度超过某一限度时，由于缺氧也无法维持燃烧爆炸。前一浓度限度称为着火下限，后一浓度限度称为着火上限。着火上、下限又称为爆炸上、下限，上、下限之间的浓度范围称为爆炸范围。

3. 华白数

决定燃气互换性的因素是燃气的燃烧特性指标——华白数（或称发热指数）和燃烧势（或称燃烧速度指数）。当燃气性质（燃气成分）改变时，华白数和燃烧势同时改变。

华白数 W 按公式（1-4）计算：

$$W = \frac{Q_H}{\sqrt{S}} \qquad (1-4)$$

式中　Q_H——燃气热值，kJ/m^3；按照各国习惯，有些取用高位热值，有些取用低位热值；

S——燃气的相对密度（空气相对密度＝1）。

当使用燃气低位热值来计算华白数时，应注明，并在燃气互换性时统一计算热值。

4. 燃烧势

随着气源种类的增多，出现了燃烧特性差别较大的两种燃气的互换性问题，除了华白数以外，还必须引入燃烧势因素。燃烧势是反映燃气燃烧时火焰产生离焰、黄焰、回火和不完全燃烧的倾向性的一项综合指标，反映了燃具燃烧的稳定性。

燃烧势可按式（1-5）计算：

$$C_p = K_2 \frac{1.0H_2 + 0.6CO + 0.3CH_4 + 0.6C_mH_n}{\sqrt{S}} \qquad (1-5)$$

式中　　　　　　　C_p——燃烧势；

H_2、CO、CH_4、C_mH_n——燃气中氢、一氧化碳、甲烷和碳氢化合物（除甲烷外）的体积分数，%；

S——燃气的相对密度；

K_2——燃气中氧含量修正系数（见图1-1）。

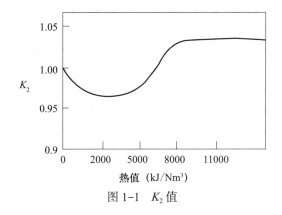

图 1-1 K_2 值

5. 燃气的汽化潜热

汽化潜热就是单位质量（1kg）的液体变成与其处于平衡状态的蒸汽所吸收的热量。

液化石油气以液态储存，各种燃具使用的都是气态液化石油气。液化石油气从液态转变为气态的过程，称为汽化或蒸发，要吸收热量。当外界温度低不能供给汽化或蒸发所需的热量时，液化石油气吸收自身的热量，使温度降低直至停止汽化。

1.3 城镇燃气的安全特性及常见危害处理措施

随着城镇燃气的不断发展，生产与消费规模越来越大，使用场所越来越多，情况也越来越复杂，城镇燃气的安全管理是一项系统工程，从燃气公司门站到用户每一个环节都可能存在安全隐患。现有的安全管理机制已与燃气产业飞速发展相脱节。政策、法规、标准及规范等方面的不同步、不配套等弊端也突显出来。近年来，在生产、运输、储存、使用过程中所产生的火灾、泄漏与爆炸等重特大事故时有发生，其等级与死亡人数也不断上升。日益严峻的燃气泄漏和火灾爆炸事故，给国家财产和人民生命财产安全造成了巨大损失。

1.3.1 城镇燃气的安全特性

1. 天然气

天然气是通过气井从地下开采出来的烃类和少量非烃类混合气体的总称。它在不同的地质条件下生成、运移，在一定的温度、压力下储集在地下构造层中。天然气的主要成分是甲烷（约95%以上），并含有乙烷、丙烷、丁烷、戊烷以上的烃类，还含有少量的二氧化碳、氢气、硫化氢等非烃组分。其特点是：① 热值高（平均热值为8000kcal/m³），燃烧稳定。② 安全性高，天然气的燃爆浓度范围为5%～15%，而煤气为4%～35%，液化石油气为2%～10%；天然气密度比空气小，在空气中易扩散。③ 有利于保护环境。使用天然气作为燃料能减少煤和石油的使用量，从而大大改善环境污染问题。天然气作为一种清洁能源，能减少二氧化碳、氮氧化物和粉尘的排放量，并有助于减少酸雨的形成，从根本上改善环境质量。④ 天然气价格比煤气和液化石油气更低。⑤ 方便、卫生。天然气的成分决定了它是一种火灾危险性较大的可燃气体，属于一级可燃气体。输气及应用过程中稍有不慎或管道破裂漏气就会逸散到空气中，遇到火源就可能发生火灾爆炸事故，甚至造成重大伤亡。

2. 液化石油气

液化石油气确切来讲是石油炼制过程中产生的一种副产品，主要成分是丙烷、丙烯、丁烷、丁烯等低分子烃。精炼加工的液化石油气无色无臭，泄漏时难以发觉，商用液化石油气一般都加入一些臭味的硫化物。气态时，密度大，比空气重 1.5～2 倍，不宜扩散，在低洼处容易聚集；液态时，密度小，约为水的 1/2，由液态挥发成气态时，其体积扩大 250～300 倍。液化石油气燃点低，点火能量为万分之几毫焦耳，闪点为 −73.5℃，爆炸极限为 2%～10%，爆速为 2000～3000m/s；热值大，是城市煤气的 6 倍；有一定毒性，轻度吸入会使人产生头晕、心跳加快、恶心以及虚脱等症状，当吸入浓度较高时会使人窒息死亡；空气中含有 10% 液化石油气时，人在该气体中 5min 就会被麻醉。

3. 人工燃气

人工燃气一般是以煤炭为原料而制取的煤制气，主要成分为烷烃、烯烃、芳烃以及一氧化碳、氢气等，具有易燃易爆的性质。其密度比空气略小，一旦从设备或管道中泄漏后易在空气中飘散，在空气中的爆炸极限为 6.6%～55%，遇明火、高温等火源，有燃烧爆炸的危险。煤气有毒，其中含有的一氧化碳能与人体中的血红蛋白结合，造成缺氧，使人昏迷不醒甚至死亡，在低浓度下也能使人产生头晕、心跳加快、恶心及虚脱等症状。

1.3.2 城镇燃气常见事故及原因分析

随着城镇燃气使用越来越广泛，燃气事故也日渐增多，下面总结了城镇燃气事故的一些主要原因。

1. 管道燃气

采用管道方式供气的主要气源是天然气、人工煤气。这种方式的供气设备通常由管道、门站、储配站（制气厂）、调压装置及管道上的附属设备组成管网体系。由于管道属隐蔽工程，随着时间的推移、地面的下陷、管道的老化及其他不可预见等原因造成燃气泄漏事故较多。我国每年发生的管道燃气爆炸事故较为频繁。分析其原因主要有以下几个方面：

（1）管道设备老化、腐蚀严重。部分管道使用几十年从未检测维修，其安全可靠性无法确定。许多城市的燃气管网随着城市建设的需要，局部管道位置发生了变化，道路拓宽等原因使燃气管道置于车道下面，极易造成管道受压损坏，发生燃气泄漏。另外，由于阀门、法兰连接不严也会导致燃气泄漏。

（2）载体设备上的泄压装置、防爆片、防爆膜等不起作用，危险区域的电气设备不防爆，无防雷、防静电措施或虽有但不起作用。

（3）燃气企业管理尚有缺陷。工作人员无证上岗、违反操作规程，安全组织和规章制度不落实，安全培训不到位、安全检查流于形式、走过场、没有实际性内容，隐患未及时整改、应急物资配备不全等。

（4）第三方施工破坏燃气管道引起燃气泄漏事故时有发生。第三方野蛮施工或者施工前未与燃气公司签订施工协议和施工保护方案。

（5）用户使用不当、户内胶管老化、龟裂、被老鼠咬破、私改私接燃气管道等是造成户内燃气泄漏爆炸事故的主要原因。

2. 瓶装燃气

我国城乡有较大部分居民和餐饮业使用罐装液化石油气，在灶具、燃气热水器及其他燃气设备使用不正确或特殊条件下，当液化石油气灶具回火时更会造成减压阀和气罐的爆炸，给家庭和社会带来不幸，情况也十分复杂危险。在生产、运输、储存使用过程中产生的火灾、泄漏、爆炸事故层出不穷。分析其原因主要有以下五个方面：

（1）灌装超量。即超过气瓶体积的85%。此时瓶体如受外界因素作用，易发生破裂，以致液化石油气迅速泄漏扩散。

（2）瓶体受热膨胀。由于液化石油气对温度作用较为敏感。当温度由10℃升至50℃时，蒸汽压由0.64MPa增至1.8MPa。若继续升高，将导致瓶体爆炸。

（3）瓶体受腐蚀或撞击，导致瓶体破损漏气，引起火灾爆炸事故。

（4）气瓶角阀及其安全附件密封不严引起漏气。

（5）瓶内进入空气，如使用不留余气，导致空气进入气瓶。在下次充装使用时，可能引起气瓶爆炸。

3. 人的因素

（1）安全用气宣传不到位，用户对燃气知识不了解。

（2）安全意识淡薄，存在侥幸心理。

（3）粗心大意，在人员长时间离开厨房时忘记关闭阀门或关阀不严导致大量燃气泄漏。

（4）操作错误，习惯于"以气等火"，不遵守"以火等气"，导致在点火前漏出燃气。

（5）用户在更换液化石油气钢瓶时，不仔细检查调压器的O形橡胶圈是否老化脱落或将手轮丝扣连接错误。

（6）管理不严，违章储存，使用不当。尤其是中低档餐饮经营场所。

（7）从事燃气经营的作业人员专业素质不高。有些人员未经过培训就上岗或没有定期培训。燃气消防安全知识知之甚少，没有能力发现安全隐患，甚至违章操作。

1.3.3 城镇燃气常见事故的应急处理措施

1. 管道、气罐燃烧爆炸事故

燃气火灾应首先扑灭泄漏点附近被引燃的可燃物，控制灾害范围。切记不可轻易关闭阀门，防止回火引起爆炸。

火灾处置应在事故单位工程技术人员的协助下进行，堵漏作业时使用雾状水枪掩护作业，防止火星产生。堵漏工作中，如确认泄漏口不大，应快速堵漏，并使用雾状水稀释驱散泄漏的燃气。如裂缝较大确认难以堵漏，可采用冷却着火容器及周围容器防止爆炸，任其稳定燃烧，直至燃尽熄灭。倒液工作必须与事故单位技术人员共同论证研究，在确认安全、有效的前提下，由事故单位技术人员操作，消防人员掩护。

现场观察。注意随时观察燃烧的火焰，如由橙黄色变成白色，或由于破裂泄漏，破损处发出刺耳啸叫声，或罐体、管道、容器等出现颤抖时，即为爆炸先兆，应及时指挥人员撤离。

2. 大型气柜泄漏燃烧

如果是大型气柜或贮罐发生泄漏并已着火时，首先要用喷雾射流稀释可能泄漏的可燃气体以降低其浓度，用雾状水冷却着火气柜或贮罐，以及相邻气柜或贮罐，并侦查泄漏部位情况，做好堵漏准备工作。在确保堵漏工作准备就绪后，可用干粉或水立即将火熄灭，同时实施堵漏。

3. 居民区发生泄漏燃烧

居民区燃气管道发生泄漏并已着火时，会面临两种情况：一是泄漏部位已着火，而堵漏工作较难实施（如地下管道泄漏起火），这时可关闭着火部位两端的阀门切断气源，用冷却水冷却相邻部位，让管道中的煤气燃尽为止；二是泄漏点较多，有些部位已着火而有些部位只发生泄漏，这种情况相对比较危险，应防止泄漏出的气体与空气形成的爆炸性混合物遇着火部位的火源而发生爆炸。因此，在冷却着火管道切断气源的同时，须用喷雾射流或开花射流稀释现场可燃气体。

4. 个体用户发生泄漏事故

如个体用户发生泄漏火灾，可以使用脉冲水枪、灭火器喷射或灭火毯覆盖灭火，首先应关闭阀门，注意现场通风，同时协助专业维修人员维修。

1.4 城镇燃气用量及供需平衡

城镇燃气用户主要包括居民用户和非居民用户两大类，其中，居民用户用气主要是用于日常的炊事和获取生活热水；非居民用户包括工业用户、公建和商业用户、公建用户、供暖、制冷用户燃气汽车用户、其他用户。公建和商业用户是与城镇居民生活密切相关的一类用户，包括职工食堂、幼儿园、托儿所、机关、学校和科研机关等，燃气主要用于炊事和热水供应。工业用户主要是以燃气为燃料从事工业生产的用户。供暖、制冷用户是以燃气为原料进行供暖、制冷的用户。燃气汽车用户是以燃气作为汽车动力燃料的用户。其他用户如当发电厂采用城镇燃气发电或供热时的用户。

在发展民用用户的同时，也要发展一部分工业用户，二者兼顾，有利于提高气源生产企业的经济效益，减少储气容积，增加售气收费，有利于用气负荷的平衡等。另外，从提高能源效率、改善环境质量和发展低碳经济方面考虑，天然气占城镇能源的比例将大幅度提高，工业用气比例也将大幅度提高。

1.4.1 城镇燃气用量

1. 居民生活用户用气量

居民生活用户用气量取决于居民生活用气量指标（用气定额）、汽化百分率及城镇居民人口数。

影响居民生活用气量指标的因素有很多，如住宅燃气器具的类型和数量、住宅建筑等级和卫生设备的设置水平、供暖方式及热源种类、居民生活用热习惯及生活水平，居民每户用气量指标无法精确确定，通常根据居民生活用户用气量实际统计资料，经过综合分析和计算得到用气量指标。当缺乏用气量的实际统计资料时，可根据当地的实际燃料消耗量、生活习惯、燃气价格、气候条件等具体情况确定。表1-2为我国某些城市居民生活用气量指标。

气化百分率是指城镇居民使用燃气的人口数占城镇居民总人口数的百分数。一个城镇的气化百分率很难达到100%，因为有一部分房屋结构不符合安装燃气设备的条件或居民点远离城镇燃气管网。

某些城市居民生活用气量指标　　　　　　　　　　　表 1-2

城市	用气定额［MJ/（人·a）］		城市	用气定额［MJ/（人·a）］	
	无集中供暖设备	有集中供暖设备		无集中供暖设备	有集中供暖设备
北京	2510～2930	2720～3140	南京	2300～2510	—
天津	2510～2930	2720～3140	上海	2300～2510	—
哈尔滨	2590～2820	2800～2980	杭州	2300～2510	—
沈阳	2550～2780	2760～2960	广州	2930～3140	—
大连	2450～2680	2680～2900	深圳	2930～3140	—

居民生活用户用气量可按式（1-6）计算，即：

$$Q_{yd} = \frac{N_p K_g q_d}{H_t} \qquad (1-6)$$

式中　Q_{yd}——居民生活用户年用气量，m^3/a；

　　　N_p——城镇居民总人口数，人；

　　　K_g——气化百分率，%；

　　　q_d——居民生活用气量指标，MJ/（人·a）；

　　　H_t——燃气低位热值，MJ/m^3。

2. 商业用户用气量

商业用户用气量取决于商业用户的用气量指标（用气定额）、城镇居民人口数和商业设施标准。

影响商业用户用气量的因素有很多，主要有城镇燃气供应状况，燃气管网布置情况，商业的分布情况，居民使用公共服务设施的程度，用气设备的性能、热效率、运行管理水平和使用均衡程度以及地区的气候条件等。应按商业用户用气量的实际统计资料分析确定用气量指标。当缺乏用气量的实际统计资料时，应根据当地的实际燃料消耗量、生活习惯、燃气价格、气候条件等具体情况确定。表 1-3 为几种商业用户的用气量指标。

几种商业用户的用气量指标　　　　　　　　　　　表 1-3

类别		单位	用气定额
职工食堂		MJ/（人·a）	1884～2303
饮食业		MJ/（座·a）	7955～9211
幼儿园、托儿所	全托	MJ/（人·a）	1884～2512
	日托	MJ/（人·a）	1256～1675
医院		MJ/（床位·a）	2931～4187
招待所、旅馆	有餐厅	MJ/（床位·a）	3350～5024
	无餐厅	MJ/（床位·a）	670～1047
高级宾馆		MJ/（床位·a）	8374～10467
理发馆		MJ/（人·次）	3.35～4.19

商业用户用气量可按式（1-7）进行计算：

$$Q = \sum_{i=1}^{n} (B_i q_i n) \qquad (1-7)$$

式中　n——该城镇中居民总人口数，千人；

B_i——第 i 个商业设施标准，人（或床位、座等）/ 千人；

q_i——第 i 个商业用户用气量指标，MJ/（人·a）；

Q——商业用户用气耗热量，MJ/a。

3. 工业用户用气量

工业用户用气量指标指工业用户用天然气生产单位某种产品所需的热量。因此，工业用户用气量指标与企业的产品名称以及生产产品的加热设备有关。

根据资料统计，部分工业产品的用气量指标如表 1-4 所示。

部分工业产品的用气量指标　　　　　　　表 1-4

序号	产品名称	加热设备	单位	用气量指标（MJ）
1	熔铝	熔铝锅	t	3100～3600
2	洗衣粉	干燥器	t	12600～15100
3	黏土耐火砖	熔烧窑	t	4800～5900
4	石灰	熔烧窑	t	5300
5	玻璃制品	熔化、退火等	t	12600～16700
6	白炽灯	熔化、退火等	万只	15100～20900
7	织物烧毛	烧毛机	万 m	800～840
8	荧光灯	熔化、退火	万只	16700～25100
9	电力	发电	kW·h	11.7～16.7
10	动力	燃气轮机	kW·h	17.0～19.4
11	面包	烘烤	t	3300～3350
12	糕点	烘烤	t	4200～4600

工业用户年用气量与生产规模、班制和工艺特点有关，一般只进行粗略的估算，通常有以下两种估算方法。

（1）利用各种工业产品的用气量指标和其年产量来计算：

$$Q = \frac{\sum_{i=1}^{n} (q_i M_i)}{H_1} \qquad (1-8)$$

式中　Q——工业用户年用气耗热量，MJ/a；

n——该城镇中工业用户生产产品的种数；

q_i——生产第 i 类产品所需的用气量指标，MJ/（人·a）；

M_i——第 i 类产品的年产量，件 /a；

H_1——标准状态下天然气的低位热值，kJ/m³。

（2）当缺乏产品的用气量指标资料时，可将工业用户其他燃料的年用热量折算成用气耗热量。式（1-9）为折算公式。

$$Q = \sum_{i=1}^{n} \frac{(G_i H_i \eta_i)}{\eta} \tag{1-9}$$

式中　Q——工业用户年用气耗热量，MJ/a;

G_i——生产第 i 种产品所需其他燃料的年用量，kg/a;

H_i——生产第 i 种产品所需其他燃料的低位热值，MJ/kg;

η_i——生产第 i 种产品所需其他燃料燃烧设备的热效率;

η——天然气燃烧设备的热效率。

4. 建筑物供暖年用气量

建筑物供暖年用气量与供暖建筑面积、耗热指标和供暖期长短有关，一般可按式（1-10）计算：

$$Q = \frac{Fqn}{\eta} \tag{1-10}$$

式中　Q——建筑物供暖年用气耗热量，MJ/a;

F——使用天然气供暖的建筑面积，m^2;

q——建筑物耗热指标，MJ/（$m^2 \cdot$ h）;

n——供暖负荷最大利用小时数，h/a;

η——供暖系统热效率。

由于各地区冬季的气温不同，因此各地区的建筑物耗热指标也不相同，其值可由《供暖通风空调设计手册》查得。

采暖负荷最大利用小时数 n 可按式（1-11）计算：

$$n = n_1 \frac{t_1 - t_2}{t_1 - t_3} \tag{1-11}$$

式中　n——供暖负荷最大利用小时数，h/a;

n_1——供暖期，h/a;

t_1——供暖室内计算温度，℃;

t_2——供暖室外平均气温，℃;

t_3——供暖室外计算温度，℃。

5. 燃气汽车用气量

燃气汽车用气量指标应根据当地燃气汽车的种类、车型和使用量的统计资料分析确定。当缺乏统计资料时，可参照已有燃气汽车的城镇的用气量指标确定。

6. 其他用气量

城镇年用气量中还应计入其他用气量。其他用气量主要包括两部分：一部分是管网的漏损量；另一部分是因发展过程中出现没有预见到的新情况而超出原计算的设计供气量。其他用气量中前一部分是较有规律的，可以从调查统计资料中得出参考性的指标数据；后一部分当前还难以掌握其规律，指标数据难以准确确定。一般情况下未预见用气量按总用气量的 5% 计算。

1.4.2　燃气需用工况

各类用户的用气量情况是不均匀的，每时、每日、每月都有变化。用气不均匀性是燃气供应的一大特点。用气不均匀性可分为月不均匀性（或季节不均匀性）、日不均匀性和时不均匀性。

1. 月用气工况

居民生活用户用气量月不均匀性的主要影响因素是气候条件。一般来讲，气温低的月份用气量大，气温高的月份用气量小。这是因为，冬季气温低，人们习惯于吃热食、用热水，因而用气量大；反之，气温高时用气量就小。

商业用户用气的月不均匀性规律，与各类用户的性质有关，但与居民生活用户用气的月不均匀性情况基本相似；建筑物供热及空调用气的月不均匀性与当地的气候有关；工业用户用气的月不均匀性则主要取决于生产工艺的性质。

各月的用气量不均匀情况用月不均匀系数表示。由于每个月的天数是在 28～31d 的范围内变化，因此月不均匀系数 K_1 值应按式（1-12）确定：

$$K_1 = \frac{该月平均日用气量}{全年平均日用气量} \tag{1-12}$$

12 个月中平均日用气量最大的月，即月不均匀系数值最大的月，称为计算月。并将月最大不均匀系数称为月高峰系数。表 1-5 为几个城市的居民生活用户用气月不均匀系数。

几个城市居民生活用户用气月不均匀系数　　　　表 1-5

城市	1 月	2 月	3 月	4 月	5 月	6 月	7 月	8 月	9 月	10 月	11 月	12 月
哈尔滨	1.09	1.03	1.02	0.97	0.95	0.94	0.93	0.94	0.97	1.02	1.05	1.08
北京	1.05	1.03	0.93	0.99	1.03	0.94	0.88	0.91	1.01	1.01	1.07	1.15
上海	1.12	1.32	1.12	1.03	0.97	0.91	0.91	0.91	0.91	0.92	0.91	0.98
广州	1.16	1.05	1.09	0.98	0.98	0.88	0.86	0.86	0.89	0.97	1.04	1.22

2. 日用气工况

在一个月或一周中，日用气量的波动主要取决于居民的生活习惯、工业企业的工作和休息制度以及室外气温变化等。

根据实测的资料，居民生活和商业用气量从星期一到星期五变化较小，星期六和星期日用气量较大，节日前和节假日用气量较大；工业用气量在平日波动较小，在轮休日和节假日波动较大；供热、空调及汽车用气量波动不大。

日用气不均匀情况用日不均匀系数 K_2 表示：

$$K_2 = \frac{该月中某日用气量}{该月平均日用气量} \tag{1-13}$$

计算月中，日最大不均匀系数称为日高峰系数，日高峰系数一般按 1.05～1.20 选用。表 1-6 为一般城市居民用气的日不均匀系数。

一般城市居民用气的日不均匀系数　　　　表 1-6

星期	一	二	三	四	五	六	日
日不均匀系数	0.835	0.876	0.923	0.876	1.067	1.163	1.182

3. 小时用气工况

各类用户的小时用气工况均不相同。居民生活和商业用户的小时用气不均匀性最为显著；工业用户小时用气波动很小；对于供热和空调用户，如为连续供热和供冷，则小时用气波动很小，如为间歇供热和供冷，则小时用气波动较大。

小时用气不均匀情况用小时不均匀系数 K_3 表示：

$$K_3 = \frac{该日某小时用气量}{该日平均小时用气量} \qquad (1-14)$$

计算月中最大日的小时最大不均匀系数称为小时高峰系数，小时高峰系数一般按 2.2～3.2 选用。表 1-7 为一般城市的小时不均匀系数。

一般城市的小时不均匀系数　　　　表 1-7

时间	居民生活及商业用户	工业用户	时间	居民生活及商业用户	工业用户
1：00～2：00	0.31	0.64	13：00～14：00	0.67	1.27
2：00～3：00	0.40	0.54	14：00～15：00	0.55	1.33
3：00～4：00	0.24	0.71	15：00～16：00	0.97	1.26
4：00～5：00	0.39	0.77	16：00～17：00	1.70	1.31
5：00～6：00	1.04	0.60	17：00～18：00	2.30	1.33
6：00～7：00	1.17	1.17	18：00～19：00	1.46	1.17
7：00～8：00	1.25	1.15	19：00～20：00	0.82	1.08
8：00～9：00	1.24	1.31	20：00～21：00	0.51	1.04
9：00～10：00	1.57	1.57	21：00～22：00	0.36	1.16
10：00～11：00	2.71	0.93	22：00～23：00	0.31	0.57
11：00～12：00	2.46	1.16	23：00～24：00	0.24	0.66
12：00～13：00	0.98	1.21	24：00～1：00	0.32	0.47

1.4.3 燃气输配系统的供需平衡

城镇燃气的需用工况是不均匀的，随月、日、小时而变化，但一般燃气气源的供应量是均匀的，不可能完全随需用工况而变化。为了解决均匀供气与不均匀耗气之间的矛盾，不间断地向用户供应燃气，保证各类燃气用户有足够流量和正常压力的燃气，必须采取合适的方法使燃气输配系统供需平衡。

调节供需平衡的方法主要有以下四大类：

1. 改变气源的生产能力和设置机动气源

采用改变气源的生产能力和设置机动气源，必须考虑气源运转、停止的难易程度以及气源生产负荷变化的可能性和变化的幅度。同时应考虑供气的安全可靠性和技术经济合理性。

当用气城镇距天然气产地较近时，可采用调节气井供应量的方法平衡部分月不均匀用气。

2. 利用大用户发挥缓冲和调度的作用

一些大型的工业企业、锅炉房等都可作为城镇燃气供应的缓冲用户。夏季用气低峰时，把余气供给它们燃烧，而冬季用气高峰时，这些缓冲用户改烧固体燃料或液体燃料。用此方法平衡季节不均匀用气及一部分日不均匀用气。可采用调整大型工业企业用户厂休和作息时间，来平衡部分日不均匀用气。

此外，还可采用计划调配用气的方法。随时掌握各工业企业的实际用气量和计划用气量。对居民生活用户和公共建筑用户可设一些测点，在测点安装燃气总计量表，掌握用气情况。根据工业企业、居民生活及公共建筑的用气量和用气工况，制定调度计划，通过调度计划调整供气量。

3. 利用液化石油气调节

在用气的高峰期，特别是节假日，可用液化石油气调节。一般的做法是，直接将汽车槽车运至输配管网的罐区，通过储气罐的进气管道充入储气罐混合后外供。当然，使用的液化石油气应符合质量要求，特别是含硫量应符合要求，以避免腐蚀储气罐和燃气输配系统。

4. 利用储气设施

（1）地下储气库储气量大，造价和运行费用省，可用以平衡季节不均匀用气，但不应该用来平衡日不均匀用气及小时不均匀用气，因为急剧增加采气强度会使储库的投资和运行费用增加，很不经济。建储气库的先决条件是必须要有合适的地质构造。地下储气库一般有以下几种形式。

1）利用盐矿层建储气库。

2）利用含水多孔地层建储气库，储气库由含水砂层和不透气的背斜覆盖层组成。一般含水砂层在 400~700m 深才是经济的。

3）利用枯竭油气田建储气库，这种地质构造的储气参数，如空隙度、渗透率、结构形状、岩层厚度和自身的结构数据都是已知的。因此是最好、最可靠的地下储气库。

（2）液态储库。天然气的主要成分是甲烷，在 0.056MPa、−161℃时即液化，可以储存在储罐中，储罐必须保证绝热良好。储罐的压力较低，比较安全。将大量天然气液化后储存于特别的低温储罐或洞穴储气库中，用气高峰时，经汽化后供出。

采用低温液态储存，通常储存量都很大，否则经济上是不合算的。

液化天然气（LNG）汽化方便，负荷调节范围广，适于调节各种不均匀用气。

（3）管道储气。高压管束储气及长输干管末端储气是平衡小时不均匀用气的有效方法。高压管束储气是将一组或几组钢管埋在地下，对管内燃气加压，利用燃气的可压缩性及其在高压下和理想气体的偏差（在 1600MPa、16.5℃ 条件下，天然气比理想气体的体积小 22% 左右）进行储气。利用长输干管末端储气是在夜间用气低峰时，将燃气储存在管道中，这时管内压力提高，白天用气高峰时，再将管内储存的燃气送出。

（4）储气罐储气。储气罐只能用来平衡日不均匀用气及小时不均匀用气。储气罐储气与其他储气方式相比，金属耗量和投资都较大。其主要有以下两种形式：

1）低压储气。储气设施工作压力基本稳定，一般在 5000Pa 以下，储气量的变化使储气容积相应增加或减少。低压储罐是目前常用的储气设备，适用于气源压力低的供气压力系统。

2）高压储气。储气设施的容积是固定的，储气量变化时，其储气压力相应变化。高压储气通常用于储气压力为高压的供气系统。

1.5 常用燃气管道的管材管件

1.5.1 钢管

钢管是压力管道系统中应用最普遍、用量最大的元件，其质量约占压力管道系统的2/3，因此管道的选用是至关重要的；尤其是管子的应用标准又是决定压力管道其他元件应用标准的基础。

1. 无缝钢管

无缝钢管是采用穿孔热轧等加工方法制造的不带焊缝的钢管。必要时，热加工后的管子还可以进一步加工成所要求的形状、尺寸和性能。无缝钢管生产工艺较成熟，规格为 $DN15\sim DN600$，但对于大直径（$DN \geqslant 500$）、大壁厚的管子。主要品种包括碳素钢无缝钢管、铬钼钢和铬钼钒钢无缝钢管、不锈钢无缝钢管等。

2. 焊接钢管

目前，常用的焊接钢管根据其生产过程中焊接工艺的不同分为连续炉焊（锻焊）钢管、电阻焊钢管和电弧焊钢管三种。

（1）连续炉焊钢管

为连续炉焊钢管是在加热炉内对钢带进行加热，然后采用机械加压的方法使其焊接在一起成为具有一条直缝的钢管，其特点是生产效率高，生产成本低，但焊接接头冶金熔合不全，焊缝质量差，综合机械性能差。

《低压流体输送用焊接钢管》GB/T 3091—2015 对直缝电焊钢管、直缝埋弧焊钢管和螺旋缝埋弧焊钢管的不同要求作了标注，未标注的同时适用于直缝高频电焊钢管、直缝埋弧焊钢管和螺旋缝埋弧焊钢管。钢的牌号和化学成分应符合《碳素结构钢》GB/T 700—2006 中牌号 Q195、Q215A（B）、Q235A（B）、Q275B 和《低合金高强度结构钢》GB/T 1591—2018 中牌号 Q345A（B）的规定。钢管采用直缝高频电焊、直缝埋弧焊或螺旋缝埋弧焊中的任一种工艺制造。钢管适用于水、空气、燃气和供暖蒸汽等低压流体输送用直缝电焊钢管、直缝埋弧焊钢管和螺旋缝埋弧焊钢管。

（2）电阻焊钢管

电阻焊钢管是通过电阻焊或电感应焊的方法生产加工的、带有一条直焊缝的钢管，其特点是生产效率高、自动化程度高、焊接无须焊条及焊药、焊后变形和残余应力较小。由于接头处不可避免的杂质存在，焊后接头处的塑性与冲击韧性较低，一般规定电阻焊钢管应用在不超过 200℃ 的情况下。

常用的电阻焊钢管标准有《普通流体输送管道用直缝高频焊钢管》SY/T 5038—2018，钢管公称外径范围为 $D \geqslant 10.3mm$，钢管公称壁厚范围为 $t \geqslant 1.7mm$。钢管应采用热轧钢带作原料，经常温成型，并采用高频（频率大于或等于 70kHz）电焊工艺，通过机械加压将待焊边缘焊接，焊缝为直焊缝。随后对焊缝进行热处理，或采用适当方式对钢管进行处理，使之不残留未回火的马氏体组织。标准范围的钢管可用《碳素结构钢》GB/T 700—2006

中牌号为 Q195、Q215、Q235 的钢材焊制，适用介质为水、污水、空气、供暖蒸汽等流体。

（3）电弧焊钢管

电弧焊钢管是通过电弧焊接方法生产的，其特点是焊接接头达到完全的冶金熔合，接头的机械性能完全达到或接近母材的机械性能。电弧焊钢管可分为直缝管和螺旋缝管两种。

螺旋缝双面埋弧焊钢管（SAW）的焊缝与管轴线形成螺旋角，焊缝长度与直缝管相同，焊缝的受力为二维拉应力。

直缝焊接钢管与螺旋缝焊接钢管相比具有焊缝质量好、热影响区小、焊后残余应力小、管道尺寸较精确、易实现在线检测、原材料可进行 100% 的无损检测等优点。

1.5.2 聚乙烯（PE）管

聚乙烯管（简称 PE 管）是由聚乙烯混配料经塑化、挤出、冷却定型而形成，聚乙烯是由单体乙烯聚合而成，由于在聚合时的压力、温度等聚合反应条件不同，可得出不同密度的聚乙烯，因而又有高密度聚乙烯、中密度聚乙烯和低密度聚乙烯之分。在加工不同类型的聚乙烯管材时，根据其应用条件的不同，选用树脂牌号也不同，同时对挤出机和模具的要求也有所不同。

国际上把聚乙烯管的材料分为 PE32、PE40、PE63、PE80、PE100 五个等级，而用于燃气管和给水管的材料主要是 PE80 和 PE100。我国对聚乙烯管材专用料没有分级，这使得国内聚乙烯燃气管和给水管生产厂家选择原材料比较困难，也给 PE 管的使用带来了隐患。

一种好的管道，不仅应具有良好的经济性，而且应具备接口稳定可靠、材料抗冲击、抗开裂、耐老化、耐腐蚀等一系列优点。经国内外长期反复实践表明，聚乙烯燃气管确具有其独特的优越性：使用寿命长，可达 50 年以上；耐腐蚀性能强，具有非常优异的耐化学性；柔韧性好，能适应较大的管基不均匀沉降和优良的抗振性能；质量轻，连接方便，有利施工；摩阻低，可降低运行能耗等。当然，PE 燃气管与金属管相比存在强度小、抗冲击性能差等缺点。工程设计应从高分子材料系统理念的高度，扬长避短，使 PE 管独特的优越性在工程中得以充分发挥，而对目前还存在的缺点应采取相应的技术措施予以回避，这是保证工程质量和 PE 管应用的关键所在。

1.5.3 钢骨架塑料复合管

近年来，燃气材料市场上又出现了一种新型复合管材——钢骨架塑料复合管。它是以优质低碳钢丝网为增强相，高密度聚乙烯、聚丙烯为基体，通过对钢丝点焊成网与塑料挤出填注同步进行，在生产线上连续拉膜成型的双面防腐压力管道。

钢骨架塑料复合管解决了金属管道耐压不耐腐，非金属管道耐腐不耐压，钢塑管易脱层，玻璃钢管对铺设环境要求较高、抗冲击力差的缺点。有较好的刚度和强度，抗蠕变性强、耐磨、内壁光滑且不结垢，节能、节材效果明显，机械力学性能好，具有良好的抗冲击、抗拉伸特性以及适中的柔韧性，无毒，保温性能好，导热系数低，使用寿命长达50 年。

1.5.4 不锈钢波纹管

随着城市建筑业的快速发展和人民生活水平的不断提高，人们对传统的燃气管道材料及安装方式提出了更高的要求。室内燃气管道的暗设是人们的主要要求，而不锈钢波纹管具有良好的密封性、耐腐蚀性、抗氧化性、耐高温性、抗振性，安装技术简单快捷，管道接口少，使用寿命长等优点，是理想的室内暗设安装管材。

不锈钢波纹管作为一种柔性耐压管件安装于液体输送系统中，用以补偿管道或设备连接端的相互位移，吸收振动能量，能够起到减振、消声等作用，具有柔性好、质量轻、耐腐蚀、抗疲劳、耐高低温等多项优点。不锈钢波纹管既能弯曲成各种角度和曲率半径，各个方向的柔软性都是一样的，同时管件节距之间伸缩性好，无阻塞和僵硬的现象。不锈钢波纹管既能吸收横向位移又能吸收轴向位移，所产生的压力和推力由管道固定支架来承受。

不锈钢波纹管的连接方式分为法兰连接、焊接连接、丝扣连接、快速接头连接，小口径不锈钢波纹管一般采用丝扣连接和快速接头连接，较大口径不锈钢波纹管一般采用法兰连接和焊接连接。

1.5.5 球墨铸铁管

球墨铸铁管采用离心铸造或铸模浇铸，接口为机械柔性接口，在燃气输配系统中仍然在广泛使用。与钢管相比的主要优点是耐腐蚀，管材的电阻是钢的 5 倍，加之机械接口中的橡胶密封圈的绝缘作用，大大降低了埋地电化学腐蚀。除延伸率、抗冲击强度外，铸铁管的机械性能与钢管接近，具体数值见表 1-8。此外，柔性界面使管道具有一定的挠性与伸缩性。

铸铁管机械性能　　　　　　　　　　表 1-8

管材	延伸率（%）	压扁率（%）	抗冲击强度（MPa）	强度极限（MPa）	屈服极限（MPa）
灰铸铁管	0	0	5	140	170
球墨铸铁管	10	30	30	420	300
铜管	18	30	40	420	300

1.5.6 管件

管件又名异形管，是管道安装中的连接配件。当管道变径、引出分支管、改变管道走向时，或者为了安装或维修时方便拆卸以及管道与设备连接时，设置管件。

管件的种类和规格随管材的材质、管件的用途和加工制作方法而变化。常用的主要有铸铁管道上用的铸铁管件，无缝钢管上用的无缝钢制管件，焊接钢管上用的螺纹连接管件和塑料管上用的塑料管件。

1. 铸铁管件

同工程中使用的管材相配套，铸铁管件也分为普通灰口铸铁、高级铸铁和球墨铸铁三种。

管件外表面应铸有规格、额定工作压力、制造日期和商标，管件内外壁均应涂刷热沥青进行防腐。

管件承插口填料作业面的铁瘤必须修剔平整。法兰盘在铸造成型后应按标准进行机械加工，法兰背面的螺母接触面必须平整，其他不妨碍使用的部位允许有不超过 5mm 高的铁瘤，管件外表面不应有任何细微裂纹。

常用的铸铁管件有承盘短管、插盘短管、承插乙字管、承堵或插堵以及三通、四通、弯头和渐缩管等，部分管件如图1-2所示。

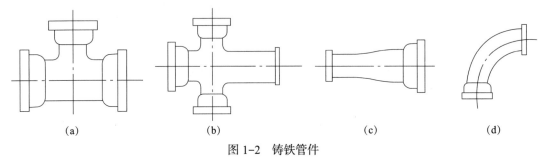

图1-2 铸铁管件
（a）三承三通；（b）三承一插四通；（c）承插渐缩管；（d）承插90°弯头

2. 螺纹连接管件

低压小口径燃气管道及室内燃气管道（管径不大于50mm）通常采用螺纹连接管件，管件有两种材质，即可铸锻铁和钢制管件。钢制管件有镀锌和不镀锌两种，管件上均带有圆锥形或圆柱形螺纹。经常使用的螺纹连接管件有管箍、活接头、对丝、弯头、三通和丝堵等，如图1-3所示。根据管件端部直径是否相等可分为等径管件和异径管件，异径管件可连接不同管径的管子，如异径弯头、补心等。螺纹连接弯头有90°和45°两种规格。管件应具有规则的外形、平滑的内外表面，没有裂纹、沙眼等缺陷，管件端面应平整，并垂直于连接中心线，管件的内外螺纹应根据管件连接中心线精确加工，螺纹不应有偏扣或损伤。

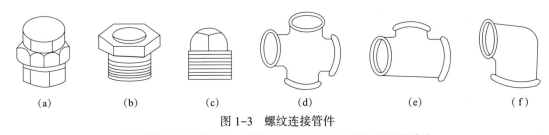

图1-3 螺纹连接管件
（a）活接头；（b）补心；（c）丝堵；（d）四通；（e）三通；（f）异径弯头

3. 无缝钢制管件

无缝钢制管件是把无缝管段放于特制的模型中，借助液压传动机将管段冲压或拔制成管件。由于管件内壁光滑，无焊缝，因此介质流动阻力小，可以承受较高的工作压力。目前生产的无缝钢制管件有弯头、三通等。

4. 塑料管件

塑料管件有注压管件和热熔、电熔焊接管件，两者一般都用于室外埋地的塑料燃气管道安装。

注压管件分螺纹连接和承插连接两种，主要用于聚氯乙烯（PVC）管及聚丙烯（PP）管。螺纹管件上带有内螺纹或外螺纹，是可拆卸接头。承插管件上带有承口或插口，承口内表面和插口外表面涂以胶粘剂，插入凝固后形成不可拆卸接头。

聚乙烯（PE）管的连接主要采用电熔、热熔焊接，接头管件有两种形式，一种是承口式，承口内表面缠有电热丝，另一种是插口式。承口式和插口式都可制成三通弯头和大小头等形状。

1.6 常用燃气设施

1.6.1 燃气燃烧器的基本知识

1. 燃烧器的种类

燃烧器的类型很多，分类方法也各不相同。常见的几种分类方法如下：

（1）按燃烧方式分类

1）扩散式燃烧器燃烧所需空气不预先与燃气混合，一次空气系数 $a' = 0$；

2）大气式燃烧器燃烧所需部分空气预先与燃气混合，$a' = 0.4 \sim 0.7$；

3）完全预混式燃烧器燃烧所需的全部空气预先与燃气混合，$a' = 1.05 \sim 1.10$。

（2）按空气的供给方式分类

1）空气由炉膛负压吸入；

2）空气由高速喷射的燃气吸入；

3）空气由机械鼓风进入。

（3）按燃气压力分类

1）低压燃烧器燃气压力在 0.01MPa 以下；

2）高（中）压燃烧器燃气压力一般在 0.01～0.3MPa 之间。

2. 扩散式燃烧器

扩散式燃烧器分为自然引风式扩散燃烧器和鼓风式扩散燃烧器。

（1）自然引风式扩散燃烧器

1）特点

自燃引风式扩散燃烧器的燃气从燃烧器火孔喷出，射入相对静止的空气中，依靠扩散作用与空气混合进行燃烧反应，一次空气系数为0。其特点如下：

① 燃烧过程稳定，热负荷调节范围宽，不回火，燃烧天然气时，脱火极限比其他燃气低，即较易产生离焰、脱火。

② 燃烧器适应性好，改变燃气成分也能较好地稳定燃烧。

③ 燃烧器结构简单，体积小，易制作。

④ 过剩空气量大，火焰温度低，燃烧热效率低。天然气扩散燃烧时火焰内缺氧，断裂解析出炭粒，特别是乙烷以上重质烃含量高的天然气更容易析炭冒烟。

⑤ 自然引风式扩散燃烧一般体积热强度小，火焰长，燃烧室尺寸较大。

2）应用范围

① 用在要求火焰具有一定亮度或者需要还原性氛围气的工业炉内。

② 用在某些要求火焰长、温度较低、加热均匀的工业炉内。

③ 用作点火灯或长明火炬。

④ 用在小型锅炉或热水器中。

3）燃烧器形式

燃烧器是在各种耐热材料制的管子上钻孔制成，火孔依工艺要求可排列成单排、多排、环形、漩涡等形式；也可以是单孔；也可以让火孔成对地以一定角度喷出，使火焰冲撞，增强燃气与空气的混合；也可以把火孔制成缝隙形，例如在钢管上安有陶瓷制的缝形火孔，燃气由缝口喷出燃烧，形成极薄的鱼尾形或蝙蝠形火焰。

（2）鼓风式扩散燃烧器

1）特点

空气采用机械送风，燃气与空气两股气流或平行，或同心圆，或环绕，或斜交地喷出燃烧器后在炉膛内混合燃烧。其特点如下：

① 鼓风式扩散燃烧器不回火，热负荷大，负荷调节范围宽。

② 为了强化燃烧，提高燃烧温度，可分别对燃气和空气预热，为避免燃气预热分解，预热温度一般控制在600℃以内。

③ 与同等负荷引射式燃烧器相比，其结构紧凑、体积较小。

④ 适应性强，变换不同燃气均可稳定运行。

⑤ 由于采用机械送风，所以需要送风设备和消耗电能。

⑥ 空气／燃气比无法靠气流的动能自行调节，要另行控制。

⑦ 过剩空气系数较大，燃烧效率较低。

2）应用范围

鼓风式扩散燃烧器结构简单、运行可靠、热负荷大、调节范围宽，广泛用于集中供热的锅炉和工业加热炉。天然气生产炉法炭黑中，以鼓风机送入低于理论需要量的空气，进行鼓风扩散燃烧制取炭黑产品。

3）燃烧器形式

为使进入炉膛的燃气、空气迅速混合，增加传质界面，强化燃烧反应，采取使燃气和空气呈多股流出、气流旋转、增大燃气流和空气流之间的速度差和增强气流扰动等措施，依这些办法设计出各种形式和用途的鼓风式扩散燃烧器。

① 套管式燃烧器。如图1-4所示，燃烧器由大管套小管构成，燃气流经小管，空气则从大、小管间的环形空间流过，在炉膛内混合燃烧。

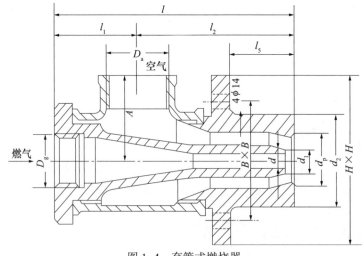

图1-4 套管式燃烧器

② 旋流式燃烧器。燃烧器内设旋流结构（如蜗壳、导流片等），空气经过旋流结构呈螺旋状旋转前进，燃气分成多股气流从孔口喷出，燃气与空气在炉膛（或火道）混合燃烧。此外，还有中心供气蜗壳式燃烧器、边缘供气蜗壳式燃烧器、轴向叶片旋流燃烧器等。

3. 燃气引射式大气燃烧器

燃气燃烧所需全部空气的一部分靠燃气从喷嘴喷出的动能产生的引射作用吸入，在引射器内空气与燃气混合后，由火孔喷出进行燃烧。其一次空气系数为 $0 < a' < 1$。这种燃烧方法大量用于在自然空气中燃烧，燃烧器称作燃气引射式大气燃烧器，其结构如图 1-5 所示。

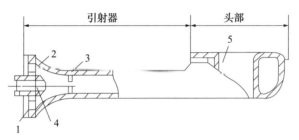

图 1-5　燃气引射式大气燃烧器
1—调风板；2——次空气口；3—引射器喉部；4—喷嘴；5—火孔

（1）特点

燃气引射式大气燃烧器具有以下特点：

1）和扩散式燃烧器相比，其火焰温度较高，燃气燃烧较完全，效率较高，烟气中一氧化碳及其他可燃物浓度较低。

2）家用燃气低压燃具的一次空气系数有自调节作用，在一定范围内基本上不随燃气压力变化（或燃气喷嘴处燃气流速变化）而变化。热负荷调节范围相对较宽，适应性较强。

3）与完全预混式燃烧器相比，其火孔热强度、燃烧温度要低些。

4）当热负荷较大时，燃烧器结构较笨重。

（2）应用范围

1）广泛用于家庭燃气燃具和商业用户的燃烧器。

2）中小型锅炉。

3）某些温度较低的工业炉。

（3）燃烧器形式

图 1-5 所示的大气燃烧器的头部，按火孔的排列可分为单环、双环、星形、棒形和管排等形式，以满足不同加热工艺要求。

家庭常用的燃气烹饪灶的燃烧器，常用火盖式多孔燃烧器，其内圈火孔比外圈火孔低，当使用弧形底锅时，不会造成压火，可改善二次空气供应。

4. 完全预混式燃烧器

燃气燃烧所需全部空气预先与燃气混合成可燃混合物，此时一次空气系数就等于过剩空气系数，并且等于或大于1。混合物在燃烧器出口燃烧。完全预混式燃烧器广泛采用引

23

射式完全预混燃烧器，它由引射部分（包括燃气喷嘴、调风板和混合管）、燃烧器头部和火道构成。利用燃气由喷嘴喷出的动能将燃烧所需的全部空气吸入，在混合管内充分混合使速度场、浓度场均匀，从燃烧器头部的火孔喷出燃烧并进入火道，火道在运行中处于烘热状态，提高了燃烧速率，并对燃烧起到稳定作用。

（1）特点

完全预混式燃烧器具有以下特点：

1）可在过剩空气系数接近于 1 时（一般为 1.05～1.10）实现完全燃烧，燃烧温度高，热效率较高。

2）由于炽热火道的稳定作用，可燃烧低热值燃气。

3）燃烧的火道体积热强度可达（10～20）× 10^4MJ/（$m^3 \cdot h$）或更高，相当于扩散燃烧炉膛体积热强度百倍以上。因此，加热设备可设计制作得十分紧凑。

4）不用送风设备，简化了供风系统，不耗费电能。

5）容易发生回火，为防止回火，燃烧器头部有时需用水冷或风冷，结构较复杂。

6）热负荷大时，燃烧器结构较笨重。

7）需要较高的燃气压力，压力高时噪声大。

（2）应用范围

用于大、中型工业炉，如大型燃气转化炉的燃烧室、轻油裂解管式炉等。利用燃气在多孔陶瓷板上燃烧产生较多的红外线的原理，制成红外线辐射器，用于多种干燥作业，尤其是薄层干燥，可提高产品质量、缩短干燥时间、提高产量；也可制作燃气红外线取暖炉用于家庭、农业和商业部门。

（3）燃烧器形式

引射式完全预混火道燃烧器的燃烧过程是在赤热火道中瞬间完成，外观看似无焰或仅有短的蓝色火苗，因而也称作无焰燃烧器。

1.6.2 居民用户燃气供应设施

1. 燃气管道系统

居民用户的燃气管道系统有低压供气和中—低压供气系统，引入管的敷设方式可分为地下引入，地上引入。

中—低压供气系统是指庭院内的中压燃气管道敷设至楼前或直接引入楼栋内，经调压箱（或调压器）调至低压，再经室内燃气管道输送至居民用户。根据调压箱（调压器）的安装位置又分楼栋调压箱式和中压直接引入式。用户燃气设施见图 1-6。

用户支管将燃气输送到各楼层的居民厨房中，通过灶具连接管将燃气输入燃气灶具。用户支管上须安装燃气表对燃气用量进行计量。引入管末端的总控制阀、用户控制阀和灶具控制阀对管道系统的供气进行控制。

用户引入管应采用无缝钢管，户内管道可采用钢管、不锈钢、铜管、金属塑料复合管、非金属专用燃气软管等多种管材。室内燃气管道系统的控制阀一般采用球阀。

2. 钢瓶或小容器供应系统

集中居住区域可以采用前述液化石油气燃气管道系统。液化石油气采用钢瓶、钢瓶组和小容器向居民用户供气，燃气种类可是 LPG、CNG、LNG 等。

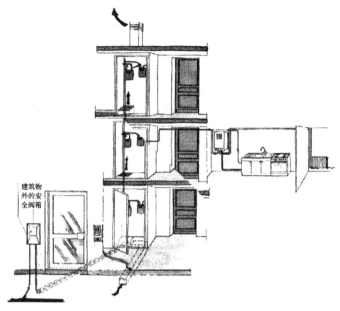

图 1-6　用户燃气设施

单只钢瓶可放在厨房内，最宜置于紧邻厨房的阳台或室外，但燃具和钢瓶等不允许安装在卧室内，没有通风设备的走廊，地下室或半地下室内。用户使用时应密切关注专用非金属软管是否损伤以及调压器、燃具、钢瓶等接头是否严密。采用以钢瓶组和小容器储气小区域集中供气，也是在管道覆盖不到的地方，供气的一种较好方式。

3. 燃气管道设施及燃气灶具对安装环境的基本要求

一般燃气管道采用明装，当有特殊要求时可采用暗装，但需有便于安装和检修的措施。燃气管道不允许穿越卧室、密闭地下室、浴室、厕所、易燃易爆品仓库、有腐蚀介质的房间、配电间和变电室。在敷设套管等安全措施的条件下才允许穿越暖气沟、通风道及低温烟道等。

使用场所要符合燃气安全使用条件具有良好的自然通风或机械通风。保证进出空气的条件良好。

随着厨房设备的进步，早年使用的燃气灶具在造型和性能等方面都有了很大改进，而且型号规格也相应增多。

4. 居民生活用燃气灶具种类

（1）家用燃气灶

家用燃气灶一般分为嵌入式和台上式两种。嵌入式是将橱柜台面做成凹字形，正好可嵌入燃气灶，灶柜与橱柜台面成一平面。嵌入式燃气灶从面板材质上分可分为不锈钢、搪瓷、玻璃以及特氟隆（不沾油）4 种。由于嵌入式灶具美观、节省空间、易清洗，使厨房显得更加和谐和完整，更方便了与其他厨具的配套设计，营造了完美的厨房环境，受到了广大消费者的喜爱。

嵌入式灶的结构可分为：火盖座、大火盖、承液盘、风门、小火盖、辅助锅架、大锅架、下壳、炉头、风门调节螺钉、喷嘴、热电偶、点火针、点火器、电磁阀、电池盒、进气管接头。如图 1-7、图 1-8 所示。

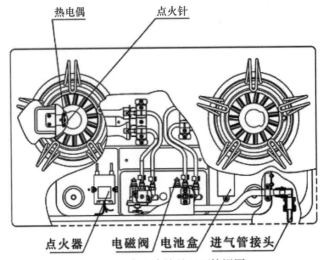

图 1-7 嵌入式灶具正面俯视图

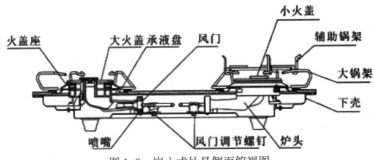

图 1-8 嵌入式灶具侧面俯视图

家用灶具基本架构包括：

1）燃烧器

燃气灶普遍采用大气式环形燃烧器，火孔以圆形为多，部分为缝隙形和锯齿形。

燃烧器材质几乎均为铸铁，火盖用黄铜或不锈钢加工而成，采用镶嵌形式。有一种火孔呈锯齿形的燃烧器，形状大致与上同，区别在于镶嵌部设置了缝隙或火孔。这种燃烧器加工复杂，常因加工精度不够致使镶嵌不严而引起回火，但容易清扫，不堵塞火孔。此外，还有一种用钣金加工法制成的燃烧器，这种加工方法很难使火孔壁增厚，容易引起回火。因此，燃烧器火盖改用铸铁件，为提高钣金部分的耐久性，可在外面上搪瓷，这样必然会增加成本。由于这类燃烧器内表面平滑，混气管可做得小些，因此较铸铁燃烧器小而轻。

2）锅支架

锅支架应能使容器稳妥地置于热效率最高的位置，而又不妨碍燃烧。若容器直径不大，燃烧条件也好，还能与火孔接近些，锅支架可略向中心低一些，其斜度一般不大于 1/80 锅支架的外围最高部位，即使在使用大口径容器时，也应有使燃气完全燃烧的高度及排烟的间隙。在火焰长度、角度和燃烧器大小都符合标准的条件下，火孔中心和锅支架最高部位的间隙以 25～35mm 为宜。

锅支架通常取三个支撑点。若取四个支撑点，只要其中一点高低不一，容器在沸腾时就会摇晃。为了能兼搁小型容器，支撑位置应设于中心位置附近，一般家用容器直径都不小于 80mm，故中心间距取 80mm 就足够了。锅支架的外围直径最好不小于 200mm，这样，即使所用容器较大，其稳定性也很好。

锅支架常触及高温烟气，故不能忽略其材质的耐热性和耐久性。

3）灶架

使用灶架的目的，是为了防止燃烧器周围过热、火焰被风吹灭以及燃烧不稳定。灶架需要具有适当的强度和耐热性，能承受燃烧器及容器的重量。灶架设置于燃气灶的外侧，不能忽视其外形，但在需要供应二次空气或使用大型容器时，绝不能影响排烟。使用过程中，灶架也是最易被汤汁弄脏的部位，故其结构形式应便于清扫，通常采用不易锈蚀的材料或进行表面处理。图 1-9 为一种家用双眼灶的基本结构。

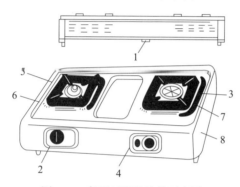

图 1-9　家用双眼灶结构示意图

1—进气管；2—开关钮；3—燃烧器；4—火焰调节器；5—盛液盘；6—灶面；7—锅支架；8—灶框

4）熄火保护装置

2008 年 5 月 1 日起，《家用燃气灶具》GB 16410—2020 在全国施行，该标准明确规定生产和销售的燃气灶具必须安装自动熄火保护装置。熄火保护就是当燃气灶火焰被风、汤水等原因意外熄灭时，熄火保护装置就会自动关闭气源，这样就不会通过燃气灶引起燃气泄漏。熄火保护装置燃气灶的原理是当火焰意外熄灭时，熄火保护燃气灶上的感应探针感应不到燃烧信号即温度，控制器得不到信号就会自动切断通往安全阀的维持电流，导致安全阀关闭，从而切断燃气通道。燃气灶熄火保护装置工作原理有热电式和离子感应式两种。

① 热电式：它是将一根探头伸在火焰附近烧烤，因为探针的温差不一样而产生电流，当火熄灭后，探针冷却，电路没电而自动关闭阀门。这种熄火保护装置优点是一套热电偶、电磁阀只控制一个气路通道，安全系数高，一般不需外接电源。缺点是它存在一定热惰性，使热电偶输出的电流不能随着火焰熄灭而立即消失，对意外熄火的反应较慢，一般需要 5~10s 才能关闭燃气阀，不过这点泄漏量是不会引起任何安全问题的。目前大部分品牌厂家的灶具都是选用的这种方式。

② 离子感应式：其工作原理是火焰使周围空气温度升高，使空气离子化，可以导电而形成保护电路。这种方式的优点一旦火焰消失，就可以迅速切断电路。缺点是只能适用于单气路通道，经过此保护装置后的气路通道不能再分开，否则会产生误动作而造成漏气；如果熄火保护装置损坏，则整个炉灶都不能使用，其次需要外接电源，耗电量大，一般 2~3 个月就需要换一次电池。

（2）燃气热水器

燃气热水器分直流式和容积式两种。

1）直流式热水器（快速热水器）

快速热水器是指冷水在流经筒体的瞬间被加热至所需要的出水温度的水加热器。它能快速、连续供应热水，热效率比容积式热水器高出5%～10%。

筒体结构分为水套式和水管式两类。水套式是以铜板制成的双层筒的间隙为水套，冷水由水套下部进入，热水从上部流出。在内筒烟侧自上而下分2～3段，布置向心翼片并做锡浸镀处理。下段翼片可厚些，间距亦大些。水套的容量不宜过大。水管式是用铜管（$\phi8$～$\phi16$）以管距30～50mm自下而上盘绕铜板制成的筒体（燃烧室）外侧，然后与设在筒体顶部的带有翼片的铜管相接，冷水从下部进入，热水由翼片换热器流出。

图1-10所示为压差式（后制式）热水器的工作原理。在供水管中设一节流孔将气－水连锁阀的水膜阀内两个腔分别接到节流孔前后位置上。当冷水流过节流孔时，薄膜两侧产生压差致使薄膜向左移动克服燃气阀的弹簧力顶开燃气阀盘，燃气进入主燃烧器燃烧；水流停止时节流孔前后压差消失，在弹簧力的作用下关闭燃气阀。此种控制形式水阀既可设在热水出口侧，也可设在冷水进口侧。因为水间可设在热水出口侧，故此控制形式亦称后制式。后制式热水器可设置供水管道，热水出口可设在远离热水器的地方，同时可多点供应热水。

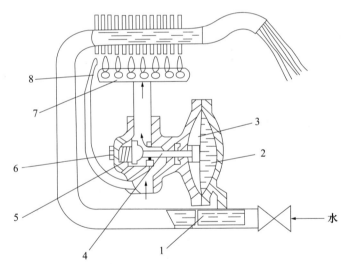

图1-10　压差式（后制式）热水器工作原理

1—节流孔；2—水腔；3—薄膜；4—阀杆；5—燃气阀；6—弹簧；7—燃烧器；8—点火小火

2）容积式热水器

容积式热水器能储存较多的水，间歇将水加热到所需要的温度。容积式热水器的贮水箱分为开放式（常压式）和封闭式两种。前者是在常压下把水加热，热损失较大但除水垢容易；后者是在承受一定蒸汽压力下把水加热，热损失较小但箱壁较厚，除水垢亦困难。图1-11所示为封闭式容积热水器（为快速加热型）的工作原理。

它的燃气系统包括燃气进入管9、燃气阀门装置8、电点火装置10、火焰检测装置（燃烧器安全装置）11和主燃烧器13等；水路系统包括给水阀16、减压止回阀17、贮水箱（小）15及回流管6、出水口2和排水阀14等；热交换系统包括燃烧室7、热交换器5；烟气排除系统包括烟管、安全排气罩18、排气筒19。

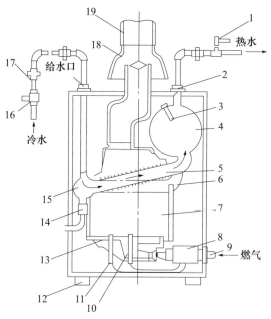

图1-11 封闭式容积热水器工作原理

1—热水阀；2—出水口；3—恒温器；4—贮水箱（大）；5—热交换器；6—回流管；7—燃烧室；
8—燃气阀门装置；9—燃气进入管；10—电点火装置；11—火焰检测装置；12—支腿；13—主燃烧器；
14—排水阀；15—贮水箱（小）；16—给水阀；17—减压止回阀；18—安全排气罩；19—排气筒

在贮水箱4内设有恒温器3，通过它和燃气阀门装置联合工作，根据水温变化情况来控制燃气供应量。

火焰检测装置起熄火保护作用。一旦主燃烧器中途熄火则立即关断燃气通路。

3）平衡式热水器

根据热水器排烟方式分类，有直排式、烟道式和平衡式三种。烧所需空气依靠炉内烟气浮力从室外吸入炉内，烟气排放到室外大气中。炉内的压力状况不受室外风力影响，这是被称作平衡式的缘故。平衡式热水器分为快速热水器和容积热水器。图1-12所示为平衡式容积热水器。伸出屋外的平衡头部，其上半部分排除烟气而下半部分进入空气。空气再进入炉内参与燃烧，烟气从平衡头部排出。

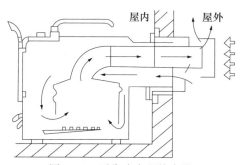

图1-12 平衡式容积热水器

（3）燃气烤箱

图1-13所示为燃气烤箱。烤箱由外护结构和内箱部分组成。内箱覆盖有绝缘层使其减少热损失。箱内设有放置物品的托网和托盘，顶部设有排烟口。在内箱上部空间里装有恒温器的感热元件（敏感元件），它与恒温器联合工作，控制烤箱内的温度。烤箱的玻璃门上装有温度指示器。燃气管道和燃烧器设在烤箱底部。燃气由进气管1经燃气阀门6、恒温器2、燃气管3和主燃烧器喷嘴5进入主燃烧器4，实现燃烧。点火使用压电自动点火装置，它由压电陶瓷9、点火电极7和点火辅助装置8组成。燃气燃烧生成的高温烟气通过对流和辐射换热的方式加热食品。最后烟气由排烟口17排入大气中。

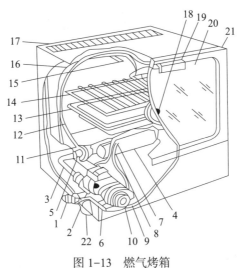

图 1-13　燃气烤箱

1—进气管；2—恒温器；3—燃气管；4—主燃烧器；5—主燃烧器喷嘴；6—燃气阀门；
7—点火电极；8—点火辅助装置；9—压电陶瓷；10—燃具阀钮；11—空气调节器；
12—烤箱内箱；13—托盘；14—托网；15 恒温器感温件；16—绝热材料；17—排烟口；
18—温度指示器；19—拉手；20—烤箱玻璃；21—烤箱门；22—烤箱支腿

（4）燃气供暖器

1）自然循环式燃气供暖器

自然循环式燃气供暖器，就是在铁板箱内燃烧燃气并间接加热空气，通过对流使室内空气循环，达到供暖的目的。燃烧烟气经烟道排至室外，用于自然换气较少的房间效果很好。通常，燃烧生成的热量中，有效热量约占70%，其中被加热空气的对流热量约占50%，供暖器表面的辐射热量约占20%；损失热量占30%，其中烟道表面辐射热量约10%，烟气带走热量约20%。外形除箱型落地式外，还有长方形的壁挂式和地埋式等多种。其结构如图1-14所示，大致可分为如下三个主要部分：

① 燃气燃烧系统

燃烧系统几乎都采用铸铁制大气式、半大气式和冲焰式燃烧器。为了便于点火，一般都装有小火燃烧器，小火旋塞与主火旋塞连动，以防点火不当引起爆炸。设有调温装置和自动点火装置的，还须安装小火安全装置。因燃烧室温度相当高，热损失也很大，故应选用耐热性能好的材料。壳体会受辐射热影响而变色，有必要设隔热板。若不设小火安全装置，则应在外壳上设耐热透明的观察孔（可利用云母板等），便于了解点火状况。

②热交换器

落地式燃气供暖器可按图 1-14 所示那样，并排 1～2 个与燃烧室相同的套筒，高温烟气从中通过，空气则在壳体与套筒间对流。壁挂式燃气供暖器，则可并列几根管状物，高温烟气在管内上升，加热管间空气。为了加大传热面积，表面可加工成凹凸状或增装散热翅片。热交换器内表面容易被点火初期出现的冷凝水腐蚀，应对表面作适当处理。排烟口虽有防风器，但在自然通风条件好的室内使用时，有的直接将烟气排放在室内。

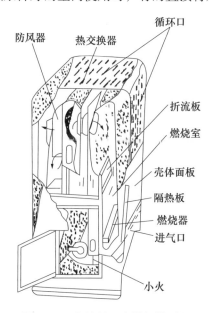

图 1-14 自然循环式燃气供暖器

③壳体

壳体内容纳燃烧器和热交换器，其表面应作适当装饰。为使对流空气循环，下部空气进口和上部循环口需有足够的截面，内部不能蓄热，以防壳体过热。周围要采取隔热措施，以免手触及后被烫伤。正面设观察孔，以便了解燃烧状况，同时可充分利用部分辐射热。

自然循环式燃气供暖器大致可以分为以下三种类型：

落地式有矩形和圆形两类，自然通风好的普通建筑，多采用烟气直接排放在室内的形式。结构最简单的自然循环式燃气供暖器无热交换部分，高温烟气和对流空气混合循环。

壁挂式燃气供暖器结构大、占地多，而且烟道设置也不明显。由于中间热交换部位采用开口形式，还能产生适当的辐射热。

地埋式，将供暖器设置在地板下，并设有空气通路，保证烟气及对流空气畅通，适用于场地狭小的环境使用。为改善空气循环，应单独设置空气出入口，两者不可靠得太近，出口热空气温度过高，会使人感觉不适。缺点是点火困难，必须采取相应的防火措施，因此应用不广。

2）强制循环式燃气供暖器

这种形式比自然循环式燃气供暖器多一个风机，依靠风机促使空气循环，不仅能提高热交换效率，而且还能调节送风方向，使室内温度分布均匀。容量大的可作集中供暖的热风机用。

① 带风机的强制循环式燃气供暖器。自然循环供暖，室内上下温差较大；而依靠风机强制送热风，不仅温度分布均匀，而且能产生适当的气流。

其结构是给循环式燃气供暖器增添一个风机，并把热交换部分改为适宜于送风的形状，其他部分与自然循环式无多大差别。送风一般都用轴流风机，装于热交换器后面，在取暖器正面有送风口。

热交换器是按保证适当的送风温度设计的，为了不致因突然停电而停止送风或因电压下降使风量减少造成供暖器内各部分过热，应设置电磁阀等安全装置。电机也不能受热交换器的辐射热影响。此外，不能出现对流空气进入燃烧室而使燃烧不稳定或小火熄灭等情况。

热风出口速度以 2m/s 左右为宜，如设置能改变风向的导流板，则可分散或集中送风。导流板的宽度应略大于间隙，否则效果不好。

② 大型热风发生装置集中供暖普遍采用蒸汽或热水，可是在小范围内设置锅炉需要大量投资，操作管理麻烦。为此，可改用运行操作简便、设备费用低廉、不受操作规程约束的热风发生装置。

用热水、蒸汽供暖有两种形式，一种是使锅炉产生的热水或蒸汽直接进入各房间的散热器进行循环；另一种是使热水或蒸汽进入送风风道的热交换器，空气经此被加热后送入各个房间。如果利用燃气燃烧热取代后者热交换器内的热水或蒸汽，并适当修改热交换器的结构，直接将燃烧热传给流通的空气，这样总热效率要比使用蒸汽等中间介质高。热风发生装置的结构如图 1-15 所示，它并排使用几个大气式直管燃烧器，点火容易，也便于观察燃烧状况。燃烧器上方设有热交换器，但燃烧器附近不能过热。

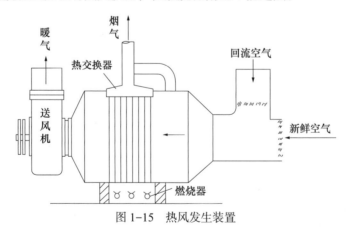

图 1-15 热风发生装置

1.6.3 商用用户燃气供应设施

1. 燃气管道系统

商业（公共建筑）用户的燃气管道系统一般采用低压引入供气系统和中压引入低压供气系统。公共建筑用户各部分管道的布置和作用与居民生活用户的管道系统不同，图 1-16 为小型公共建筑燃气管道平面及系统图，系统中应设点火开关，点火开关后用燃气专用软管与点火棒连接，供各炉灶燃烧器点火用。多楼层的燃气管道系统可以设立管将燃气输送至各楼层。

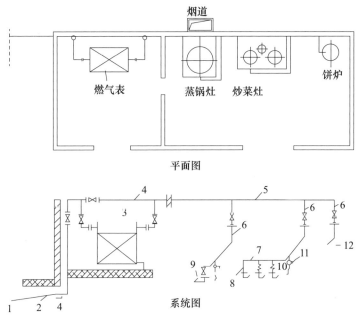

图1-16 公共建筑燃气管道平面及系统图

1—庭院管道；2—入户引入管；3—燃气表；4—燃气旁通管；5—水平干管；6—炉灶连接管；
7—炉前管；8—燃烧器控制阀；9—接蒸锅灶燃烧器；10—接炒菜灶燃烧器；11—点火开关；12—接饼炉燃烧器

2. 液化石油气瓶库的燃气管道系统

利用液化石油气小容器或钢瓶对公共建筑用户供燃气时，因用户的用气量大，须建立独立的符合条件的储气库（瓶组站），以此为气源，通过管道将燃气输送至燃气炉灶。图1-17为用户在建筑物内设置瓶库的燃气管道平面图，该用户的各种燃气炉灶所用的液化石油气均通过从瓶库接出的燃气管道系统供应。

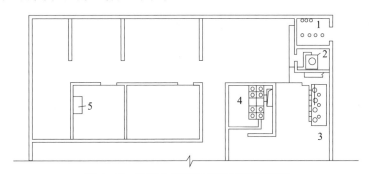

图1-17 瓶库为气源的燃气管道平面图

1—液化石油气钢瓶库；2—大锅灶；3—炒菜灶；4—西餐灶；5—烤炉

储气库应有直接通往室外的门窗，室温在5~45℃之间，具有良好的通风条件，建筑结构及电气设备等应符合防火防爆要求。小液化气容器（储罐）利用运气车来卸气充装，实现方便快捷，储能于民、经济适用的液化气供应系统。

3. 商用燃气具的种类

（1）中餐灶

中餐灶是专门烹制富有我国传统特色风味菜肴的燃气用具。它具有热负荷大、火力强和集中的特点，可满足爆、炸、煎、熘、烟等多种烹饪工艺的火力要求。图1-18所示为三眼中餐燃气炒菜灶结构图。它由燃气供应系统、灶体、炉膛、点火装置、安全装置和供水系统组成。

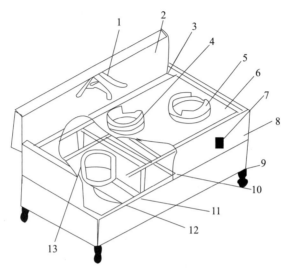

图1-18　三眼中餐燃气炒菜灶结构图

1—水龙头；2—后侧板；3—排水槽；4—子火锅支架；5—主火锅支架；6—面板；
7—旋钮；8—前围板；9—支腿；10—燃气管；11—喷嘴；12—燃烧器；13—炉膛

燃气供应系统包括进气管、燃气旋塞阀、燃烧器、长明火和点火装置等。灶体包括灶架、围板、灶面板等。灶架用角钢焊制而成，围板、灶面板用不锈钢板或经表面处理的普通钢板制成。炉膛包括锅支架、排烟道等。

炒菜灶一般设主火、次火和子火三种灶眼，主火燃烧器热负荷最大，通常为20～40kW，火力强而集中，主要用于爆炒，同时可满足其他烹饪工艺要求。子火热负荷较小，一般为8～10kW，用于炖、酿工艺或高汤。次火热负荷介于主火和子火之间，常为14kW，兼顾各种烹饪工艺，但功能一般。灶眼数目和火力要求可根据需要设置，如三眼灶，可设两个主火和一个子火，或一个主火、一个次火和一个子火。

炒菜灶用的燃烧器有大气式燃烧器、鼓风式燃烧器两种。大气式燃烧器有多喷嘴主管式燃烧器、多火孔燃烧器、缝隙式燃烧器等。鼓风式燃烧器多为旋流式。

（2）西餐灶

西餐灶也称西式灶，主要用于西餐烹调。根据西餐的制作特点，西餐灶一般由灶具、烤箱及其他烘烤装置组合而成。图1-19为一种组合式西餐灶。

西餐灶的灶面部分由两个或多个燃烧器组成，它相当于一台单独的燃气灶。烤箱部分是用于对食品进行烤制而设计的。烤箱内部装有燃烧装置，同家用烤箱一样，可采用自然对流循环式和强制对流循环式。在西餐灶的面板上装有对灶面、烤箱及其他部分进行控制的开关，使之能同时或分别使用。

（3）大锅灶

大锅灶也称为大灶，是一种适用于宾馆、食堂等蒸、煮、炒、炸等烹饪操作的灶具。图 1-20 为某食堂大锅灶的结构示意图。

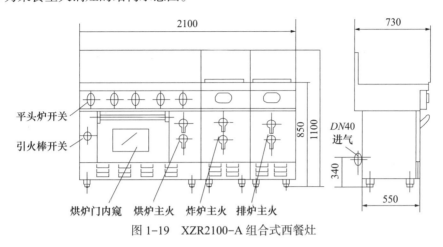

图 1-19　XZR2100-A 组合式西餐灶

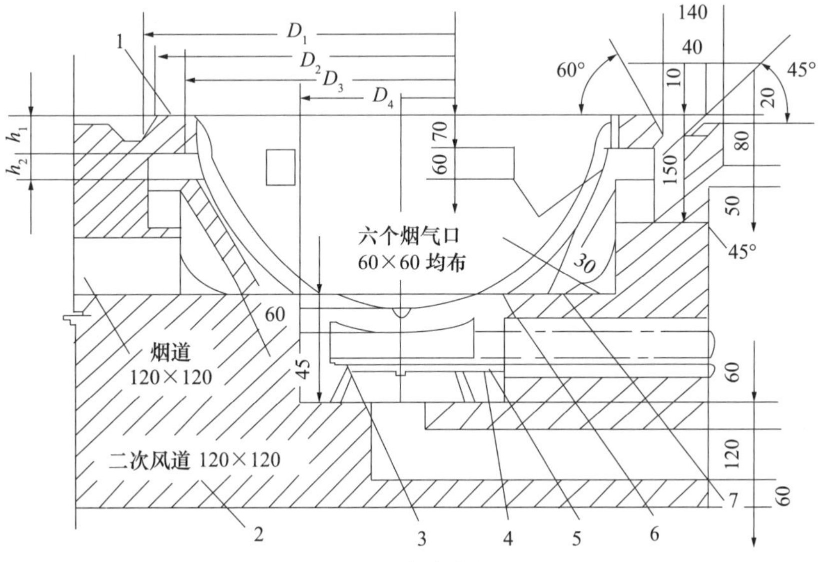

图 1-20　食堂大锅灶

1—灶面；2—灶体；3—支架；4—长明小火管；5—燃烧器；6—锅；7—环形烟道斜砖

大锅灶除了燃气用具必备的燃烧器、开关外，灶上还设有放水龙头和喷水装置。有的大锅灶还配有安全、自控、熄火保护装置，使用方便、安全可靠，是一般营业、团体用燃气用具中常用的炊事用具。

大锅灶的燃烧方式有扩散式、大气式和鼓风式。其排烟方式有间接排烟和烟道排烟。间接排烟式大锅灶运行所需空气取自室内，燃烧后的烟气由烟道送至排烟装置排出室外；烟道排烟式大锅灶运行所需空气取自室内，燃烧后的烟气由烟道排至室外。

（4）柜式蒸箱

图 1-21 所示为柜式蒸箱。它主要适合于宾馆、餐厅、学校等用餐集中的场所。其主要

使用燃气作为加热热源，利用高温烟气完成对食物的加热。二次空气口 5 保证空气的充足供给，使燃烧器 7 能完全有效地燃烧，满足燃烧器设计热负荷的要求。

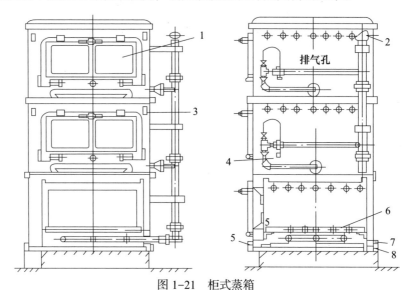

图 1-21　柜式蒸箱

1—门；2—燃气管；3—排风口调节器；4—小火燃烧器；
5—二次空气口；6—承锅栅；7—燃烧器；8—盛液盘

1.6.4　工业用户燃气供应设施

1. 燃气管道系统

因工业企业用户的规模大小不一，其燃气管道系统的简单与复杂程度相差悬殊。与城市燃气市级管网连接的工业企业用户的燃气管道系统通常由工厂引入管、工厂调压气计量室、厂区燃气管道、车间高压计量室、车间燃气管道和炉前燃气管道等构成。图 1-22 为两种压力级制的工业企业燃气管道系统。

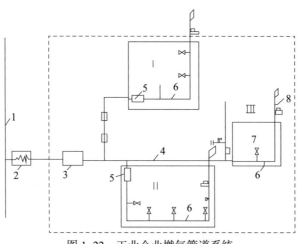

图 1-22　工业企业燃气管道系统

1—城市管道；2—总控制阀；3—调压计量室；4—厂区中压燃气管道；5—车间调压计量装置；
6—车间低压燃气管道；7—炉前控制阀；8—放散管；Ⅰ、Ⅱ—低压燃气车间；Ⅲ—中压燃气车间

2. 工业燃气具的种类

工业企业用的燃气设备种类繁多，分类复杂，专业性强，不属于城镇燃气企业供气服务范围。用气设施前的供气阀门是要检查的内容。

（1）燃气沸水器

沸水器是供应开水和温开水的燃气用具，图 1-23 所示为容积式自动沸水器的构造原理图，它由水路系统、燃气系统和自动控制系统组成。

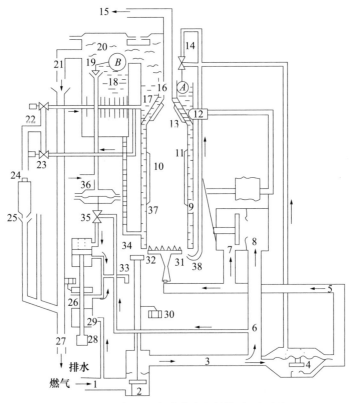

图 1-23　容积式自动沸水器的构造原理图

1—燃气管道；2—安全阀；3—主路燃气管；4—继动气阀；5—主燃烧器管；6—分路燃气管；7—保温燃烧器管；
8—恒温阀；9—水套隔层；10—燃烧室；11—内圈传热片；12—感温器；13—顶端传热片；14—浮球控制节流阀；
15—烟道；16—沸水喷口；17—沸水箱；18—冷却器；19—冷水浮球阀；20—冷水箱；21—蒸汽放散管；22—温开水阀；
23—沸水阀；24—放水阀；25—容器托盘；26—电开关；27—排水管；28—按钮；29—点火阀；30—微电动开关；31—主燃烧器；
32—热电偶；33—引火器；34—电热丝；35—水－气联锁阀；36—上水管；37—热水箱；38—放散小火炬；A、B—浮球

（2）水路系统

包括冷水箱 20、炉膛水套（热水箱 37）、沸水箱 17、上水管 36 和沸水供水管等。冷水从上水管进入冷水箱 20，然后入炉膛水套底部（热水箱 37），沸腾后进入沸水箱 17。沸水流出管有两个：其一是经过冷却器 18 至温开水阀 22，此管水温在 60℃左右；其二是从沸水箱 17 直到沸水阀 23，此管水温为 95℃（水沿管流动时被冷却）。

（3）燃气系统

包括燃气管道 1、安全阀 2、继动气阀 4、恒温阀 8 和浮球控制节流阀 14 等。

在点火前，这一系统的阀门均处于关闭状态。启动时，先将燃气管路上的阀门打开，

燃气进入安全阀 2 和点火阀 29 下段。然后手按按钮 28 接通电开关 26，电热丝投入工作，点燃引火器 33（长明小火）。此时热电偶被加热，使微动电开关 30 动作，将安全阀 2 打开，接通燃气管道，则进入主燃烧器的燃气被引火器点燃。另外，流经安全阀 2 的一部分燃气，通过水 - 气联锁阀 35 至点火阀 29 的上段，当去掉按钮的推力后，点火阀上段阀口关闭，此时长明小火所需燃气由点火阀上段气路供应。

在安全阀 2 之后有主路燃气管和分路燃气管，主路燃气管是指经由继动气阀 4、主燃烧器管 5 至主燃烧器的管路，继动气阀 4 受浮球控制节流阀 14 的控制，在运行中继动气阀 4 内皮膜的两面皆充有燃气，由于进气开口大小的差别而使皮膜两面产生压差，用其控制继动气阀的开闭。流经皮膜上的燃气，经浮球控制节流阀 14，去放散小火炬 38 被烧掉。当停止用水时，沸水箱 17 中水位升高，致使浮球控制节流阀 14 关闭，继动气阀亦随之关闭，切断了主路燃气的供应；当沸水箱 17 中水位再下降时，主路燃气管重新接通。分路燃气管是指由分路燃气管 6、恒温阀 8、保温燃烧器管 7 至主燃烧器 31 的管路。感温器 12 使沸水温度保持在 90℃以上，感温器内装有液体，它使波纹伸缩器动作来控制恒温阀开度大小，进行保温燃烧；当沸水温度达到 98℃时，保温气路被切断。

（4）自动控制系统

自动控制系统包括水 - 气联锁阀 35、热电偶 32 和微电动开关 30。当发生断水、断燃气的情况时能自动关闭燃气管路和熄灭长明小火。在断水和水压不足时，水 - 气联锁阀 35 的皮膜因失去应有的水压而退缩，牵引阀杆将阀门关闭，切断通往引火器 33（长明小火）的气路，长明小火熄灭。同时热电偶失去小火热量致使微动开关 30 动作，将安全阀 2 关闭切断主路燃气管 3。在运行中燃气突然中断，长明小火自动熄灭，安全阀 2 随之关闭，燃气通路被切断。

1.6.5 锅炉房燃气供应系统

燃气锅炉房是使用燃气普遍的设施，其燃气供应系统一般由锅炉房引入管、锅炉房内的燃气管道系统和吹扫放散管道等组成。

1. 锅炉房引入管

由城市燃气管网或专用燃气调压站向燃气锅炉房引入的燃气管道均可称为锅炉房引入管，如图 1-24 所示。引入管一般为单管，特殊情况下也可采用双管，管道采用埋地敷设。

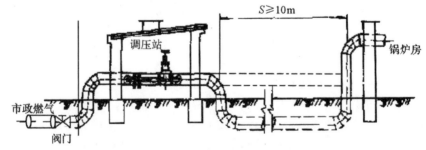

图 1-24　锅炉房的燃气引入管

2. 小型手动控制燃气锅炉房的管道系统

中小型燃气锅炉房多采用手动控制燃气管道系统，如图 1-25 所示。低压燃气经引入管 1 进入锅炉房后，在入口处设总控制阀 2，总控制阀前后分别安装放散管 7 和吹扫管 3，从供气干管 4 向每台锅炉（燃烧器）12 引出支管，支管上串联安装两个燃烧器控制阀 9 和 10，控制阀前设点火管 8，两控制阀之间设放散管 11，控制阀后安装压力表 13，阀门一般选用手动截止阀或手动球阀。每台锅炉的放散管可与放散总管 5 连接，放散总管应引出锅炉房屋顶并高出屋顶 1.5m 以上。供气干管 4 的末端也需设吹扫用放散管。

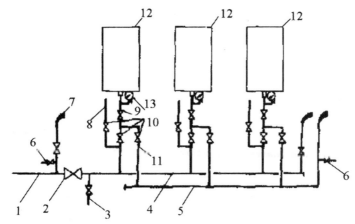

图 1-25 手动控制燃气锅炉房的管道系统

1—燃气引入管；2—总控制阀；3—吹扫管；4—供气干管；5—放散总管；6—取样阀；7—放散口；
8—点火管；9—调节阀；10—切断阀；11—放散管；12—锅炉；13—压力表

小型燃气锅炉房的燃气管道系统也应设置自动控制及自动保护装置，即对燃气压力和流量实行自动调节，出现故障时可自动切断燃气供应，并自动报警。

3. 低压燃气强制鼓风的燃气锅炉房的管道系统

此类系统经常用于大中型供暖用燃气锅炉房，系统构造如图 1-26 所示。该系统的特点是，锅炉房引入管末端的总控制阀 1 后安装有燃气自动压力调节阀 3 和流量调节阀 7，可保持燃气压力稳定和自动调节燃气流量。在锅炉（燃烧器）前的炉前燃气管道上安装安全切断电磁阀 11，安全切断电磁可与鼓风机 24、引风机 27、火焰监测装置 21、压力上下限开关 12 和 13、风压计 22 等实行联锁动作，当鼓风机，引风机发生故障（停电或机械故障），燃气压力或空气压力出现异常，炉膛熄火等情况发生时，能迅速切断燃气供应。

4. 燃气锅炉

中小型燃气锅炉正在向组装化、自动化、轻型化发展。目前使用的燃气锅炉，有中小容量的卧式内燃火管锅炉、冷凝式锅炉、小型立式锅炉，以及较大容量的水管锅炉。

（1）火管锅炉

火管锅炉有卧式和立式两种。锅壳纵向轴线平行于地面的称为卧式锅炉，锅壳纵向轴线垂直于地面的称为立式锅炉。

近年来，在中小型燃气锅炉的炉型发展方面，卧式火管锅炉受到重视，其原因有：

1）高度和宽度较小，适合组装化要求，锅壳结构也使锅炉围护结构简化，比组装水管锅炉有明显优点。

2）采用微正压燃烧时，密封问题容易解决，而且炉胆的形状有利于燃油和燃气。

3）由于采用新的传热技术（如螺纹式烟管等），使传热性能接近一般水管锅炉水平。

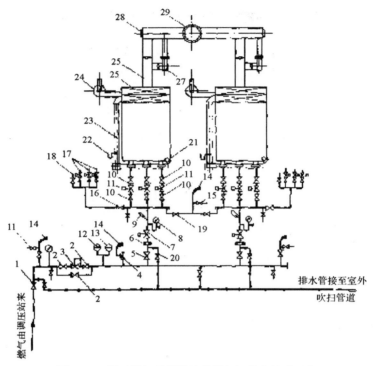

图 1-26　低压燃气强制鼓风的燃气锅炉的管道系统

1—锅炉房总控制阀；2—手动闸阀；3—自动压力调节阀；4—安全阀；5—手动切断阀；6—流量孔板；7—流量调节阀；8—压力表；9—温度计；10—手动阀；11—安全切断电磁阀；12—压力上限开关；13—压力下限开关；14—放散管；15—联样短管；16—手动阀门；17—自动点火电磁阀；18—手动点火阀；19—放散阀；20—吹扫阀；21—火焰监测装置；22—风压计；23—风管；24—鼓风机；25—空气预热器；26—烟道；27—引风机；28—防爆门；29—烟囱

4）对水处理要求低，水容积较大，对负荷变化的适应性强。

炉胆是火管锅炉的燃烧室，燃烧器的喷嘴置于炉胆前部，燃烧延续到后部，炉胆出口烟气温度在 1000～1100℃ 之间，高温烟气离开炉胆后进入一个折返空间，折返后进入第二回程烟管。根据炉胆局部烟气折返空间的结构形式可分为干背式锅炉和湿背式锅炉，如图 1-27 及图 1-28 所示。干背式锅炉的烟气折返空间是由耐火材料围成的；湿背式锅炉的折返空间是由浸在炉水中的回燃室组成的，有些锅炉的水管后壁是密封的，高温烟气碰到后壁后折返沿炉胆内壁回到炉胆前部，此类锅炉也可视为湿背式锅炉。某些锅炉为了简化后烟室结构和制造工艺，其后回烟室传热面被水包围，部分传热面不被水包围，而是用耐火衬层保护，这种后回烟室为"半湿背"结构。

干背式锅炉的优点是结构简单，打开锅炉后端盖板后，火管和所有烟管都可以检查和维修。但炉胆后部的耐火材料每隔一段时间需要更换，后管板受到高温烟气直接冲刷，内外温差较大。

湿背式锅炉的炉胆末端和第二回程的起端与浸在炉水中的回燃室相连，回燃室也能传热，约占 5% 的传热面积，因此热效率高，不存在耐火材料的更换问题，散热损失也小，锅炉后管板也不受烟气的直接冲刷。因有回燃室，结构较复杂，与回燃室相连的炉胆和烟管的检修比较困难。但湿背式结构避免了折返空间的烟气密封问题，更适合于微正压燃烧。所以绝大部分卧式火管锅炉为湿背式。

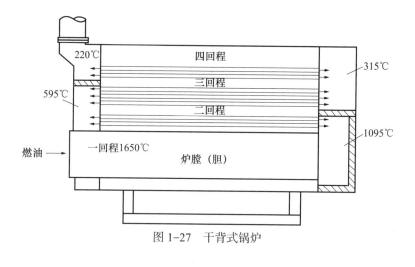

图 1-27 干背式锅炉

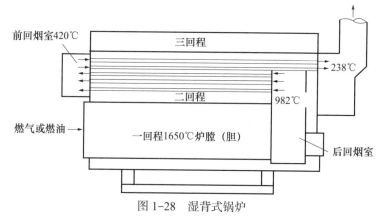

图 1-28 湿背式锅炉

火管锅炉的受热面布置按烟道回程可分为二、三、四、五回程。因二、四回程锅炉的烟囱布置在炉前,安装使用不便;五回程结构复杂,应用较少。所以绝大部分火管锅炉为三回程布置。

(2)冷凝式锅炉

冷凝式锅炉就是利用高效的烟气冷凝余热回收装置来吸收锅炉尾部排烟中的湿热和水蒸气凝结所释放的潜热,以达到提高锅炉热效率的目的。

传统锅炉中,排烟温度一般在 160～250℃,烟气中的水蒸气仍处于过热状态,不可能凝结成液态的水而放出汽化潜热。众所周知,锅炉热效率是以燃料低位热值计算所得,未考虑燃料高位热值中汽化潜热的热损失。因此,传统锅炉热效率一般只能达到 87%～91%。而冷凝式余热回收锅炉,它把排烟温度降低到 50～70℃,充分回收了烟气中的湿热和水蒸气的凝结潜热。以天然气为燃料的冷凝式余热回收锅炉烟气中水蒸气容的体积分数一般为 15%～19%,燃油锅炉烟气中水蒸气的体积分数为 10%～12%,远高于燃煤锅炉产生的烟气中 6% 以下的水蒸气含量。目前锅炉热效率均以低位热值计算,尽管名义上热效率较高,但由于天然气高、低位热值相差 10% 左右,实际能源利用率尚待提高。为了充分利用能源,降低排烟温度,回收烟气的物理热能,当换热器壁面温度低于烟气的露点温度时,烟气中的水蒸气将被冷凝,释放潜热,10% 的高、低位热值差就能被有效利用。

燃料燃烧会产生大量的 CO_2、NO_x 和少量的 SO_2，这些物质排放到大气中会引起温室效应和酸雨的产生，对环境产生破坏作用。冷凝式锅炉在冷凝烟气中水蒸气的同时，可以方便地去除烟气中的这些有害物质，因此，采用冷凝式锅炉对保护环境也具有重要的意义。

1.7　城镇燃气质量和供气质量控制

1.7.1　城镇燃气质量要求

1. 城镇燃气的基本要求

作为城镇燃气气源，应尽量满足以下要求：

（1）热值高

城镇燃气应尽量选择热值较高的气源。若燃气热值过低，则输配系统的投资和金属耗量就会增加。只有在特殊情况下，经技术经济比较认为合理时，才允许许使用热值较低的燃气作为城镇气源。根据规范燃气低位热值一般应大于 $14.7MJ/m^3$。当小城镇采用人工燃气作气源时，燃气的热值可适当降低，但不应低于 $11.7MJ/m^3$。

（2）毒性小

为防止燃气泄漏引起中毒，确保用气安全，城镇燃气中的一氧化碳等有毒成分的含量必须控制。

（3）杂质少

城镇燃气供应中，常常由于燃气中的杂质及有害成分影响燃气的安全供应。杂质可引起燃气系统的设备故障、仪表失灵、管道阻塞、燃具不能正常使用，甚至造成事故。

2. 燃气中杂质及有害物的影响

（1）焦油与灰尘

干馏煤气中焦油与灰尘的含量较高时，常积聚在阀门及设备中，造成阀门关闭不严、管道和用气设备阻塞等。

（2）硫化物

燃气中的硫化物主要是硫化氢，此外，还有少量的硫醇（CH_3SH、C_2H_5SH）和二硫化碳（CS_2）。天然气中主要是硫化氢。硫化氢是无色、有臭鸡蛋味的气体，燃烧后生成二氧化硫。硫化氢和二氧化硫都是有害气体。

（3）萘

人工燃气中萘含量比较高。在温度较低时，气态萘会以结晶状态析出，附着于管壁，使管道流通截面变小，甚至堵死。

（4）氨

氨对燃气管道、设备及燃具都有腐蚀作用，燃烧时会生成氮氧化物（NO、NO_2）等有害气体。但氨对硫化物产生的酸性物质有中和作用，因此，燃气中含有微量的氨有利于保护金属管道及设备。

（5）一氧化碳

一氧化碳是无色、无味、有剧毒的气体，一般要求城镇燃气中一氧化碳含量小于 10%

（体积分数）。

（6）氧化氮

氧化氮易与双键的烃类聚合成气态胶质，附着于输气设备及燃具上，引起故障。燃气燃烧产物中的氧化氮对人体也是有害的：空气中氧化氮的浓度达到0.01%时，可刺激人的呼吸器官，长时间呼吸则会危及生命。

（7）水

在天然气进入长距离输送管道前必须脱除其中的水分。因为在高压状态下，天然气中的水很容易与其中的烃类生成水化物。水与其他杂质在局部的积聚还会降低管道的输送能力；水的存在还会加剧硫化氢和二氧化碳等酸性气体对金属管道及设备的腐蚀；如果输送含水的燃气，输配系统还需要增加排水设施和管道的维护工作。

3. 城镇燃气的质量要求

（1）城镇天然气与人工燃气

城镇天然气的质量应符合表1-9中一类或二类的规定，人工燃气的质量则应符合表1-10的规定。

天然气质量要求（《天然气》GB 17820—2018）　　　　　表1-9

项目	一类	二类
高位发热量 [a, b]（MJ/m³）≥	34.0	31.4
总硫（以硫计）[a]（mg/m³）≤	20	100
硫化氢 [a]（mg/m³）≤	6	20
二氧化碳摩尔分数（%）≤	3.0	4.0

注：[a] 本标准中气体体积的标准参比条件是101.325kPa，20℃。
　　[b] 高位发热量以干基计。

人工燃气的质量标准（《人工煤气》GB/T 13612—2006）　　　　　表1-10

项目	杂质限量	项目	杂质限量
焦油和灰尘（mg/m³）	＜10	萘（mg/m³）	＜$50×10^2/P$（冬季）
			＜$100×10^2/P$（夏季）
硫化氢（mg/m³）	＜20	含氧量（体积%）	＜1
氨（mg/m³）	＜50	一氧化碳量（体积%）	＜10

注：① 本标准中气体体积的标准参比条件是101.325kPa，0℃；
　　② P 为管网输气点绝对压力（Pa）；
　　③ 对气化燃气或掺有气化燃气的人工燃气，其中一氧化碳含量应小于20%（容积成分）。

（2）液化石油气

液化石油气应限制其中的硫分、水分、乙烷、乙烯的含量；并应控制残液（C_5~C_6以上成分）量。因为，C_5和C_5以上成分在常温下不能汽化。表1-11为液化石油气质量标准。

作为民用及工业用燃料的液化石油气与汽车用液化石油气的质量标准有所不同，应符合国家标准规定。表 1-11 为液化石油气的质量标准。

油田液化石油气的质量标准（《液化石油气》GB 11174—2011）185×10^{-6} 表 1-11

项目	质量指标		
	商品丙烷	商品丁烷	商品丙烷、丁烷混合物
37.8℃时蒸气压（表压）（kPa）	≤1430	≤485	≤1380
组分 　丁烷及以上组分体积分数（%） 　戊烷及以上组分体积分数（%）	≤2.5 —	— ≤2.0	— ≤3.0
残留物 　100mL 蒸发残留物（mL） 　油渍观察	≤0.05 通过	≤0.05 通过	≤0.05 通过
20℃或 15℃时密度（kg/m³）	实测	实测	实测
铜片腐蚀（40℃，1h）/级	≤1	≤1	≤1
总硫含量（mg/m³）	≤343	≤343	≤343
游离水	无	无	无

注：残留物中油渍观察是按照《液化石油气残留物的试验方法》SY/T 7509 方法进行，即每次以 0.1mL 的增量将 0.3mL 溶剂残留物混合物滴到滤纸上，2min 后在日光下观察，无持久不退的油环为通过。

（3）液化石油气与空气的混合气

液化石油气与空气的混合气做主气源时液化石油气的体积分数应高于其爆炸上限的 2 倍，且混合气的露点温度应低于管道外壁温度。硫化氢浓度不应大于 $20mg/m^3$。

1.7.2　城镇燃气的加臭

城镇燃气是具有一定毒性的爆炸性气体，是在一定压力下输送和使用的，由于管道及设备材质和施工方面存在的问题和使用不当，容易造成漏气，有引起爆炸、着火和人身中毒的危险。当发生漏气时，应能及时被人发觉进而消除燃气的泄漏。因此，作为城镇燃气的气源，如干馏煤气、水煤气、油制气、天然气和液化石油气，要求经过加臭后才能输配使用。

城镇燃气应具有可以察觉的臭味，燃气中加臭剂的最小量应符合以下标准：无毒燃气（一般指不含 CO、H_2S 等有毒成分的气体）泄漏到空气中，达到爆炸下限的 20% 时，应能察觉；有毒燃气（一般指含 CO、H_2S 等有毒成分的气体）泄漏到空气中，达到对人体允许的有害浓度时，应能察觉。对于含一氧化碳有毒成分的燃气，空气中一氧化碳含量达到 0.02%（体积分数）时，应能察觉。

1.7.3　城镇供气平稳和安全保障

城镇燃气供应方式包括管道天然气供应、压缩天然气供应、液化天然气供应、液化石油气混炼焦煤气供应等方式。城镇燃气供应还要考虑到运输成本、储配容量和成本、气源成本、人工成本以及安全性等问题。因此，城镇燃气供应一般都选用管道输送天然气为主，其他供应方式为辅的供气方式。

1. 城镇燃气供应的平稳保障

燃气供应的重中之重就是要保障一切用户的平稳供气，居民和工业用户都不能随意停供。某市设有东西两座大型燃气储配站，以西部储配站供气为主，东部储配站供气为辅（调峰）。日常西部储配站用压缩机分别向市内三路供气，每条次高压管线上设有多个电动可控阀门确保燃气均匀向市区供气。当用气高峰时启动东部储配站供气，以调节西部储配站供气能力和供气时长上的不足。同时两座储配站内设有干式煤气柜，在压力超高或耗气量小时启动煤气柜入柜阀门，达到泄压和储存多余天然气的作用。也就是西部储配站保证全天供气基础量，东部储配站高峰用气时补充供气，用气低谷时储存天然气。因为使用天然气是动态过程，每小时耗气量不同，所以供气方式也是一个动态过程，根据不同耗气条件下的压力值、热值、气源紧张程度等情况临时启动 CNG 或 CNG 相对高成本的气源供气，这样动静相结合，多个供气点开关相配合，不同气源气质掺混，达到燃气使用供需平衡的目的。

2. 城镇天然气供应的安全保障

城镇燃气管网是一个相互连通的网状结构，具体走向和脉络与城镇道路相类似，由于燃气管道错综复杂，难免存在施工误伤、违章占压、老旧管线腐蚀等安全隐患。城镇燃气管网类似于一个大型的蜘蛛网，某条管网出现故障后也能通过周边管网达到供气目的，临时施工也大多选择在夜里进行，所以一般不影响用户的用气。对于大面积长时间停止供气要提前利用当地媒体宣传告知、短信通知用户、停气小区张贴停气通知等方式通知用户，工业用户、商业用户也要提前下达通知书，避免给用户带来安全隐患和经济损失，必要时可以采取大型 CNG 罐车、LNG 罐瓶等其他方式临时供气。

3. SCADA 系统对安全供气的保障作用

建立 SCADA 系统，最主要的目的是确保运营安全。因为天然气是无色无味的易燃易爆危险气体，所以在从城市门站到中低压用户的输送过程中不能有泄漏，而对管线上的这种泄漏检测只能通过压力在管线上的下降、流量和压力的变化关系得到，这就要求在关键的门站、调压站等站点设置压力检测传感器，实时检测压力变化并传输到调度中心。另外，在重要站点安装燃气浓度报警器，实时检测传输浓度信号对监测站点的泄漏情况也特别实用。以上这些监测到的数据都实时传输到调度中心，值班人员可以实时地了解到管网输配中的问题和故障，采取相应的措施处理。

1.8 燃气工程建设和验收的基本知识

1.8.1 燃气工程建设基本程序

1. 建设程序的概念

工程建设是一项很复杂的工作，有其特殊性。正是由于建设项目的复杂性和特殊性决定了我们必须按照建设项目发展的内在规律和过程，将建设程序分成若干阶段，这些阶段有严格的先后次序，不能任意颠倒，必须共同遵守，这个先后次序就是我们通常说的建设程序。

按现行规定，我国一般大中型及限额以上项目的建设程序中，将建设活动分成以下几个阶段：提出项目建议书；编制可行性研究报告；根据咨询评估情况对建设项目进行决策；根据批准的可行性研究报告编制设计文件；施工图经审查批准后，做好施工前各项准备工作；组织施工，并根据施工进度做好生产或使用前的准备工作；项目按照批准的设计内容建完，经投料试车验收合格后，正式投产，交付生产使用；生产运营一段时间，进行项目后评估。

2. 建设工程各阶段的工作内容

（1）项目建议书阶段

项目建议书是向国家提出建设某项目的建议性文件，是对拟建项目的初步设想。

1）项目建议书的作用

项目建议书的主要作用是通过论述拟建项目的建设必要性、可行性，以及获利、获益的可能性，向国家推荐建设项目，供国家选择并确定是否进行下一步工作。

2）项目建议书的基本内容

项目建议书的基本内容包括如下几项：

① 拟建项目的必要性和依据；

② 产品方案、建设规模、建设地点初步设想；

③ 建设条件初步分析；

④ 投资估算和资金筹措设想；

⑤ 项目进度初步安排；

⑥ 效益估计。

3）项目建议书的审批程序

项目建议书根据拟建项目规模报送有关部门审批。大中型及限额以上项目的项目建议书应先报行业归口主管部门，同时抄送国家发改委。行业归口主管部门初审同意后报国家发改委，国家发改委根据建设总规模、生产力总布局、资源优化配置、资金供应可能、外部协作条件等方面进行综合平衡，还要委托具有相应资质的工程咨询单位评估后审批。重大项目由国家发改委报国务院审批。小型和限额以下项目的项目建议书，按项目隶属关系由部门或地方发改委审批。

项目建议书批准后，项目即可列入项目前期工作计划。

（2）可行性研究阶段

可行性研究是指在项目决策之前，通过调查、研究、分析与项目有关的工程、技术、经济等方面的条件和情况，对可能的多种方案进行比较论证，同时对项目建成后的经济效益进行预测和评价的一种投资决策分析研究方法和科学分析活动。

1）可行性研究的作用

可行性研究的主要作用是为建设项目投资决策提供依据，同时也为建设项目设计、银行贷款、申请开工建设、建设项目实施、项目评估、科学实验、设备制造等提供依据。

2）可行性研究的主要内容

可行性研究是从项目建设和生产经营全过程分析项目的可行性，主要解决项目建设是否必要、技术方案是否可行、生产建设条件是否具备、项目建设是否经济合理等问题。

3）可行性研究的成果

可行性研究的成果是可行性研究报告。批准的可行性研究报告是项目最终决策文件。可行性研究报告经有关部门审查通过后，拟建项目正式立项。

（3）勘察阶段

工程勘察，是指根据工程建设的要求，查明、分析、评价工程场地的地质地理环境特征和岩土工程条件，编制工程勘察文件的活动。勘察是设计的基础和依据。

1）工程勘察的主要内容

工程勘察主要指工程测量、水文地质勘察和工程地质勘察，其任务在于查明工程项目建设地点的地形地貌、地层土壤特性、地质构造、水文条件等自然地质条件资料，做出鉴定和综合评价，为工程项目的选址、设计和施工提供科学、可靠的依据。

2）工程勘察文件

工程勘察文件主要包括勘察报告和各种图表。勘察报告的内容一般包括：任务要求和勘察工作概况，场地的地理位置，地形地貌，地质构造，不良地质现象，地层生长条件，岩石和土的物理力学性质，场地的稳定性和适宜性，岩石和土的均匀性及允许承载力，地下水的影响，土的最大冻结深度，地震基本烈度，工程建设可能引起的工程地质问题，供水水源地的水质、水量评价，水源的污染及发展趋势，不良地质现象和特殊地质现象的处理和防治等方面的结论意见、建议和措施等。工程勘察应由具有相应资质的勘察单位承担，编制的工程勘察文件应当真实、准确，满足工程规划、选址、设计、岩土治理和施工的需要。

（4）设计阶段

设计是对拟建工程在技术和经济上进行全面的安排，是具体组织施工的依据。设计质量直接关系到建设工程的质量，是建设工程的决定性环节。一般工程进行两阶段设计，即初步设计和施工图设计。有的工程，在初步设计之前作总体规划设计；还有些工程，根据需要在两阶段之间增加技术设计。

1）总体规划设计须能满足初步设计的开展、主要大型设备和材料的预先安排以及土地征用准备工作的要求。

2）初步设计是根据批准的可行性研究报告和设计基础资料，对工程进行系统研究，概略计算，做出总体安排，拿出具体实施方案。目的是在指定的时间、空间等限制条件下，在总投资控制的额度内和质量要求下，做出技术上可行、经济上合理的设计和规定，并编制工程总概算。初步设计不得随意改变批准的可行性研究报告所确定的建设规模、产品方案、工程标准、建设地址和总投资等基本条件。如果初步设计提出的总概算超过可行性研究报告总投资的10%，或者其他主要指标需要变更时，应重新向原审批单位报批。

3）技术设计是为了进一步解决初步设计中无法解决的重大问题，如工艺流程、建筑结构、设备选型等可进行进一步的技术设计。这样做可以使建设工程更具体完善、技术指标更合理。

4）施工图设计在初步设计或技术设计的基础上进行，使设计达到施工安装的要求。施工图设计应结合实际情况，完整、准确地表达出建筑物的外形、内部空间的分割、结构体系以及建筑系统的组成和周围环境的协调。《建设工程质量管理条例》规定，建设单位应将施工图设计文件报县级以上人民政府建设行政主管部门或其他有关部门审查，未经审查批准的施工图设计文件不得使用。

（5）建设准备阶段

工程开工建设之前，应当切实做好各项准备工作。其中包括：组建项目法人；拆迁和平整场地；做到水通、电通、路通；组织设备、材料订货；建设工程报监；委托工程监理；组织施工招标投标，优选施工单位；办理施工许可证等。按规定做好准备工作，具备开工条件以后，建设单位申请开工。经批准，项目进入下一阶段，即施工安装阶段。

（6）施工安装阶段

建设工程具备开工条件并取得施工许可证后才能开工。按照规定，工程新开工时间是指建设工程设计文件中规定的任何一项永久性工程第一次正式破土开槽的开始日期。不需开槽的工程，以正式打桩作为正式开工日期。铁道、公路、水库等需要进行大量土石方工程的，以开始进行土石方工程作为正式开工日期。工程地质勘察、平整场地、旧建筑物拆除、临时建筑或设施等的施工不算正式开工。本阶段的主要任务是按设计施工安装，建成工程实体。在施工安装阶段，施工承包单位应当认真做好图纸会审工作，参加设计交底，了解设计意图，明确质量要求；选择合适的材料供应商；做好人员培训；合理组织施工；建立并落实技术管理、质量管理体系和质量保证体系；严格把好中间质量验收和竣工验收环节。

（7）生产准备阶段

工程投产前，建设单位应当做好各项生产准备工作。生产准备阶段是由建设阶段转入生产经营阶段的重要衔接阶段。在本阶段，建设单位应当做好相关工作的计划、组织、指挥、协调和控制工作。生产准备阶段主要工作有：组建管理机构，制定有关制度和规定；招聘并培训生产管理人员，组织有关人员参加设备安装、调试、工程验收；签订供货及运输协议；进行工具、器具、备品、备件等的制造或订货；其他需要做好的有关工作。

（8）竣工验收阶段

建设工程按设计文件规定的内容和标准全部完成，并按规定将工程内外全部清理完毕，达到竣工验收条件后，建设单位即可组织竣工验收，勘察、设计、施工、监理等有关单位应参加竣工验收。竣工验收是考核建设成果、检验设计和施工质量的关键步骤，是由投资成果转入生产或使用的标志。竣工验收合格后，建设工程方可交付使用。竣工验收后，建设单位应及时向建设行政主管部门或其他有关部门备案并移交建设项目档案。建设工程自办理竣工验收手续后，因勘察、设计、施工、材料等原因造成的质量缺陷，应及时修复，费用由责任方承担。保修期限、返修和损害赔偿应当遵照《建设工程质量管理条例》的规定。

（9）项目后评价阶段

建设项目后评价是工程项目竣工投产一段时间后，再对项目的立项决策、设计施工、竣工投产、生产运营等全过程进行系统评价的一种技术经济活动，是固定资产投资管理的一项重要内容，也是固定资产投资管理的最后一个环节。通过建设项目后评价以达到肯定成绩、总结经验、研究问题、吸取教训、提出建议、改进工作、不断提高项目决策水平和投资效果的目的。按建设程序办事，还要区别不同情况，具体项目具体分析。各行各业的建设项目，具体情况千差万别，都有自己的特殊性。而一般的基本建设程序，只反映它们共同的规律性，不可能反映各行业的差异性。因此，在建设实践中，还要结合行业项目的特点和条件，有效地去贯彻执行建设程序。

1.8.2　燃气工程设计

设计是对拟建工程在技术和经济上进行全面的安排，是工程建设计划具体组织施工的依据。设计质量直接关系到建设工程的质量，是建设工程的决定性环节。燃气工程设计，应包括以下内容：

1. 城市燃气发展规划

城市燃气是城市基础设施的重要方面，为了搞好城市燃气的建设，必须在城市总体规划的原则和要求下按国家有关方针政策编制城市燃气规划。

城市燃气规划的任务：

（1）确定供气规模、气源种类、供气能力。

（2）确定供气对象，预测各类用户的用气量，决定供气系统的规模。

（3）选择调峰方式，确定储配设施容量。

（4）确定输配管网级制，布置输配系统。

（5）提出规划实施期限和分期实施的步骤。

（6）估计各实施阶段的建设投资及主要材料和设备的数量。

（7）确定劳动力定员。

（8）估计征用土地面积。

（9）分析规划实现后的效益。

（10）建议和要求。

2. 规划文件的内容

城市燃气规划文件主要包括规划说明书、规划图纸和规划附件三大部分。

（1）规划说明书

1）规划的依据、指导思想和编制原则。

2）气源供气规模、种类以及供气范围。

3）供气对应汽化率。

4）各类用户用气负荷及平衡。

5）输配系统规划方案及其技术经济比较。

6）燃气储存方式和调节用气不均衡的手段。

7）人员编制。

8）供应服务、技术维修及生活设施等配套工程。

9）规划分期实施年限及相应的投资，主要材料、设备。

10）主要技术经济指标和效益。

（2）规划图纸

根据城市供气范围的大小，绘制输配系统规划图。比例一般为 1∶5000、1∶10000 或 1∶25000。图中应标明气源厂（天然气门站）、储配站、主要调压站的位置和各级燃气管网的走向和管理。

（3）规划附件

规划附件包括规划的原始资料和依据、用气量计算、储气容积计算、管网水力计算和投资、材料消耗量估算及效益分析等计算附件。

3. 城市燃气工程项目建议书

根据批准的燃气规划文件，结合能源供应和用气需求预测，提出项目建议书，以说明建设的必要性和建设条件大致可行，其主要内容为：

（1）建设项目提出的必要性和依据。

（2）供气规模和气源，储配设施布点的初步设想。

（3）建设项目内容及能源供应情况，建设条件，协作关系。

（4）投资估算和资金筹措的设想：利用外资还是贷款，以及偿还贷款的能力测算。

（5）项目建设进度安排。

（6）经济效益和社会效益的初步估算。

4. 城市燃气工程可行性研究

可行性研究是对城市燃气工程项目进行深入的技术和经济论证，研究项目是否可行的科学分析方法，是保证建设项目最佳效果的综合研究。进行可行性研究可避免或减少建设项目决策的失误，更有效地使用资金，以提高建设投资的综合效益。

（1）可行性研究报告的主要内容

1）编制依据。

2）城市概况。

3）发展城市燃气的理由。

4）气源选择及供气规模。

5）供气原则和汽化范围。

6）确定燃气供需平衡及调峰措施。

7）燃气输配系统的方案及其技术经济指标。

8）投资材料估计和资金筹措。

9）经济分析。包括：燃气成本估算，静态和动态财务效益分析，经济效益和环境效益。

10）结论和存在的问题。

（2）可行性研究报告的附图与附件

1）城市燃气供气系统总平面图。

2）气源厂总平面图。

3）气源厂工艺流程图。

4）输配系统流程图。

5）输配系统计算结果图。

6）上级批准的各项文件及有关会议纪要。

7）规划部门的用地意见。

8）有关原料、水、电供应可能性的意见。

9）其他有关文件。

5. 城市燃气工程扩大初步设计

燃气工程一般根据批准的设计任务书或可行性研究，按扩大初步设计和施工图设计两阶段进行设计。对于重大项目，则分为初步设计、扩大初步设计和施工图设计三个阶段进行设计。而对于比较小的项目，直接按施工图设计就可以了。

扩大初步设计（或初步设计）是项目决策后根据批准的设计任务书或可行性研究的要

求，以及国家有关建设方针、政策和有关标准、规范等所做的具体实施方案，是安排建设项目和组织施工的重要依据。

（1）扩大初步设计需由有资质的设计单位编制。扩大初步设计要有一定的深度，以满足以下需要：

1）作为控制建设工程投资拨款以及签订建设工程总承包合同、货款总合同的依据。

2）作为工程施工准备的依据。

3）作为用地申请的依据。

4）作为组织主要材料设备加工和订货的依据。

5）作为编制施工图设计的依据。

扩大初步设计文件应包括：工程说明书、计算书和相应的图纸。

（2）气源工程扩大初步设计的内容。

1）建设目的和意义。

2）工程简介。

3）设计依据。

4）设计指导思想。

5）产品方案、生产方法、工艺流程。

6）主要原材料。

7）管理体制。

8）全厂定员。

9）总图运输、厂址选择、厂区范围、总图布置包括绿化、道路、消防、运输等。

10）各车间设计。

11）配套工程设计（包括给水排水、供热、供电、通风、工艺管道等）。

12）土建。

13）环保及劳动保护。

14）综合技术指标。

15）建设进度。

16）技术经济分析。

17）图纸清册。

18）设备材料清册。

19）概算清册。

（3）输配管道工程扩大初步设计的内容。

1）设计依据。

2）工程理由。

3）管道位置和平面布置。

4）管道工程内容（包括各段管道的管径、长度，预留分支的位置、管径与长度）。

5）管道敷设原则，特殊地段和大中型穿越方案。

6）管材的选择和防腐。

7）"三废"治理。

8）设备和材料清单。

9）工程概算。

10）附图（包括管道平面布置图、管道水力计算图、特殊穿越工程图等）。

6. 施工图设计

在扩大初步设计得到批准后，在此基础上进行施工图设计。其内容基本上与扩大初步设计相似，但做的深度须达到能按图施工的要求。对具体做法将以更详细的图纸表达出来，并对施工方法加以说明，并做出施工图预算。

1.8.3　燃气工程施工

1. 燃气工程施工组织

施工组织的任务和要求

（1）施工组织的任务

施工组织的任务就是要贯彻各项计划，合理安排施工生产，使设计示意图变为实际产品。施工组织应将工程施工过程中的人力、资金、材料、机械和时间等因素，在整个施工过程中，按照客观的经济、技术规律，进行合理的、科学的安排，使整个工程在施工中取得相对最佳的效果。

（2）施工组织的具体要求

1）落实施工任务，签订承包合同，争创优质工程。

2）充分做好施工前的准备工作。

3）正确进行工程排队，保证及时配套投产使用。

4）按照不同工程特点，合理确定施工顺序。

5）尽量保持全年施工的均衡性和连续性。

6）争取采用先进的施工技术和统筹方法组织平行流水作业和立体交叉作业。

7）尽量提高预制装配程度。

8）尽量提高施工的机械化水平。

9）合理组织物资供应及运输。

2. 施工组织设计

施工组织设计是全面规划和部署拟建工程全部施工活动的一份技术文件。

（1）施工组织设计的分类

燃气工程的施工组织设计，根据任务情况基本上可分为施工组织总设计、施工组织设计、施工方案和专项技术措施四种。其适用范围和主要内容如表1-12所示。

（2）施工组织设计的编制

施工组织设计按照施工组织的具体要求进行编制。编制之前，必须具备设计文件、建设计划文件、有关技术规范、定额和预（概）算以及实地调查资料等各项基本依据。

编制施工组织设计需着重说明如下问题：

1）工程概况或工程特点。要着重说明位置、结构、面积、投资、要求、进度以及主要工种工程量、总分包业务划分和协作配合原则。

2）施工进度计划。要着重表达各个建筑物（或各个施工过程）的施工顺序、施工延续时间及开始和结束的日期。可采用横道图或网络图方法来编制施工进度计划，但网络图能更形象、更简捷地表达各个施工过程相互联系、相互制约的关系。

施工组织设计的适用范围和主要内容　　　　　　　　表 1-12

分类	施工组织总设计	施工组织设计	施工方案	专项技术措施
适用范围	制气厂、储配站和罐瓶厂等大中型项目，有两个以上单位同时施工	小型安装，如球罐安装、长输管道施工等	结构简单的单位工程或经常施工的项目，如顶管、河底穿越、小区燃气用户安装	新工艺，新材料，地上及地下特殊处理，有特殊要求的分项工程
编制与审批	以公司为主编制，上级主管部门组织协调，报上级单位审批	公司或工程处组织编制，报上级主管部门审批	施工队负责编制，报公司或工程处审批、备案	工程负责人编制，施工队审批，报工程处备案
主要内容	1. 工程总进度计划和单位工程进度计划； 2. 主要专业工程的施工方法； 3. 分年度的构件、半成品、主要材料、施工机具、劳动计划； 4. 附属企业项目及产品方案； 5. 交通、防洪、排水措施； 6. 水、电、热等动力供应方法； 7. 施工总平面图； 8. 各专业种的分工与配合； 9. 各种暂设工程数量； 10. 技术安全、冬雨期施工措施	1. 工程概况； 2. 主要分项工程综合进度计划； 3. 施工部署和配合协作关系； 4. 主要施工方法和技术措施； 5. 主要材料、半成品、设备、施工机具计划； 6. 各工种劳动力计划； 7. 施工平面布置图； 8. 施工准备工作； 9. 技术安全、冬雨期施工措施	1. 工程特点； 2. 施工进度计划； 3. 主要施工方法和技术措施； 4. 施工平面布置图； 5. 材料、机具需用计划； 6. 各工种劳动力计划； 7. 施工准备工作； 8. 技术安全、冬雨期施工措施	1. 工程特点； 2. 施工方法、技术措施及操作要求； 3. 工序搭接及工种协作配合； 4. 工期要求； 5. 特殊材料和机具需要量计划

3）施工方法。重点放在关键项目上。如何分段、分片和分层，如何统筹交叉作业，主导工序的施工和衔接，主要分部分项工程的工厂化、机械化施工程序，针对性的技术措施，新工艺、新结构的施工要点，加工预制品的制作，所采用的机械型号，季节性施工的特点、特殊质量要求和初次施工的项目等。

4）各项资源计划。重点明确各工种工人的人数和劳动力需要量；分规格、品种和数量的材料需用量；部件型号、规格、尺寸及需用量和分批进场日期；机械名称、型号、技术规格及需用台数和进场日期。

5）施工总平面图。全场性的施工总平面图和分片（段）的施工平面图。施工平面图要着重表明地上和地下已有的房屋、构筑物及其设施的位置和尺寸，地上和地下拟建的房屋、构筑物及其设施的位置和尺寸，为施工服务的一切临时性设施的布置，取土及弃土的场地，各种材料、部件的堆放位置，各种施工机械的位置以及道路布置等。

1.8.4 燃气工程监理

1. 燃气工程勘察设计阶段监理的基本任务

燃气工程勘察设计阶段监理是指监理单位根据与燃气工程建设单位签订的委托监理合同，在燃气工程建设项目的方案设计、初步设计、施工图设计的各个勘察设计阶段，对勘察、设计单位进行确认，对勘察设计过程进行监控，对勘察设计成果（含概算）进行审核的工作。其目的就是审查参与燃气工程建设的勘察、设计单位具备相应的资质和能力；保障勘察设计质量满足适用、安全、美观、经济的要求；控制勘察设计的进度、概算符合整个燃气工程建设的计划。

2. 燃气工程施工招标阶段监理的主要任务

燃气工程施工招标阶段监理的主要任务是协助项目业主选择理想的施工承包单位，以合理的价格、先进的技术、较高的管理水平、较短的时间、较好的质量来完成燃气工程施工任务。

（1）协助项目业主编制施工招标文件，施工招标文件是工程施工招标工作的纲领性文件，同时又是投标人编制投标书的依据，也是评标的依据。监理单位及其监理工程师在编制施工招标文件时应当为选择符合投资控制、进度控制、质量控制要求的施工单位打下基础，为合同价不超计划投资、合同工期符合计划工期要求、施工质量满足设计要求打下基础，为施工阶段进行合同管理、信息管理打下基础。

（2）协助项目业主编制标底，监理单位接受项目业主委托编制工程标底时，应当使工程标底控制在工程概算或预算以内，并用其控制工程承包合同价。

（3）做好投标资格预审工作，监理单位及其监理工程师应当将投标资格预审看作公开招标方式的第一轮竞争择优活动，要抓好这项工作，为选择符合目标控制要求的工程承包单位做好首轮择优工作。

（4）组织开标、评标、定标工作，通过开标、评标、定标工作，特别是评标工作，协助项目业主选择出报价合理、技术水平高、社会信誉好、保证施工质量、保证施工工期、具有足够承包财务能力和施工工程建设项目管理水平的施工承包单位。

3. 燃气工程施工阶段监理的主要任务

（1）燃气工程施工阶段监理的前期准备工作

1）组建项目监理部

① 项目监理部总监理工程师由公司任命并书面授权。

总监理工程师的任职应考虑资格（注册证、总监证）、水平（政策、业务、技术）和能力（综合、组织、协调）等。

总监理工程师代表可根据燃气工程项目需要配置，由总监理工程师提名，经公司批准后任命。总监理工程师应以书面的授权委托书明确委托总监理工程师代表办理的监理工作。

② 项目监理部由总监理工程师、总监理工程师代表（必要时）、专业监理工程师、监理员及其他辅助人员组成。

项目监理部的规模应根据委托监理合同规定的服务内容、工程规模、结构类型、技术复杂程度、建设工期、工程环境等因素确定。

项目监理部组成人员一般不应少于3人，并应满足燃气工程施工监理各专业的需要。

③ 项目监理部人员组成及职责、分工应于委托监理合同签订后10日内书面通知建设单位。

④ 总监理工程师在项目监理过程中应保持稳定，必须调整时，应征得建设单位同意；项目监理部人员也宜保持稳定，但可根据工程进展的需要进行调整，并书面通知建设单位和承包单位。

⑤ 项目监理部内部的职务分工如质量控制、进度控制、造价控制、材料试验（含见证取样）、资料管理等可由监理部成员兼任，但应明确分工、职责。

⑥ 所有从事现场监理工作的人员均应通过正式培训并持证上岗。

2）监理工作准备会

项目监理部组成后应及时召开监理工作准备会。会议由监理单位分管领导主持，宣读总监理工程师授权书；介绍燃气工程的概况和建设单位对监理工作的要求，由总监理工程师组织监理人员学习监理人员岗位责任制和监理工作人员守则，明确项目监理部各监理人员的职务分工及岗位职责。

3）监理设施与设备的准备

① 按监理规范、规程的规定，建设单位应提供委托监理合同约定的满足监理工作需要的办公、交通、通信、生活设施，项目监理部应妥善保管与使用，并在项目监理工作完成后归还建设单位。项目监理部亦可根据委托监理合同的约定，配备满足工作需要的上述设施。

② 项目监理部应配备满足监理工作需要的常规的工程质量检测仪器、设备，总监理工程师应指定专人管理。

4）熟悉燃气工程施工图纸

燃气工程施工图纸是燃气工程监理工作的重要依据之一，为预先了解燃气工程情况，掌握燃气工程的特点，及早发现和解决图纸中的矛盾和缺陷，重点监理工作人员应全面、细致地阅读燃气工程施工图纸和设计说明文件，为监理工作的实施做好充分的准备。

5）分析燃气工程委托监理合同和施工合同

总监理工程师应组织项目监理部人员对燃气工程委托监理合同和施工合同进行分析研究，了解并熟悉合同内容；委托监理合同和施工合同的管理是项目监理部的一项核心工作，整个燃气工程项目的监理工作即可认为是对这两个合同的管理过程。总监理工程师应指定专人负责本工程项目的合同管理工作。

6）编制监理规划及监理实施细则

① 监理规划是指导项目监理部开展监理工作的指导性文件，直接指导项目监理部的监理业务工作。

② 监理规划的编制应由总监理工程师负责组织项目监理部人员在委托监理合同签订及收到施工合同、设计文件后 15 日内编制完成，并经监理单位技术负责人审定批准后，在监理交底会前报送建设单位及有关部门。

③ 对技术复杂的、专业性较强的燃气工程项目，项目总监理工程师应组织专业监理工程师编制监理实施细则。

④ 监理规划和监理实施细则的编制应满足现行《建设工程监理规范》GB/T 50319 的要求。

（2）燃气工程施工准备阶段的监理工作

施工准备阶段是指承包单位进驻燃气工程施工现场开展各项施工前的准备工作的阶段。项目监理部进驻现场后到工程正式动工前这一阶段的监理工作即施工准备阶段的监理工作。

燃气工程施工准备阶段监理工作的主要内容如下：

1）参与设计交底

① 设计交底由建设单位主持，设计单位、承包单位、监理单位的项目负责人及有关人

员参加。

②项目监理部应在设计交底前按要求熟悉施工图纸。

③在设计交底时，设计单位对监理单位和承包单位提出的有关施工图纸中的问题进行答复。

④设计交底时由承包单位负责记录，会后形成纪要，经建设单位、设计单位、监理单位、承包单位各方签认后正式发送各方，作为签订工程变更的依据。

2）审核施工组织设计（施工方案）

①施工组织设计（施工方案）的审核应符合现行《建设工程监理规范》GB/T 50319的要求。

②施工组织设计（施工方案）由总监理工程师组织各专业监理工程师审核，由总监理工程师签认同意、批准实施。施工组织设计的审核一般不超过14日。施工方案的审核一般不超过7日。

③需要承包单位修改时，应由总监理工程师签发书面意见退回承包单位修改，修改后再报，重新审核。

3）查验施工测量放线成果

①参加建设单位组织的平面、高程控制点的交接工作。

②检查承包单位的专职测量人员的岗位证书及测量设备检定证书。

③督促核查承包单位对平面、高程控制点的校核。

④承包单位应将施工测量方案、红线桩的校核成果、水准点的引测成果填写在《施工测量放线报验表》中并附工程定位测量记录报项目监理部查验。

⑤对建设单位提供的平面、高程控制点进行必要的计算和实测校核。

⑥督促、查验承包单位对施工现场现状地面标高的测量，以便为土方填、挖方量计量提供依据。

⑦熟悉、核查设计图纸。

⑧查验承包单位测设的施工平面控制网和标高控制网。

⑨查验管道及建筑物定位轴线。

4）参加第一次工地会议

第一次工地会议由建设单位主持，在工程正式开工前召开。第一次工地会议之前，项目监理部应按规定开好监理工作准备会。

5）施工监理交底会

施工监理交底会由总监理工程师主持，中心内容为贯彻执行项目监理规划。施工监理交底会也可与第一次工地会议合并举行。

①施工监理交底会的参加人员

a.总承包单位项目经理及有关职能人员，分包单位主要管理人员和技术负责人。

b.总监理工程师及有关监理人员。

②施工监理交底会的主要内容具体包括如下几项：

a.介绍国家及本地适用的有关燃气工程建设监理的政策、法令、法规。

b.介绍委托监理合同约定的建设单位、监理单位的权利、义务与责任。

c.介绍本工程项目的监理规划、确定的控制目标（进度、质量、造价）。

d. 介绍监理工作基本程序和方法。

e. 介绍有关监理报表的填报和报审要求，明确签字人及审批程序，提出工程资料的管理要求。

f. 监理与承包单位双方认为需要商讨的其他事项，如工程质量验收中检验批的划分等。

g. 项目监理部应编写监理交底会议纪要，发承包单位及有关单位。

6）核查开工条件，批准工程开工

① 承包单位认为施工现场已具备开工条件时，可向项目监理部提交申请开工的《工程开工报审表》及相关文件。

② 监理工程师应核查下列条件：

a. 政府主管部门已签发的《工程施工许可证》（复印件）。

b. 已向政府建设工程质量监督部门办理的质量监督注册手册。

c. 施工组织设计（施工方案）已由总监理工程师审核同意。

d. 现场测量控制桩已查验合格。

e. 承包单位项目经理部管理人员已到位，施工人员已按计划进场。

f. 施工机具设备已按计划进场；主要建材供应已落实。

g. 施工现场道路、水、电、通信等已达到开工条件。

h. 建设单位已对场区的地下管线进行交底，且其保护方案已审查通过。

i. 用于施工的设计文件和图纸满足施工需要。

③ 监理工程师经审核认为具备开工条件时，在《工程开工报审表》上签署审查意见，由总监理工程师签署审批结论，准予开工。施工工期即应从批准开工日起算。监理工程师在审查承包单位报审的《工程开工报审表》及施工现场情况后，若认为尚不具备开工条件时，一方面应督促承包单位限期改正；另一方面应向总监理工程师申报后签署相应审查意见，最后由总监理工程师签署审批结论。

（3）燃气工程质量保修期的监理

燃气工程质量保修期的监理工作主要包括如下内容：

1）在燃气工程竣工验收之前，总监理工程师应协助建设单位和承包单位签订《工程质量保修书》。

2）总监理工程师审批承包单位提交的燃气工程质量保修期计划，并监督其执行。

3）总监理工程师定期指派监理工程师对建设单位走访，听取其意见和要求，并做好监理回访记录。

4）监理工程师对建设单位提出的工程质量缺陷进行检查和记录，并分清责任；对承包单位修复的工程进行质量验收，合格后予以签认，并签发《保修完成证书》。

5）经调查分析后，对非承包单位原因造成的工程缺陷委托承包单位进行修复时，监理人员应核实修复工程的费用并签署支付证明，报建设单位支付。

6）质量保修期结束，总监理工程师协助建设单位审定保修完成情况，协助建设单位按照"工程质量保修书"的规定支付质量保修保留金（保证金）。

7）总监理工程师组织监理工程师及时整理好工程质量保修期各项记录，作为监理资料归档，并编写工作总结报送建设单位。

1.8.5　燃气工程建设项目安全设施建设要求

燃气工程建设项目安全设施必须与主体工程同时设计、同时施工、同时投入生产和使用。

"同时设计"，要求在进行建设项目的设计时，必须同时进行安全设施的设计。安全设施的设计必须符合有关法律、法规、规章和国家标准的要求，不得随意降低安全设施的标准。"同时施工"，要求建设项目施工过程中，必须严格按照设计要求，对安全设施同时施工安装，安全设施施工不得偷工减料，不得降低建设质量。"同时投入生产和使用"，要求安全设施必须与主体工程同时竣工并经有关部门验收合格后，同时投入生产和使用，不得只将主体工程投入使用，安全设施不予使用。

1.8.6　燃气工程质量控制

近年来，随着我国社会经济的迅速发展，城市市政基础设施建设也有了快速发展，管道燃气在改善城市环境、提高居民生活水平、加速城市现代化建设等方面发挥了积极的作用。但城市燃气的安全生产总体形势依然十分严峻，由于燃气工程质量引起了政府的重视和人们的广泛关注。城市里的燃气管道就相当于人体中的血管，如何保证"血管"安全可靠运行是至关重要的，也是燃气经营企业面临的重要课题。如何加强工程建设过程中的管理，最大限度地控制、减少甚至把事故消灭在萌芽状态是十分必要的，提高燃气管道及设备安装工程的质量尤为重要。

影响燃气输配工程质量的因素是多方面的，燃气工程的质量控制要贯穿项目的全过程，主要包括设计、施工、监理等重要环节。通过对影响燃气工程建设质量的设计、施工和监理三个关键方面研究和分析，探讨在项目的不同阶段、不同环节和不同过程对燃气工程质量进行有效的控制，实现工程质量的最佳化，从而提高燃气管网的可靠性和安全性。

1. 设计阶段的质量控制

燃气工程设计是输配项目建设的灵魂，是质量管理的起点，设计质量的优劣直接影响到工程建设的质量，如果设计质量差，就会给项目质量留下许多隐患，俗语讲质量的好坏是设计出来的。因此，把好设计质量关是从源头杜绝工程质量事故的关键。针对燃气工程的特点，在设计工作过程中确定质量目标和水平，使其具体化；其质量管理主要包括三方面的研究内容：质量设计、控制设计质量、质量预控。

（1）质量设计

为使燃气输配管网运营高效，在设计上应从安全性、可靠性、可维修性、可操作性、投资合理等方面综合平衡，制定最佳的设计方案。

1）严格遵守燃气工程设计、施工、验收技术规范与规定

要求设计人员熟悉规范、贯彻规范，从规范中寻找解决工程设计问题的途径。

2）合理选择城镇燃气输配系统的压力级制

一个合理和优化的燃气输配系统不仅应该考虑输气、调峰能力的问题，还要考虑城市的发展、燃气应用领域的拓宽等因素。用发展的、远近结合的思路和以近期为主的观念来进行输配系统压力级制的选择。

3）合理确定工艺流程

工艺流程的合理性是城镇燃气系统安全、可靠供气的保证，这取决于城市门站、调压站、储配站、调峰设施、管网系统等设施的工艺流程的合理性。

4）合理选择管材与设备

管材的选择应依据工程的规模、压力级制、管道敷设条件等因素进行，同时满足国家现行规范、标准的有关规定。设备的选择应分析设计条件，理清设备选型思路，根据已有的设计条件近远期结合进行选型。

5）确保管道防腐工程质量

钢管防腐涂料、防腐胶带外加阴极保护设计方案和三层防腐方案的选择要结合工程实际情况，经过科学的技术经济论证确定。

6）合理选择安全设施及监控系统

影响燃气输配系统安全可靠供气的主要因素，包括工艺系统设计的合理性、管材及设备的质量，以及施工安装质量等，其中工艺系统设计的合理性则主要取决于设计人员。

燃气管网监控系统是保障燃气企业安全生产和可靠供气的有效技术手段，在系统的设计和实施过程中，力求与管理体制和职责范围相适应，与燃气系统的发展规划相适应。

（2）控制设计质量

燃气工程设计必须既要满足国家及地方相关规范、标准、规程等的要求，又要满足燃气管网运营商所需要的功能和要求。因此，在设计过程中，必须采取有效的控制措施，控制设计质量的关键环节，以保证设计质量。主要包括以下环节：

1）设计评审

评审的目的在于评价设计质量，找出问题，提出解决方案，力求达到可靠、合理、经济、可行的质量效果。

2）经济分析

设计在技术上的任何变化，都会引起质量、费用的变化。设计的经济分析，主要是设计变化与费用、成本变化之间的关系。

3）严格遵守设计程序

按照科学的设计程序进行设计是保证设计质量的客观需要，严格遵守现行有效的技术标准和规范，按合法程序做好设计变更。

4）设计跟踪

定期对设计文件进行检查、审核，发现问题及时纠正。

（3）质量预控

根据燃气输配工程中可能造成质量问题的各种因素、控制手段、检验标准及相应措施，建立完善的设计质量体系，提高设计质量管理水平，把质量问题消灭在萌芽之中，达到预防为主的目的。从以下6个方面的质量预控。

1）预测影响因素

针对燃气输配工程的特点以及在场站或管网设计中拟采用的工艺流程、材料设备、方式方法等，通过分析和参照过去的经验等，对影响质量的因素加以分析、整理。

2）制定质量控制计划

工程设计质量控制计划必须有效而经济，因此在制定计划时必须考虑质量目标、实施条件、工艺、方法、投资等因素，尽量在各因素间取得平衡。

3）设计控制程序

控制程序规定了实施过程中不同阶段所需进行的质量控制内容和方法。比如燃气管道施工，从路面开挖、管道焊接、回填覆土到吹扫试压，各阶段都有不同的质量控制内容。

4）制定检验评定标准

根据相关国家规范、地方性法规和企业标准，结合实际制定检验评定标准，作为判断质量状况的依据。标准的内容主要包括检验项目、检验方法和评定标准等。

5）确定对策

根据预测的影响质量的因素，对每一个可能发生的因素提出相应的解决办法。

6）编制质量控制手册

在质量控制中，根据项目的类型和具体情况编制相应的质量控制手册，其中涉及质量控制方针、依据、组织、方法、程序等多方面内容。

2. 施工阶段的质量控制

施工阶段是燃气工程质量管理的重要阶段，在此阶段的不同环节，其质量管理的工作内容不同，一般分为事前管理、事中管理和事后管理三个阶段。

（1）事前质量管理

事前质量管理包括人员、技术、材料、设备、组织和现场的各项准备，重点是：

1）人员的管理和技术培训

根据燃气工程的特点，从确保施工质量出发，必须通过有针对性的培训提高人员的综合素质，健全岗位责任制，在人员的技术水平、责任心等方面进行控制，加强施工人员资格控制，从施工项目经理、施工安全员到特殊工种，都严格执行持证上岗制度，严禁无证上岗行为，严格遵守操作规程，避免因人的失误造成质量问题。组织各种类型的燃气专业技术培训和讲座，熟悉有关资料和图纸，让工程参与人员都了解施工过程中可能遇到的质量问题、影响因素、处理方法、预防措施等。

2）严把燃气材料、设备质量关

对施工使用的管材、管件、阀门等的质量进行检查与控制。目前，市场上工程材料供应良莠不齐，加强对工程材料的质量管理与监督是十分必要的。大多数燃气经营企业对材料控制都是非常严格的，并对关键性材料（例如阀门、调压设备、管材管件、燃气表等）制作成燃气工程材料设备目录清单，对于没有制造厂的合格证书、鉴定证书、质检证明和外观检查不合格的材料一律不得使用。

3）施工设备的组织与控制

燃气工程的施工设备主要包括机械设备、工具等，如吊机、电焊机、发电机、空压机等，根据工程的需要进行合理地选择和正确地使用。例如，在PE管的焊接施工中，对于热熔焊接必须使用全自动或半自动焊机来保证焊口的可靠性，而对于电熔焊接则只能用带条形码和自动焊机的焊接装置。要正确使用这些设备，必须通过严格的培训、取证，杜绝无证上岗现象。

（2）事中质量管理

这是燃气工程施工过程中所进行的核心质量管理，是保证和提高项目质量的关键。因此，在此过程当中必须做到工序交接有检查、质量预控有对策、质量保证措施有交底、隐蔽工程有验收等，抓好施工过程中影响质量的因素、工艺和工序等每一环节的质量管理。

1）影响施工质量的人员、材料、设备、方法和环境等因素。

人员、材料和设备的管理已在上节陈述。方法是指施工工艺、组织设计、技术措施等，要选择技术可行、经济合理、有利于保证施工质量、加快进度、降低施工费用的方法。例如在城市主要道路上敷设燃气管道，一般采用的是直接开挖敷设的施工方法，但如果在交通繁忙路段、作业空间小的地方施工或工期紧迫、道路开挖补偿昂贵等环境中作业时，则可以考虑使用技术成熟、更经济、费用低的定向钻施工法。

影响质量的环境因素比较多，有水文气象的技术环境、作业场所的劳动环境等。根据燃气工程施工特点和具体条件，采取有效措施对环境因素进行管理。例如 PE 管的施工，由于管材受温度影响特别大。因此，管材运抵施工现场后，不能直接让其暴晒在太阳底下，必须要用合适的材料遮挡紫外线。在焊接过程中，为保证焊口的质量，不能在阴雨潮湿的环境下作业。

2）掌握工艺质量要求，严格按要求施工。

燃气工程的施工工艺质量稳定，可以提高整个工程质量的稳定性。工艺质量管理的重点是要做好技术交底、按要求施工、加强监督检查。例如 PE 管焊接的工艺质量控制，过程分以下阶段：翻边热熔焊接吸热、开闭模、熔接、冷却成形，焊口的翻边应沿管材形成均匀、对称、实心和圆滑的焊环，根部较宽；斜切开焊口观察：熔接界面均匀，没有裂缝、孔等缺陷。

3）合理科学控制施工工序，使每道工序的施工质量符合要求，达到质量标准。

燃气主干管的施工工序：① 开挖沟槽，根据管道的管径不同，其宽度不同，根据路由的位置不一样，其深度也有所不同，并有适当的坡度，沟槽底部要求有石粉垫层；② 管道焊接，不同材质有不同的焊接工艺、检验手段和评定标准；③ 吹扫试压，吹扫要求把施工过程中遗留在管道内的杂质全部清除干净，试压则有强压和气密两个试验。可见每道工序中又含有多道小工序，有效处理好施工中的工序质量，就能有效提高施工过程中的工程质量。

（3）事后质量管理

施工过程中的每一个环节、每一道工序完成后都要进行质量检查、验收和评定，发现不合格、不达标的，或未能满足设计要求的，必须及时采取措施加以控制，及时纠正。

发现质量异常的情况，由于影响工程质量的因素很多，而且通常是错综复杂地交织在一起，可以采用科学的方法来清晰而有效地加以整理和分析，例如因果分析法中的"头脑风暴法"，最大可能地把原因找出来，然后采取有效措施，防止质量问题的再次发生。

3. 监理阶段的质量控制

燃气工程监理是由建设单位（燃气企业）委托有相应资质的监理单位对项目工程的施工行为进行监控的专业服务活动。

（1）推行燃气工程监理的必要性

燃气企业的工程管理人员不具有监理人员综合化、专业化和科学化管理的经验和水准，目前，引入专业监理的工程后期整体管理效果较好。

（2）监理在燃气工程质量控制过程中的实施

为保证在施工阶段工程质量监理工作的有序、有效开展，重点抓好以下几个关键环节：

1）在制定监理规划时，根据燃气工程特点，按工作内容分别制定具体工作细则，进行计划安排、风险分析、制定措施。包括熟悉工程设计施工图和现场条件；根据工程规模大小或内容不同划分单位、分部、分项工程或工序；确定对应的质量控制要点及目标；明确具体监理的方法、手段及措施等。

2）目标控制，对施工过程中各个环节的实际目标和计划目标进行跟踪，及时发现偏差、纠正偏差，实现总目标控制。在工作程序上要体现事先控制和主动控制的原则。开工前严格核查相关单位关键岗位人员的上岗资格及证书的时效性；对拟进场的材料设备进行审核；对材料设备的外观和数量进行核查，按规定对材料进行复检、复测；对关键工序和部位的质量在隐蔽前按程序严格检查等。

3）组织协调，建设单位、设计单位、施工单位、材料供应商等各种关系的协调。在工程实施的过程中，以上各单位所追求的目标未必一致，为此监理单位必须本着"守法、诚信、公正、科学"的准则，解决存在的矛盾，促成投资、进度和质量目标的实现。

4）把好工程竣工验收的质量关，完善竣工资料。燃气工程的竣工资料是整个施工成果的最终反映，也是未来燃气企业输配运营管理的重要依据。因此，在工程建设过程中严格的工序管理可以促进工程竣工档案同步完成，在工程竣工验收时监理单位需向建设单位提交包括施工过程的各项记录资料和其他约定提交的资料。

1.8.7　燃气工程竣工验收及资料管理

1. 工程竣工验收的基本形式

工程竣工验收的基本形式有以下三种：

（1）中间验收

中间验收是指施工过程中进行的工程检查验收。

1）隐蔽工程验收

在施工过程中，当某一道工序所完成的工程实物被后一道工序所完成的工程实物隐蔽遮挡且不能逆向作业时，前一道工序即称为隐蔽工程。例如埋地管道、吊顶内的管道工程等均属于隐蔽工程，隐蔽工程被后续工程隐蔽后，其施工质量就很难检验和认定，如果不认真做好隐蔽工程的质量检查工作，就容易给工程留下隐患。所以，隐蔽工程在隐蔽前，施工单位除了要做好检查、检验并做好记录之外，还要及时通知监理单位（或建设单位）和建设工程质量监督机构进行验收，验收通过后方可进入下一道工序施工。质量监督机构对工程的监督检查以抽查为主，因此，接到施工单位隐蔽验收的通知后，可以根据工程的特点和隐蔽部位的重要程度以及工程质量监督管理规定的要求，确定是否监督该部位的隐蔽验收。

2）分部、分项工程验收

分部、分项工程验收是指分部、分项工程完成后进行的工程验收。

隐蔽工程和分部、分项工程验收都属于中间验收。这些验收资料是单位工程竣工验收、交工验收的重要资料。

（2）分期验收

分期验收又称临时验收，是指局部项目或个别单位工程已达到投产条件，因生产或施工需要必须提前进行的工程验收。

（3）竣工验收

工程项目按设计要求和合同约定完成全部的施工内容后，须办理工程竣工、交工验收手续，因此又叫竣工验收。其基本形式有以下三种：

1）实行总分包的工程项目，分包单位应先行向总承包单位交工。这种形式在工程项目实行总分包的情况下采用。

2）承包单位在单位工程项目完成之后直接向建设单位提交工程竣工报告，提请建设单位组织竣工验收。这是目前广泛采用的工程竣工交工形式。

3）整个建设项目由建设单位提请政府组织交工验收。建设项目向国家交工由建设单位负责，施工单位协助配合。对于国家大型重点建设工程项目，必须在生产出合格产品之后，建设单位才能向国家正式交工。

2. 工程竣工验收的依据和应具备的条件

（1）工程竣工验收的依据

1）上级主管部门批准的工程施工许可文件。

2）建设单位和施工单位签订的工程合同。

3）设计文件、施工图样和设备技术说明书。

4）现行的施工验收规范和质量检验评定标准等。

（2）工程竣工验收的基本条件

1）完成工程设计和合同约定的各项内容。

2）有完整的技术档案和施工管理资料。

3）有材料、设备、配件的质量证明资料和试验、检验报告。

4）有施工单位签署的《工程质量保修书》。

5）有勘察、设计、施工、工程监理等单位分别签署的质量合格文件。

3. 工程竣工验收的程序

工程竣工验收应由建设单位主持，可按下列程序进行：

（1）工程完工后，施工单位按《城镇燃气输配工程施工及验收规范》CJJ 33—2005 要求完成验收准备工作后，向监理部门提出验收申请。

（2）监理部门对施工单位提交的《工程竣工报告》、竣工资料及其他材料进行初审，合格后提出《工程质量评估报告》，并向建设单位提出验收申请。

（3）建设单位组织勘察、设计、监理和施工单位对工程进行验收。

（4）验收合格后，各部门签署验收纪要。建设单位及时将竣工资料、文件归档，然后办理工程移交手续。

（5）验收不合格的，应提出书面意见和列出整改内容，签发整改通知限期完成。整改完成后重新进行验收。整改书面意见、整改内容和整改通知编入竣工资料文件中。

4. 工程竣工验收的要求

（1）审阅验收材料内容，其内容应完整、准确和有效。

（2）按照设计图纸、竣工图纸对工程进行现场检查。竣工图应真实、准确，路面标志应符合要求。

（3）工程量符合合同的规定。

（4）设施和设备的安装符合设计要求，无明显的外观质量缺陷，操作可靠，保养完善。

（5）对工程质量有争议、投诉和经多次检验才合格的项目，应重点验收，必要时可开挖检验、复查。

5. 资料管理

竣工资料的收集、整理工作应与工程建设过程同步进行，工程完工后应及时做好整理和移交工作。整体工程竣工资料宜包括下列内容：

（1）工程依据文件

1）工程项目建议书、申请报告及审批文件、批准的设计任务书、初步设计、技术设计文件、施工图和其他建设文件。

2）工程项目建设合同文件、招标投标文件、设计变更通知单和工程量清单等。

3）建设工程规划许可证、施工许可证、质量监督注册文件、报建审核书、报建图、竣工测量验收合格证和工程质量评估报告。

（2）交工技术文件

1）施工资质证书。

2）图纸会审记录、技术交底记录、工程变更单（图）和施工组织设计等。

3）开工报告、工程竣工报告和工程保修书等。

4）重大质量事故分析、处理报告。

5）材料、设备和仪表等的出厂合格证或检验报告。

6）施工记录，包括隐蔽工程记录、焊接记录、管道吹扫记录、强度和严密性试验记录、阀门试验记录及电气仪表工程的安装调试记录等。

7）竣工图纸。竣工图应反映隐蔽工程、实际安装定位、设计中未包含的项目、燃气管道与其他市政设施特殊处理的位置等。

（3）检验合格记录

1）测量记录。

2）隐蔽工程验收记录。

3）沟槽及回填合格记录。

4）防腐绝缘合格记录。

5）焊接外观检查记录和无损探伤检查记录。

6）管道吹扫合格记录。

7）强度和严密性试验合格记录。

8）设备安装合格记录。

9）储配与调压各项工程的程序验收及整体验收合格记录。

10）电气设备、仪表安装测试合格记录。

11）在施工中受检的其他合格记录。

2　消防安全与应急管理知识

2.1　城镇燃气消防安全常识

2.1.1　消防基础知识

1. 燃烧本质

（1）燃烧概念

燃烧，俗称"着火"，是可燃物质与氧或氧化剂作用发生的一种放热发光的剧烈化学反应。放热、发光、生成新物质是燃烧现象的三个特征。

1）生成新物质

物质在燃烧前后性质发生了根本变化，生成了与原来完全不同的新物质。如木材燃烧后生成木炭、灰烬以及 CO_2 和 H_2O（水蒸气）。但并不是所有的化学反应都是燃烧，比如生石灰遇水时发生化学反应并发热，这种热可以成为一种着火源，但它本身不是燃烧。

2）放热

凡是燃烧反应都有热量生成。这是因为氧化还原反应过程中总有旧键的断裂和新键的生成。在燃烧反应中，断键时吸收的能量要比生成新键时放出的能量少，所以燃烧反应都是放热反应。

3）发光

大部分燃烧现象都伴有光的出现。燃烧发光的主要原因是燃烧时火焰中有白炽的炭粒等固体粒子和某些不稳定（或受激发）的中间物质的生成所致。

（2）燃烧与氧化的关系

燃烧所进行的化学反应实际上是可燃物与氧化剂进行的氧化还原反应，当该反应剧烈到发光时就称其为燃烧。因此，氧化反应包括燃烧，而燃烧则是氧化反应的特例。

2. 燃烧条件

（1）燃烧的必要条件

任何物质发生燃烧，都有一个由未燃状态转向燃烧状态的过程。这个过程的发生必须具备三个条件，即可燃物、助燃物、着火源。

1）可燃物

可燃物是指能与空气或其他氧化物发生燃烧反应的物质。可燃物大多数为有机物，少数为无机物。一般规律是：气体可燃物最容易燃烧，其次是液体可燃物，最后是固体可燃物。

2）助燃物

助燃物（氧化剂）是指能与可燃物相结合并能帮助、支持和导致着火或爆炸的物质。只有在可燃物和助燃物同时存在的情况下才能发生燃烧反应。当然，也有少量含氧物质，一旦受热或着火后能自行释放出氧，不需外部氧化剂就能发生燃烧。如低氮硝酸纤维、赛璐珞等。

3）着火源

着火源是指能引起可燃物着火或爆炸的能源。根据能量来源的不同，着火源可分为以下几种：

① 明火焰，如火柴焰、蜡烛焰、气焊火焰等。

② 炽热体，如长时间通电的电熨斗、高温蒸汽管道等。

③ 火星，如金属与金属、金属与石头、石头与石头强力摩擦、撞击时产生的火花；烟囱飞火等。

④ 电火花，即具有一定电位差的两电极间放电时产生的火花，包括静电放电和雷击放电。

⑤ 化学反应热和生物热，即不能及时散发掉的化学变化和生物变化产生的热。

⑥ 光辐射，即太阳光、凹凸玻璃聚光产生的热能。

着火源温度越高，越容易引起可燃物燃烧。表 2-1 是几种常见的着火源温度。

几种着火源的温度　　　　　　　　　　　　　　表 2-1

着火源	火源温度（℃）	着火源	火源温度（℃）
石灰与水反应	600～700	气体灯焰	1600～2100
烟火中心	700～800	酒精灯焰	1180
烟头表面	250	煤油灯焰	780～1030
机械火星	1200	植物油灯焰	500～700
煤炉火焰	1000	蜡烛焰	640～940
汽车排气管火星	600～800	气焊（割）焰	2000～3000

（2）燃烧的充分条件

在某些情况下，虽然具备了燃烧的三个必要条件，但由于可燃物质的数量不够、氧气不足或着火源的热量不大、温度不高，燃烧也不能发生。因此，燃烧的充分条件是：

1）一定浓度的可燃物

燃烧的发生必须是可燃物与助燃物有一定的浓度比例。若可燃物的量不够，燃烧不会发生。例如：氢气在空气中的含量达到 4%～75% 就能着火甚至爆炸；但若氢气在空气中的含量低于 4% 或高于 75%，既不能着火，也不会爆炸。

2）一定比例的助燃物

要使可燃物燃烧，可燃物与助燃物的浓度必须处在适当的比例范围内。可燃物性质不同，燃烧时所需要的助燃物是不同的。部分物质燃烧所需要的最低含氧（助燃物）量，如表 2-2 所示。

3）一定能量的着火源

无论何种着火源，都必须达到一定的能量才能引起可燃物着火。例如，一颗微小的火星遇到氢气、二氧化碳能引起着火，却不会引起木块、煤油着火，这是因为不同的可燃物所需要的着火能量不同。表 2-3 是常见可燃物燃烧所需要的温度（燃点）。

部分物质燃烧所需要的最低含氧量　　　表2-2

物质名称	含氧量（%）	物质名称	含氧量（%）
汽油	14.4	丙酮	13.0
煤油	15.0	氢气	5.9
乙醇	15.0	橡胶屑	13.0
乙醚	12.0	棉花	8.0
乙炔	3.7	蜡烛	16.0

常见可燃物燃烧需要的温度　　　表2-3

物质名称	燃点（℃）	物质名称	燃点（℃）	物质名称	燃点（℃）
黄磷	39	橡胶	120	布匹	200
硫	207	纸张	130～230	木材	250～300
蜡烛	190	棉花	210～225	灯油	86
赛璐珞	100	麻绒	150	松节油	53
松香	216	烟叶	222	豆油	220
樟脑	70	炭墨	180	无烟煤	280～500

4）相互作用

燃烧不仅必须具备可燃物、助燃物和着火源，并且满足相互之间的数量比例，同时还必须使三者相互结合、相互作用，否则燃烧也不能发生。因此，惯用"燃烧三角形"来表示燃烧的三个必要条件，如图2-1所示。

图2-1　燃烧三要素构成图

3. 火灾

（1）火灾的定义

火灾定义为：在时间或空间上失去控制的燃烧所造成的灾害。

（2）火灾的分类

根据火灾中燃烧物的特性不同，火灾划分为A、B、C、D、E五类。

A类火灾，指固体物质火灾。这种物质具有有机物性质，一般在燃烧时能产生灼热的余烬。如木材、棉、毛、纸张等火灾。

B类火灾，指液体和可熔化的固体物质火灾。如汽油、煤油、沥青、石蜡等火灾。

C类火灾，指气体火灾。如天然气、煤气、液化石油气等火灾。

D类火灾，指金属火灾。如钾、钠、镁、铝镁合金等火灾。

E类火灾：指带电物体和精密仪器等物质的火灾。

（3）火灾的分级

根据伤亡和财产损失情况火灾分为特别重大火灾、重大火灾、较大火灾和一般火灾四个等级。

1）特别重大火灾是指造成30人以上死亡，或者100人以上重伤，或者1亿元以上直接财产损失的火灾。

2）重大火灾是指造成 10 人以上 30 人以下死亡，或者 50 人以上 100 人以下重伤，或者 5000 万元以上 1 亿元以下直接财产损失的火灾。

3）较大火灾是指造成 3 人以上 10 人以下死亡，或者 10 人以上 50 人以下重伤，或者 1000 万元以上 5000 万元以下直接财产损失的火灾。

4）一般火灾是指造成 3 人以下死亡，或者 10 人以下重伤，或者 1000 万元以下直接财产损失的火灾。

上述"以上"包括本数，"以下"不包括本数。

4. 爆炸及爆炸极限

（1）爆炸

爆炸是指物质自一种状态迅速转变成另一种状态，并在瞬间放出大量能量的现象，它分为物理性爆炸、化学性爆炸、核爆炸三种。

1）物理性爆炸是由物理变化引起的，物质因状态或压力发生突变而形成的爆炸，如容器内液体过热引起的爆炸，锅炉的爆炸，压缩气体、液化气体超压引起的爆炸等属于物理性爆炸，其特征是爆炸前后物质的性质和组成都没有发生变化。

2）化学性爆炸是由于物质发生极迅速的化学反应产生高压、高温而引起的爆炸，如炸药、煤气等类的爆炸，其特点是爆炸前后物质的性质和组成都发生了变化。

3）核爆炸是核武器或核装置在几微秒的瞬间释放出大量能量的过程。

（2）爆炸极限

可燃物质（可燃气体、蒸汽和粉尘）与空气（或氧气）必须在一定的浓度范围内均匀混合，形成预混气，遇着火源才会发生爆炸，这个浓度范围称为爆炸极限，或爆炸浓度极限。控制气体浓度是职业安全不可缺少的一环。加入惰性气体或其他不易燃的气体来降低浓度。在排放气体前，可以用涤气器来清除可爆的气体。

5. 灭火基本措施

（1）根据物质燃烧爆炸原理，防止发生火灾爆炸事故的基本原则是：

1）控制可燃物和助燃物的浓度、温度、压力及接触条件，避免物料处于燃爆的危险状态。

2）消除一切足以导致起火爆炸的着火源。

3）采取各种阻隔手段，阻止火灾爆炸事故灾害的扩大。

（2）控制可燃物的措施

控制可燃物，就是使可燃物达不到燃爆所需要的数量、浓度，或者使可燃物难燃化或用不燃材料取而代之，从而消除发生燃爆的物质基础。

1）控制气态可燃物：加大浓度、密闭通风、隔离、置换检测等。

2）控制液态可燃物：替代、稀释、加阻聚剂等。

3）控制固态可燃物：替代、涂防火涂料等。

（3）控制助燃物的措施

控制助燃物，就是使可燃性气体、液体、固体、粉体物料不与空气、氧气或其他氧化剂接触，或者将它们隔离开来，即使有着火源作用，也因为没有助燃物掺混而不致发生燃烧、爆炸。

1）密闭设备系统：连接形式、密封、管材、气密试验等。

2）惰性气体保护：氮气保护（惰性化保护控制浓度通常比最低氧含量低4%，如最低氧含量为10%，则将氧气控制在6%左右）。

3）隔绝空气：遇空气或受潮、受热极易自燃的物品，可以隔绝空气进行安全储存。

4）隔离储存：接触会发生燃烧、爆炸的物质要隔离储存。

（4）控制着火源的措施

1）冷却法——降低燃烧物质的温度

冷却法是根据可燃物能够持续燃烧的条件之一就是它们在火焰或热的作用下达到了各自的燃点这个条件，将灭火剂直接喷洒在燃烧着的物体上，使可燃物的温度降低到燃点以下，从而使燃烧停止。例如直流水的灭火机理主要就是冷却作用。另外，二氧化碳灭火时，其冷却效果也很好。

2）窒息法——减少空气中氧的浓度

窒息法是根据可燃物的燃烧都必须在其最低氧气浓度进行，否则燃烧不能持续进行这一条件，通过降低可燃物周围的氧气浓度起到灭火的作用。

3）隔离法——隔离与着火源相近的可燃物

隔离法就是根据发生燃烧必须具备可燃物这一条件，把可燃物与着火源隔离开来，燃烧反应就会自动中止。火灾中，关闭有关阀门，切断流向着火区的可燃气体和液体的通道；打开有关阀门，使已经发生燃烧的容器或受到火势威胁的容器中的液体可燃物通过管道转移至安全区域；拆除与着火源相连的设备或易燃建筑物，形成阻止火焰蔓延的空间地带；筑堤阻拦已燃的可燃或易燃的液体外流，阻止火势蔓延，都是隔离灭火的措施。

4）抑制法——消除燃烧过程中的游离基

抑制法就是通过灭火剂参与燃烧的链式反应过程。常用的干粉灭火剂、卤代烷灭火剂的主要灭火机理就是化学抑制作用。

2.1.2 燃气站场消防设施与管理

公安部提出，为规范社会单位的消防安全管理行为；建立消防安全自查、火灾隐患自除、消防责任自负的自我管理与约束机制；达到防止火灾发生、减少火灾危害，保障人身和财产安全的目标；社会单位必须要有"检查消除火灾隐患能力、组织扑救初起火灾能力、组织人员疏散逃生能力和消防宣传教育培训能力"等"四个能力"，社会单位消防安全要"自理"。

燃气经营企业作为从事燃气经营的社会单位，尤其要重视"四个能力"的建设。

1. 消防水源

灭火所需的消防水应由消防水源供给。合理规划和选择消防水源是保证燃气站场安全的重要措施。

（1）消防水源的选择

燃气站场消防水源选择的总要求是安全可靠并满足燃气消防需要。按照现行国家标准《建筑设计防火规范》GB 50016的规定，消防用水可由给水管网、天然水源或消防水池供给。利用天然水源（地下水或地表水）做消防水源时，应确保枯水期最低水位时消防用水的可靠性，且应设置可靠的取水设施。同时要求地表水或地下水均不能被可燃、易燃液体污染。用于自动喷水、喷雾灭火系统时，应经净化处理，防止地表水中的泥沙等堵塞喷头。

（2）消防水源的供应量

燃气站场工程水源供水量的确定，应符合以下规定：

1）消防、生产和生活用水采用同一水源时，水源工程的供水量应按最大消防用水量的1.2倍计算确定；如采用消防水池时，应按消防水池的补水量、生产用水量及生活用水量总和的1.2倍计算确定。

2）当消防与生产用水采用同一水源，而生活用水采用另一水源时，消防与生产用水水源工程的供水量应按最大消防用水量的1.2倍计算确定；当采用消防水池时，应按消防水池的补水量与生产用水量总和的1.2倍计算确定。

3）当消防用水采用单独水源，生产和生活用水合用另一水源时，消防用水水源工程的供水量应按最大消防用水量的1.2倍确定；当采用消防水池时，应按消防水池补水量的1.2倍计算确定。

4）生产装置区的消防用水量、水压应根据站场设计规模计算确定。

（3）消防水池的设置

1）消防水池的容量应按火灾持续6h所需最大消防用水量计算确定。当储罐总容积小于或等于220m³，且单罐容积小于或等于50m³时，其消防水池的容量可按火灾持续3h所需最大消防用水量计算确定。当火灾情况下能保证向消防水池连续补水时，其容量可减去火灾延续时间内的补充水量。

2）水池的容量小于或等于1000m³时，可不分格；大于1000m³时，应分成两格，并设带阀门的连通管。

3）水池的补水时间不宜超过96h。

4）当消防用水与生活、生产用水合建水池时，应有消防用水不做他用的技术措施。

5）供消防车取水的消防水池距消防对象的保护半径不应大于150m。

6）寒冷地区应设防冻措施。

2. 消防管网

（1）消防给水管网的要求

1）燃气站场采用城镇自来水做为水源时，进入处的压力不应低于0.12MPa。

2）室外消防给水管网应布置成环状管网，以保证消防用水的安全。

3）为确保环状给水管网的水源，要求通向环状管网的输水管不应少于两条，当其中一条发生故障时，其余的输水管仍能通过消防用水总量。

4）为了保证火场消防用水，避免因个别管段损坏导致管网供水中断，环状管网上应设置消防分隔阀门将其分成若干独立段，阀门应设在管道的三通、四通分水处，阀门的数量应按 $n-1$ 的原则设置（三通 n 为3，四通 n 为4）。为使消防队第一出动力量及时到达火场，能就近利用消火栓一次串联供水，及时扑灭初起火灾，两阀门之间的管段上消火栓的数量不宜超过5个。

5）设置室外消火栓的消防给水干管的最小直径不宜小于200mm。

6）地下独立的消防给水管道，应埋设在冰冻线以下，距冰冻线不应小于150mm。

7）设有给水管道的站场内的建筑物，应符合现行国家标准《建筑设计防火规范》GB 50016 的规定。

（2）消火栓的设置要求

1）消火栓分室内消火栓和室外消火栓。室外消火栓又有地下式和地上式两种。地下式消火栓有口径 100mm 和 65mm 的栓口各一个，地上式消火栓有一个 100mm 和两个 65mm 的栓口。在寒冷地区宜采用地下式消火栓。

2）消火栓的数量应按所需的消防水量确定，每个消火栓的出水量应按 10～15L/s 计算；消火栓的位置应按保护半径确定，保护半径不宜大于 120m。

3）为便于火场使用和安全，消火栓应沿道路两旁设置，且应尽量靠十字路口，高压消火栓距道路边不宜大于 2m，距外墙不应小于 5m，地上式消火栓距外墙 5m 有困难时，可适当减小，但最少不应小于 1.5m，以保证火场操作的需要。燃气储罐区的消火栓，应设在防火堤与消防道之间，低压消火栓距路边宜为 2～5m。

4）根据火场消防用水量，可确定其四周 150m 内应设置的消火栓数量。但距罐壁 15m 以内的消火栓不应计算在着火罐使用的数量内，因为受火势威胁，15m 以内的消火栓一般不能使用。当储罐采用固定式消防管网时，为便于扑救流散的火灾，在储罐区四周应设置备用消火栓，一般不少于 4 个。

5）消火栓设置应有明显的标志，寒冷地区的消火栓井、阀门池应有可靠的防冻措施。

3. 消防泵房

（1）消防泵房的设置要求

消防泵房的设计应符合现行国家标准《建筑设计防火规范》GB 50016 的有关规定。

1）燃气站场在同一时间内的火灾次数应按一次考虑，其消防用水量应按储罐区一次最大小时消防用水量确定。

2）储罐区消防用水量应按其储罐固定喷水冷却装置和水枪用水量之和计算，其冷却供水强度不应小于 0.15L/（s·m²）。

3）消防泵房可与给水泵房合建，如在技术上可能，消防水泵可兼作给水泵。

4）消防泵房的位置、给水管道的布置要综合考虑，以保证启泵后 5min 内，将消防水送到任何一个着火点。

5）消防泵房的位置宜设在储罐区全年最小频率风向的上风侧，其地坪宜高于储罐区地坪标高，并应避开储罐发生火灾所波及的部位。

6）消防泵房应采用耐火等级不低于二级的建筑，并应设直通室外的出口。

7）消防泵房应设双电源或双回路供电，如有困难，可采用内燃机作备用动力。

8）消防泵房应设置对外联系的通信设施。

（2）消防泵的设置要求

1）一组水泵的吸水管和出水管不宜少于两条，当其中一条发生故障时，其余的应能通过全部水量。

2）消防泵的出水扬程、流量和压力应满足装置灭火的需要，数量上还应考虑设备检修时的备用。

3）消防泵宜采用自灌式引水，当采用负压上水时，每台消防泵应有单独的吸水管。

4）消防泵应设置回流管。

5）泵房内经常启闭的阀门，当管径大于 300mm 时，宜采用电动或气动阀，并能手动操作。

4. 消防给水设施的管理

（1）消防平面图

为了有效地发挥消防给水设施的作用，便于管理消防设施，应绘制消防平面图。消防平面图是燃气站场消防水源分布、消防设备与管道设施布置、消防疏散通道的平面示意图。它是消防人员熟悉和掌握水源和现场消防设施的重要资料。消防平面图应标出：

1）消防水源位置。包括给水管网的管径及水压情况、消防水池位置、取水设施容量及取水方式等。

2）室内外消火栓的位置和类型。

3）消防给水管网的阀门布置。

4）可通消防车的交通路线（标出双车道、单车道以及路面情况）。

5）单位内及邻近单位消防队的位置和消防车的类型和数量。

6）消防重点保卫部位的位置、性质和名称。

7）常年主导风向和方位。

（2）消防给水设施的维护保养和检查

1）消防水泵及给水系统（包括喷淋系统）要定期启动运行，以保持设备设施完好，随时可投入使用。

2）消防给水管道系统平时要处于带压工作状态，以备突发事件时及时供水，防止事故的发生。

3）每月或重大节日前，必须对消防设施进行一次检查，发现设施损坏要及时更换新件。

4）消防设施要定期进行维护保养。其主要内容有：

① 水泵要定期换油、加油；水封密封盘根要定期更换；电机要定期进行检验。

② 定期检查泵体运行时是否有噪声或振动，发现异常，立即停车检修。

③ 给水管道要定期试压，发现管道、阀门破损或泄漏，要及时修复。

④ 消火栓要定期打开，检查供水情况，放掉锈水后再关紧，观察有无漏水现象；清除阀塞启闭杆周围的杂物，将专用扳手套在杆头，检查是否合适，转动是否自如，并加注润滑油。

5）检查水喷雾头和水枪，发现堵塞要及时清理。

5. 常用灭火器及配置

（1）常用灭火器的分类

我国通常按照充装灭火剂的种类、灭火器质量、加压方式 3 种分类方法对灭火器分类。

1）按充装灭火剂的种类分

① 清水灭火器，灭火剂为水和少量添加剂。

② 酸碱灭火器，灭火剂为碳酸氢钠和硫酸铝。

③ 化学泡沫灭火器，灭火剂为碳酸氢钠和硫酸铝。

④ 轻水泡沫灭火器，灭火剂为碳氢表面活性剂、氟碳表面活性剂和添加剂。

⑤ 二氧化碳灭火器，灭火剂为 CO_2。

⑥ 干粉灭火器，灭火剂为碳酸氢钠、磷酸铵盐等干粉。

2）按灭火器质量分

① 手提式灭火器总重在 28kg 以下，充装量一般在 10kg 以下。如常用的手提式干粉灭火器充装量有 1kg、2kg、3kg、4kg、5kg、6kg、8kg、10kg 八种规格。

② 背负式灭火器总重在 40kg 以下，充装量在 25kg 以内。

③ 推车式灭火器总重在 40kg 以上，充装量在 20～125kg 之间。如常用的推车式干粉灭火器充装量有 20kg、50kg、100kg、125kg 四种规格。

3）按加压方式分

① 化学反应式。两种药剂混合进行化学反应产生气体加压，包括酸碱灭火器和化学泡沫灭火器。

② 储气瓶式。气体储存在钢瓶内，当使用时，打开钢瓶使气体与灭火剂混合，包括清水灭火器、轻水泡沫灭火器和干粉灭火器。

③ 储压式。灭火器筒身内已充入气体灭火剂与气体混装，经常处于加压状态，如二氧化碳火火器。

（2）灭火器的配置

燃气站场内有火灾和爆炸危险的建（构）筑物、液化天然气储罐和工艺装置区应设置小型干粉灭火器，其配置灭火器的数量除应符合现行国家标准《城镇燃气设计规范（2020 版）》GB 50028 的规定外，还应符合现行国家标准《建筑灭火器配置设计规范》GB 50140 的规定。其配置原则按火灾类别与危险等级来确定。

值得说明的是，到目前为止，世界各国通过灭火试验的方法，仅就灭火器对 A、B 类火灾的灭火效能确定了灭火级别，并规定了灭火器的配置基准。而对 C 类火灾（以及 D、E 类）尚未制定灭火级别确认值。由于 C 类火灾的特性与 B 类火灾比较接近，按惯例规定 C 类火灾场所的最低配置基准可按 B 类火灾场所的最低配置基准执行。

因此，燃气站场生产作业区一律按 B 类火灾场所配置基准配置灭火器。

1）灭火器的选择

灭火器的选择应考虑以下因素：

① 灭火器配置场所的火灾种类和危险等级。

② 灭火器的灭火效能和通用性。

③ 灭火剂对保护物品的污损程度。

④ 灭火器设置点的环境温度。

2）燃气生产装置区灭火器的类型选择

按火灾种类和危险等级的分类与分级，燃气生产装置区属于 B、C 类火灾和严重危险等级场所，应选择磷酸铵盐干粉灭火器、碳酸氢钠干粉灭火器、二氧化碳灭火器或卤代烷灭火器。

3）灭火器的设置

灭火器的设置应符合以下规定：

① 灭火器应设置在位置明显和便于取用的地点，且不得影响安全疏散。

② 对有视线障碍的灭火器设置点，应有指示其位置的发光标志。

③ 灭火器的摆放应稳固，其铭牌应朝外。手提式灭火器宜设置在灭火器箱内或挂钩、托架上，其顶部离地面高度不应大于 1.5m；底部离地面高度不宜小于 0.8m。灭火器箱

不得上锁。

④ 灭火器不宜设置在潮湿或强腐蚀性的地点，灭火器设置在室外时，应有相应的保护措施。

⑤ 灭火器不得设置在超出其温度范围的地点。

⑥ 灭火器的最大保护距离应符合规定要求：燃气生产装置区手提式灭火器最大保护距离不应超过 9m；推车式灭火器最大保护距离不应超过 18m。

4）灭火器的配置

① 灭火器配置的设计与计算应按计算单元进行。灭火器最小需配灭火级别和最少需配数量应进位取整。

② 每个灭火器设置点实配灭火器的灭火级别和数量不得小于最小需配灭火级别和数量的计算值。

③ 灭火器设置点的位置和数量应根据灭火器的最大保护距离确定，并应保证最不利点至少在 1 具灭火器的保护范围内。

④ 一个计算单元内配置的灭火器数量不得少于 2 具。

⑤ 每个设置点的灭火器数量不宜多于 5 具。

6. 灭火器的使用与管理

（1）灭火器使用的基本方法

使用者要经过专门的技术培训和灭火训练，熟悉灭火器的性能、特点，熟练掌握灭火器的使用方法。手提式灭火器使用的基本方法是：

1）右手握住压把，左手托着灭火器底部，轻轻取下灭火器；

2）右手提灭火器到火场；

3）除掉铅封，拉开保险销；

4）左手握住喷管，右手提着压把；

5）右手用力压下压把，对着火焰根部喷射，直至火焰扑灭。

（2）灭火器管理基本规定

1）灭火器要定期维护保养，灭火器的维护保养必须由经过专业训练的人员负责。

2）灭火器应定期检查和检验。

3）使用单位要建立灭火器的使用、检查与检验周期档案。

4）灭火器的配置与分布要用图例标识并绘制分布图。

（3）泡沫灭火器的使用与管理

以 MPT 型推车式化学泡沫灭火器为例。

1）使用方法

在使用时，一般由两人操作，先将灭火器迅速推到火场，在距燃烧物 10m 左右停下，由一人施放喷射软管，双手紧握喷枪并对准燃烧处，另一人则先逆时针方向转动手轮，将螺杆升至最高位置，使瓶盖开足，然后将筒体向后倾倒，使拉杆触地，并将阀门手柄旋转90°，即可喷射泡沫灭火。如阀门装在喷枪处，则由负责操作喷枪者打开阀门。

2）安全管理

灭火器一般的存放温度在 4～45℃之间，并应每月检查一次，查看喷枪、软管、滤网及安全阀有无堵塞。使用两年后应对筒体连同筒盖一起做水压试验，每隔半年对所充装的药物进行检查，如有变质应及时更换。

（4）二氧化碳灭火器的使用与管理

1）使用方法

① 灭火时将灭火器提到火场，在距燃烧物 5m 左右放下。

② 拉开保险销，一只手握住喇叭筒根部的手柄，另一只手握紧启闭阀的压把。

③ 对没有喷射软管的二氧化碳灭火器，应把喇叭筒往上扳 70°～90°。

④ 使用时不能直接用手抓住喇叭筒体外壁和金属连接管，防止手被冻伤。

⑤ 灭火时，当可燃液体呈流淌状燃烧时，使用者应将二氧化碳灭火剂的喷流由近而远向火喷射。

⑥ 如果可燃液体在容器内燃烧时，使用者应将喇叭筒提起，从容器的一侧上部向燃烧的容器中喷射，但不能使二氧化碳射流直接冲击到可燃液面上。

⑦ 推车式二氧化碳灭火器一般由两人操作，使用时由两人一起将灭火器推到燃烧处，在距燃烧物约 10m 处停下，一人快速取下喇叭筒并展开喷射软管，握住喇叭筒根部手柄，另一人快速按顺时针方向旋转手轮，并开到最大位置。灭火方法与手提式的方法一样。

⑧ 在室外使用二氧化碳灭火器时，应选择在上风向喷射；在室内窄小的空间使用时，操作者使用后应迅速离开，以防窒息、中毒。

2）安全管理

① 灭火器应存放在阴凉、干燥、通风处，环境温度在 −5～45℃ 之间为好。

② 灭火器每半年应检查一次质量，用称重法检查。

③ 每次使用后或每隔 5 年，应送维修单位做水压试验。

（5）干粉灭火器的使用与管理

1）使用方法

① 灭火时，快速将灭火器提到火场，在距燃烧物 5m 处放下，然后拉出铅封和保险销进行灭火，灭火时应对准火焰猛烈扫射。

② 扑救可燃、易燃液体时，应对准火焰根部扫射。如所扑救的液体火灾为流淌燃烧时，也应对准火焰根部由近而远并左右扫射。

③ 如用磷酸铵盐干粉灭火器扑救固体可燃物的初起火灾时，应对准燃烧最猛烈处扫射。

2）安全管理

① 灭火器应放置在阴凉、干燥、通风处，环境温度在 −5～45℃ 之间为好。

② 灭火器应避免在高温、潮湿等场合使用。

③ 每隔半年应检查干粉是否结块，储气瓶内的二氧化碳是否泄漏等。

④ 灭火器一经开启后，必须再充装，每次再充装前或是灭火器出厂三年后，应做水压试验。

⑤ 推车式干粉灭火器维护时，应检查车架、车轮是否灵活，检查是否粘连、破损等。

2.1.3 逃生与急救常识

1. 火灾逃生状况

一般而言，逃生状况可分为三种：一是逃生避难时，二是室内待救时，三是无法期待获救时。

（1）逃生避难时

1）不可搭乘电梯，因为火灾时往往电源会中断，会被困于电梯中。

2）顺着避难方向指标，进入安全梯逃生。

3）以毛巾或手帕掩口：毛巾或手帕沾湿以后，掩住口鼻，可避免浓烟的侵袭。

4）浓烟中采取低姿势爬行：火场中产生的浓烟将弥漫整个空间，由于热空气上升的作用大量的浓烟将漂浮在上层。因此，在火场中离地面30cm以下的地方应还有空气存在，愈靠近地面空气愈新鲜。因此，在烟中避难时尽量采取低姿势爬行，头部愈贴近地面愈佳，但仍应注意爬行的速度。

5）浓烟中戴透明塑胶袋逃生。

6）沿墙面逃生：在火场中，尤其在烟中逃生，伸手不见五指，逃生时往往会迷失方向或错失了逃生门。因此，在逃生时，应摸（贴）着墙面走，这样不会发生走过头的现象。

（2）室内待救时

1）在室内待救时，设法告知外面的人你待救的位置。

2）到易于获救处待命。

3）要避免吸入浓烟。

（3）无法期待获救时。

1）利用房间内的床单或窗帘卷成绳条状，首尾互相打结衔接成逃生绳。将绳头绑在房间内的柱子或固定物上，绳尾抛出阳台或窗外，沿着逃生绳往下攀爬逃生。

2）绝不可轻易跳楼，在火灾中，常会发生逃生无门，被迫跳楼的状况，非到万不得已，绝不可跳楼。因为，跳楼非死即重伤，最好能静静待在房间内，设法防止火及烟的侵袭，等待消防人员的救援。

2. 火灾逃生策略

面对大火，必须坚持"三要""三救""三不"的原则，才能够化险为夷，绝处逢生。

（1）"三要"

1）"要"熟悉自己住所的环境；2）"要"遇事保持沉着冷静；3）"要"警惕烟毒的侵害。

（2）"三救"

1）选择逃生通道自"救"；2）结绳下滑自"救"；3）向外界求"救"。

（3）"三不"

1）"不"乘普通电梯；2）"不"轻易跳楼；3）"不"贪恋财物。

3. 火场求救方法

当发生火灾时，可在窗口、阳台、房顶、屋顶或避难层处，向外大声呼叫，敲打金属物件、投掷细软物品、夜间可打手电筒、打火机等物品的声响、光亮，发出求救信号。引起救援人员的注意，为逃生赢得时间。

4. 火灾急救措施

（1）扑灭小火，防火蔓延。当发生火灾时如果发现火势不大，且尚未对人造成威胁时，应利用周围的消防器材奋力将小火控制、扑灭。然后判明并切断可燃物来源。

火灾初起阶段，火势较弱，范围较小，要采取有效办法控制火势。据统计，70%以上的火灾都是由在场人员扑灭的。如远离消防队的部门或单位，要组织群众自救，力争将火灾损失降到最小。如油锅着火应立即用锅盖盖住；电器起火先关上电源；天然气、煤气、液化石油气起火先关上送气阀，立即用湿棉被包住瓶罐，然后用灭火器将火扑灭。如果置小火于不顾必将会酿成大火。扑灭初起之火，应当分秒必争，在报警的同时，采用各种方法灭火，万不可等待消防队的到来，而失去灭火的好时机。

（2）当发现火势较大，或由化学爆炸引起的着火，或火势凶猛时，则应立即做以下几件事：

1）切断可燃物来源。

2）打"119"向消防队报告。

3）组织人力自救灭火。

4）保护其他储存易燃物的设备不受火焰的烧烤。

2.1.4 防雷防静电基本知识

1. 防雷基本知识

（1）雷电的危险性

雷电的危险性主要表现在雷电放电时所出现的各种物理效应。

1）电效应。雷电放电时，能产生高达数万伏和数10万伏的冲击电压，足以烧毁电力系统的任何设备，引起绝缘击穿而发生短路，引发火灾和爆炸。

2）热效应。当几十至上千安培的强大雷电电流流过导体时，它在极短的时间内将转换成大量的热量，这一能量足以熔化钢铁等金属，故雷电通道中产生的高温往往酿成火灾。

3）机械效应。使水和其他物质分解成气体，使物质内部形成巨大的机械压力，致使物体受到严重的破坏和爆炸。

除此之外，雷电的危害还有静电效应、电磁效应、雷电波入侵等。

（2）防雷的基本措施

防雷的主要工作应在站场选址和设计中进行。防雷的方法主要有安装避雷针、避雷带、避雷线和避雷器，以及相配套的引下线和接地装置。

2. 防静电基本知识

（1）静电产生的原因

静电是通过摩擦引起电荷的重新分布而形成的，也有的是由于电荷的相互吸引引起电荷的重新分布而形成的。要完全消除静电几乎不可能，但可以采取一些措施控制静电使其不产生危害。

静电产生的原因很多，在生产过程中常见能产生静电的现象有：

1）摩擦带电。物体相互摩擦，形成电荷分离而产生静电，摩擦也是液体、气体、粉末产生静电的重要原因。

2）剥离带电。相互密切结合的物体在其剥离时，因电荷分离而产生静电。如在玻璃上撕下大面积的不干胶黏着物时。

3）流动带电。利用管道输送液体、气体和粉末时，物体与管道发生摩擦，部分电荷由流动物体带走，其余电荷将在绝缘材料的管道上或对地绝缘的管道上堆积成静电。

4）喷出带电。液体、气体或粉末从截面小的开口喷出时，与喷口摩擦产生静电，同时因喷出物的相互碰撞而变小的飞沫接触表面迅速增加，产生大量静电。

77

5）其他形式的带电。如冲撞、地下带电、混入带电等。

（2）静电的危害

静电最大的危害是引起火花和爆炸。若处于爆炸危险场所，静电放电的火花能量已达到或大于周围可燃物的最小着火能量，而且，可燃物在空气中的浓度，已经在爆炸极限范围以内，就能立即引起爆炸或燃烧。

（3）静电的消除和防护

静电很多时候是在不经意中产生的，但它不会永久地存在，随着电荷的堆积和环境的变化，它总要找到适合的路径自行消失，只不过是消失的时间长短、路径及激烈程度不同而已。

1）静电的消除

静电的消除主要有两种方式，一是跟空气中的电子和离子中和；二是通过绝缘物的电阻，向大地泄漏。

① 静电的中和

因宇宙射线、紫外线等的作用空气中存在少量的电子和离子，静电可以通过这些带电离子而被中和，但这种过程比较缓慢，一般不易被察觉到。

如果物体所堆积的电荷很多，使其周围的电场值超过一定值，能使空气电离后发生放电现象，这种放电现象能使静电迅速中和而消散，这种现象称为静电放电。

② 静电的泄放

静电可通过其绝缘体的内部和表面进行泄放，当它通过绝缘体内部进行泄放时，其泄放的快慢与绝缘体的电阻有关，电阻率越大，静电泄放的时间越长，静电堆积的时间也越长，越容易产生危害；反之，静电越容易泄放，危害也越小。当静电通过绝缘体表面进行泄放时，湿度对其泄放有很大的影响，当绝缘体容易被水吸附时，它的表面电阻大幅度下降，从而加速静电的泄放。

2）静电的防护

在掌握静电产生的原因和消失的方式后，针对它的这些规律提出减少摩擦起电、接地和增加空气湿度三种静电防护方法。

① 减少摩擦起电

在传动装置中，减少皮带与其他传动件的打滑现象，在防静电特别严的场合，应将皮带传动改为金属链条传动或直接传动，如必须用皮带，可用导电胶带做的皮带。限制可燃性液体和气体在管道中的流速，减速方法除了可以减小流动的压差外，还可以适当增加管径。

② 接地

接地是防静电最行之有效的办法之一。接地可使带电体上的静电荷通过接地装置迅速引入大地，从而消除静电荷的大量聚积，在易燃易爆场所如加油站、加气站，凡能产生静电的金属容器、设备管线等，均应接地。凡是金属管线输送可燃气体的，可使用带金属屏蔽层的软管或导电橡胶做的软管并接地。子站拖车都应使用金属链条或导电橡胶带拖地运行，使汽车与空气摩擦产生的静电泄放到大地。

③ 增加空气湿度

当空气的相对湿度在65%～70%以上时物体表面往往形成一层极薄的水膜，使其表面电阻大大降低，静电就不容易聚积。如果空气相对湿度低于40%～50%，则物体表面的静电不易逸散，就可能聚积成高电位。所以我国南方及四川这样一些潮湿地区的静电危害远小于北方和西北干燥地区。增加空气湿度的常用方法是向空中喷洒水雾，一般选用旋转式风扇喷雾器，在密闭较好的室内也可用增湿机。

除此之外，防静电还有空气电离法、土地降阻法、添加剂加入降阻法等。

2.1.5 城镇燃气防燃防爆知识

1. 燃气火灾发生的原因与特征

（1）燃气火灾发生的原因

1）漏气

生产所用的机泵设备、储罐、管道、阀门等腐蚀及封闭不严会造成漏气；燃气灶具受损、胶管老化、接头松动等也会引起漏气。燃气泄漏遇火源都有可能发生火灾或爆炸，为了防止火灾和爆炸的发生，首要问题是防止燃气的泄漏。

2）火源

能引起火灾的火源一般有电火源和普通火源。

① 电火源。发生电火源的原因主要是：电气线路和设备的选用不当、安装不合理、操作失误、违章作业、长期过负荷运行等，引起漏电、短路、过负荷、接触电阻过大、电火花和电弧（包括静电火花和雷电电弧）等。

② 普通火源，即通常所见的火。燃气接触带有火焰或无火焰的火源时，必然会着火。

（2）燃气火灾的特征

1）隐患不易发现

燃气泄漏很快会向四周汽化扩散，且因其无色，不易被察觉。一旦遇到火源等诱导因素，就会酿成灾害。

2）火情猛、火势大

燃气剧烈燃烧时，火焰传播速度可达2000m/s以上。一旦有火情，即使是在远方的燃气，也会瞬间起燃，形成长距离、大范围的火区，灾害异常猛烈。同时，燃气燃烧热值大，决定了灾情的严重性，也就是说燃烧起来以后，四周的可燃物极易被其引燃，它的辐射热有时会将百米之内的建筑物门窗面层烧焦，甚至起火。

3）继生灾害严重

当有大范围的隐患时，气源又未被切断的情况下发生灾害，爆燃或爆炸经常发生。除了与空气混合的燃气产生燃烧爆炸外，还可能导致附近的燃气储罐被辐射热烘烤，突然升温而引起物理爆炸。更有甚者，爆炸（即使是破裂）后容器内会涌喷出大量的燃气，可能喷射到很远的地方，继而汽化，把火势引到很远的地域。爆炸物的爆鸣、冲击气浪、飞射物体以及建筑物倒塌等，都会造成更加严重的灾情。

2. 防火防爆基本措施

根据燃烧原理，防火防爆的主要措施是设法消除燃烧三要素中的任何一个要素，其基本措施如下：

（1）控制泄漏

防止燃气泄漏，使其不能达到爆炸极限，这是防止爆炸的首要措施。

1）将有泄漏危险的装置和设备尽量安装在露天或半露天的厂房中，以利于泄漏的燃气扩散稀释。当必须安装于室内厂房时，则厂房建筑应具有良好的自然通风或加装必要的防爆通风设备。

2）生产装置在投入生产前和定期检修时，应检查其密闭性和耐压强度。所有的设备、管道、阀件等易泄漏部位，要经常检查，避免"跑、冒、滴、漏"现象。装置在运行时，可用肥皂液或分析仪器检查其气密情况。

3）设备和管道检修时，特别是动火作业时，必须用惰性气体或水充分置换，并经彻底清洗、分析合格。受检装置与运行装置必须用盲板隔离。

4）当长输管道无法用惰性气体置换，又必须动火时，应采取措施严防空气进入形成爆炸性混合气体，防止管内爆炸。

5）设备上的一切排气放空管都应伸出室外，且应考虑周围建筑物的高度与四邻环境，不得污染环境或对他人构成威胁。

6）检查带压运行装置的密闭性，防止燃气泄漏。对负压生产设备，应防止空气侵入而使设备内的燃气达到爆炸极限。

7）锅炉、加热炉等的燃烧室，由于突然熄火，在燃烧室内会形成可燃性混合气体，此时如处理不当，就有可能引起爆炸。可采用火焰检测器对燃烧状态进行监测，一旦发生熄火，检测器能迅速检测出来，并自动接通控制装置，立即切断气源。

（2）消除点火源

存在燃烧爆炸混合气体的危险场所，应严格消除可以点燃爆炸混合气体的各种火源。

1）明火

爆炸危险场所严禁吸烟和携带火种，并应在明显处设立警戒标志；在具有火灾和爆炸危险的厂房、仓库内，必须使用防爆电气设施和照明；在工艺操作过程中，汽化加热燃气时，必须采用热水、水蒸气及其他较安全的加热方法；对设备和管道检修动火时，必须严格执行动火制度。

2）摩擦和撞击

摩擦和撞击往往是造成燃气着火爆炸事故的根源之一。因此，在具有爆炸危险的生产场所应采取严格的措施，防止设备产生火花。如机器的传动、运动、摩擦件的材料选择要合理、润滑良好，以消除火花；搬运金属物品时禁止在地上拖拉、抛掷发生碰撞，以免发生火花；禁止人员穿铁钉鞋和未穿防静电服进入易燃易爆场所等。

3）电火花

电火花是引发燃气着火爆炸的一个主要火源，因此，燃气装置上所有的电气设备和照明装置，必须符合防火防爆安全要求。

①电线电缆要绝缘，且应具有耐腐蚀性能，普通电线电缆要用钢管保护，以免受侵害和腐蚀。

②生产装置区一律采用防爆式电气设备，如防爆电机、防爆开关、防爆接线盒、防爆控制器、防爆仪表等。

③电气设备的保险丝必须与额定的容量相适应。

④对一切电气设备都应制定规章制度，并经常检查。

⑤严禁在生产装置区拉临时电源线及安装不符合工艺要求的用电设备。

⑥工作结束后，应及时切断电气设备的电源。

4）静电放电

实验证明，静电产生的电火花的能量往往大于点燃可燃气体所需的最小点火能量。因此，要从生产工艺控制上利用静电接地的方法来消散静电荷。具体措施有：限制物料的输送速度；合理选用机器的传动方式（一般不允许采用平皮带传动）；设备和管道设施要正确接地；接地装置应采用钢材或镀锌钢材的接地体；加强静电接地装置的维护保养和检测；作业人员进入易燃易爆危险场所应先触摸金属接地器件；作业人员应穿着防静电服等。

5）雷电

防雷电的基本措施有：安装防雷装置、根据不同的保护对象采取正确的防雷具体措施，以及对防雷装置进行日常巡查和定期检查（其中定期检查每年不应少于2次）。

3. 燃气火灾的扑救

（1）灭火对策

遇燃气火灾时，一般应采取以下基本对策：

1）断源、灭火

断源、灭火是从燃烧系统中除去燃气或切断燃气的来源，使火熄灭。这个办法在燃气火灾中是唯一可行且有效的措施，具体办法是关闭喷出气流阀门，以切断燃气向燃烧系统的供给，使火迅速熄灭。关阀断气时，应注意以下几点：

①防止因错关阀门而导致意外事故的发生。

②在关阀断气的同时，要不间断地冷却着火部位及受火势威胁的邻近设施。火熄灭后，仍需继续冷却一段时间，防止复燃复爆。

③当火焰威胁阀门而难以接近时，可在实施堵漏措施的前提下，先灭火，后关阀。

④在稳定燃烧的情况下，未关阀断气前，切忌盲目扑火。以防火熄灭后，燃气继续外溢造成二次燃烧爆炸事故。

⑤关阀断气灭火时，应考虑关阀后是否会造成前一工序中的高温高压设备出现超压而发生爆破事故。因此，在关阀断气的同时，应根据具体情况，采取相应的断电、停泵、泄压、放空等措施。

2）灭火剂灭火

扑救燃气火灾时，可选择水、干粉、卤代烷、蒸汽、氮气及二氧化碳等灭火剂灭火。利用水枪灭火时，宜以 $60°\sim75°$ 的倾角喷射火焰，可取得良好的灭火效果。

3）堵漏灭火

对气压不高的漏气火灾，采用堵漏灭火时，可用湿棉被、湿麻袋、石棉毡或蒙古土等封堵火口，隔绝空气，使火熄灭。

在关阀、补漏或堵漏时，操作要迅速，且必须严格执行操作规程和动火规定，防止二次着火爆炸。

（2）安全注意事项

1）一旦发生火情，有关人员应立即行动起来，按事故应急预案的规定灭火。作业人员应立即切断气源，处置可燃物，尽快地、正确无误地启用消防灭火设施和器材，控制火势。

2）无关车辆要立即驶出现场，并有秩序地转移可燃物资，切断气源和电源，清理交通障碍，使消防车道畅通。转移物资时不准乱甩，以免因撞击而扩大火情。

3）火灾现场要做好警戒，断绝交通，派人把守，阻止无关人员进入。

4）灭火时，一定要对周围受火势威胁的储罐进行冷却，以防爆炸，使之不危及周边人员、物资安全。

5）在扑救燃气火灾时，一线的灭火人员要穿隔热服，并组织第二线水枪掩护。

6）灭火人员应选择好操作位置，使其处于最接近火场有利作业地位，一般应在火势的上风向或侧风向。非作业人员应在火场的上风向或侧风向。

7）灭火时，不要太盲目，要防止火熄灭后继续漏气而发生爆炸，灭火一定要彻底，防止复燃。

8）灭火时，要时刻注意罐体和燃烧情况，如发现燃烧的火焰由红变白、光芒耀眼，或燃烧处发出刺耳的哨声和罐体抖动时，人员应及时撤离到安全地点。

2.1.6 城镇燃气防尘毒知识

1. 燃气作业过程中的尘毒危害

（1）在城镇燃气输配和供应系统中，尘毒危害主要来源于燃气作业过程中的燃气危险作业、有限空间作业、站场设备设施运行维护作业以及燃气突发事故的抢险作业。

（2）在燃气危险作业过程中，可能产生粉尘及燃气或有毒物质的逸出，如燃气引入口带气通堵作业、用户通（复）气作业、更换引入口阀门作业等。

（3）在进行燃气有限空间作业时，可能发生缺氧窒息或中毒事故。

（4）燃气站场设备设施运行维护作业可能存在尘毒危害的过程，包括燃气脱硫、加臭、置换、吹扫、除尘等作业活动。

（5）对硫化氢含量超过规定值的人工煤气更换脱硫剂作业时，会逸出粉尘、硫化物及少量燃气。

（6）在加臭剂使用和储存过程中，存在有机物挥发的危害因素。

（7）根据过滤器的压力级制、气源种类、下游设备的情况等对天然气和人工煤气接收站的除尘设备（如过滤器）进行清理时会产生粉尘。当天然气含尘量和微尘直径超过规定值时，应除尘净化。

2. 尘毒防护措施

（1）站场及管道防护措施

1）燃气站场内应在可能接触粉尘和毒物的醒目位置设置警示标志，说明其危害性、预防措施和应急处置要求。

2）城镇燃气站场内燃气放散装置的设置应保证放散时安全和卫生的要求。不应在厂房内直接放散燃气和其他有害气体。

3）燃气站场内可能发生粉尘和毒物泄漏的场所，应设置防爆型通风装置。

4）在管道安装结束后，应进行严密性试验和管道吹扫。

5）对各类管廊及敷设在地下室、半地下室等通风不良的场所的燃气管道，应设置事故通风、燃气泄漏的自动报警及通风联动装置。

（2）燃气危险作业防护措施

1）从事燃气危险作业时，在可能存在燃气危害的区域内，作业人员应佩戴防毒面具或正压式空气呼吸器。

2）在用户通气作业或用户抢修作业时，应根据燃气泄漏程度确定警戒区并设立警示标志。进入警戒区的作业人员应按规定穿戴防护用具，作业时应有专人监护。

3）在燃气有限空间作业场所，宜设置固定式有毒气体检测报警装置；不具备设置固定式报警装置的条件时，应为作业人员配置便携式检测报警装置。

4）在燃气阀门井等有限空间作业前，应为作业人员配备测氧仪、有害气体检测仪和隔离式空气呼吸器等，并定期校验。

5）进入燃气密闭空间（设备内）进行检查、检测、检修等作业时，应切断气源，对设备内燃气进行彻底置换，并对内部有害气体含量和氧含量进行检测，达标后方可进入。

6）检测燃气阀门井内氧气浓度时，应将带抽气泵的测氧仪吸气管伸入到井内中下部。井内氧气含量小于等于 19.5% 时，不准许下井，应进行通风处理，同时应检测井内燃气或其他有害气体的浓度。

（3）站场设备设施运行维护作业防护措施

1）在更换脱硫剂及清理脱硫装置的作业现场，应设置有毒有害气体检测装置。

2）城镇燃气管道中的加臭剂浓度应符合国家相关标准的要求。加臭剂应采用无毒或低毒的加臭剂，不应对人体有害。加臭剂的燃烧产物不应对人体呼吸系统有损害。燃气加臭设备应满足相关要求，以防止药剂泄漏造成人身伤害。

3）燃气置换作业前，作业人员应熟悉作业方案，熟练操作各种设备及仪表，并检查仪表的完好性及有效性。作业中，应实时监控站场和各放散点仪表的压力值，并在现场设置含氧量测试仪、有害气体含量测试仪。当发生压力值超过方案要求、阀门设备出现燃气泄漏等不正常情况时，作业人员应按置换作业方案及应急预案要求操作。

4）作业人员在清理过滤器前，必须先将残留燃气置换干净，并及时进行有毒有害物质检测，检测合格后，方可开展除尘工作。

（4）个体防护措施

1）城镇燃气企业应为从业人员提供符合国家标准、行业标准的尘毒危害防护用品及设施，并对尘毒危害防护用品及设施进行经常性的维护、保养，确保防护用品有效。

2）燃气有限空间作业的人员应正确佩戴隔离式空气呼吸器，正确使用测氧仪、有害气体检测仪。

3）清理过滤器、更换脱硫剂等有害作业的人员应正确穿戴相应的防尘服、空气呼吸器。进行加臭作业的人员宜穿戴耐腐蚀性和耐油的个体防护服。

4）城镇燃气企业应督促、教育、指导从业人员按照使用规则正确佩戴、使用防护用品。

2.1.7 安全隐患的处置规定

（1）检查中发现的安全隐患应进行登记，不仅作为整改的备查依据，而且是提供安全动态分析的重要渠道。若多数工地安全检查都发现同类型隐患，说明是"通病"。若某工地安全检查中经常出现相同隐患，说明没有整改或整改不彻底，形成"顽固症"。根据隐患记录和信息流，可以制定出指导安全管理的决策。

（2）安全检查中查出的隐患除登记外，还应发出隐患整改通知单。引起整改部门重视。对凡是有继发性事故危险的隐患，检查人员应责令停工，整改部门必须立即整改。

（3）对于违章指挥、违章作业行为，检查人员可以当场指出，进行纠正。

（4）被检查部门领导对查出的隐患，应立即研究整改方案，进行"三定"（即定人、定期限、定措施），立即进行整改。

（5）整改完成后要及时通知有关部门，有关部门要立即复查，经复查整改合格后，方可销案。

（6）对安全隐患的责任人，应根据情节轻重、严重程度，给予罚款、离岗教育等处罚。

2.2　安全防护用品

2.2.1　安全防护用品种类

安全防护用品，就是指在劳动生产过程中为使劳动者免遭或减轻事故和职业危害因素的伤害而提供的个人保护用品，直接对人体起到保护作用。

安全防护用品主要有头部防护用品、呼吸器官防护用品、眼面部防护用品、听觉器官防护用品、手部防护用品、足部防护用品、躯干防护用品、防坠落用品等几大类。

1. 头部防护用品

根据防护功能要求，头部防护用品目前主要有普通工作帽、防尘帽、防水帽、防寒帽、安全帽、防静电帽、防高温帽、防电磁辐射帽、防昆虫帽九类产品。

2. 呼吸器官防护用品

呼吸器官防护用品按功能主要分为防尘口罩和防毒口罩（面具），按形式又可分为过滤式和隔离式两类。

3. 眼面部防护用品

根据防护功能，眼面部防护用品大致可分为防尘、防水、防冲击、防高温、防电磁辐射、防射线、防化学飞溅、防风沙、防强光9类。

4. 听觉器官防护用品

听觉器官防护用品主要有耳塞、耳罩和防噪声头盔3大类。

5. 手部防护用品

《劳动防护用品分类与代码》LD/T 75—1995按照防护功能将手部防护用品分为12类：普通防护手套、防水手套、防寒手套、防毒手套、防静电手套、防高温手套、防X射线手套、防酸碱手套、防油手套、防震手套、防切割手套、绝缘手套。

6. 足部防护用品

足部防护用品按防护功能分为防尘鞋、防水鞋、防寒鞋、防冲击鞋、防静电鞋、防高温鞋、防酸碱鞋、防油鞋、防烫脚鞋、防滑鞋、防穿刺鞋、电绝缘鞋、防震鞋13类。

7. 躯干防护用品

躯干防护用品就是我们通常讲的防护服。根据防护功能，防护服分为普通防护服、防水服、防寒服、防砸背服、防毒服、阻燃服、防静电服、防高温、防电磁辐射服、耐酸碱服、防油服、水上救生衣、防昆虫服、防风沙服14类产品。

8. 护肤用品

护肤用品用于防止皮肤（主要是面、手等外露部分）遭受化学、物理等因素的危害。

根据防护功能，护肤用品分为防毒、防射线、防油漆及其他类。

9. 防坠落用品

防坠落用品用于防止人体从高处坠落，通过绳带将高处作业者的身体系接于固定物体上或在作业场所的边沿下方张网，以防不慎坠落，这类用品主要有安全带和安全网两种。

2.2.2 常用安全防护用品检查

个人安全防护用品如安全鞋、劳保鞋、防静电鞋、绝缘鞋、防护服等必须认真进行检查、试验。安全网是否有杂物，是否被坠落物损坏或被吊装物撞坏。安全帽被物体击打后，是否有裂纹等。对安全防护用品的检查按要求进行。

1. 安全帽

检验周期为每年一次。3kg 重的钢球，从 5m 高处垂直自由坠落冲击下，不被破坏即为合格。试验时应用木头做一个半圆人头模型，将试验的安全帽内缓冲弹性带系好放在模型上。各种材料制成的安全帽试验都可用此方法。

2. 安全带

安全带的检验周期为：每次使用之前，必须认真检查。对新安全带使用两年后进行抽查试验，旧安全带每隔 6 个月抽检一次。

安全带的负荷试验要求是：施工单位应定期对安全带进行静负荷试验，试验荷重为225kg，吊挂 5min，检查是否变形、破裂等，并做好记录。

需要注意的是，凡是做过试验的安全护具，严禁再次使用。

3. 个人防护用品

（1）产品是否有《生产许可证》。

（2）产品是否有《产品合格证书》。

（3）产品是否满足该产品的有关质量要求。

（4）产品的规格及技术性能是否与作业的防护要求吻合。

2.2.3 常用安全防护用品的正确使用与维护

1. 安全帽

（1）戴安全帽前应将帽后调整带按自己的头型调整到适合的位置，然后将帽内弹性带系牢。缓冲衬垫的松紧带进行调节，人的头顶和帽体内顶的垂直距离一般在 20～50mm 之间，至少不要小于 32mm。这样才能保证当遭受到冲击时，帽体有足够的空间可供缓冲，平时也有利于头和帽体间的通风。

（2）不要把安全帽歪戴，也不要把帽檐戴在脑后方。否则，会降低安全帽对于冲击的防护作用。

（3）安全帽的下颌带必须扣在颌下，并系牢，松紧要适度。这样不至于被大风吹掉，或者是被其他障碍物碰掉，或者由于头的前后摆动使安全帽脱落。

（4）安全帽除在帽体内部安装了帽衬外，有的还开了小孔通风。但在使用时不要为了透气而随便再行开孔。因为这样做将会使帽体的强度降低。

（5）由于安全帽在使用过程中会逐渐损坏，所以要定期检查，检查有没有龟裂、下凹、裂痕和磨损等情况，发现异常现象要立即更换。

（6）严禁使用只有下颌带与帽壳连接的安全帽，也就是帽内无缓冲层的安全帽。

（7）施工人员在现场作业时，不得将安全帽脱下搁置一旁，或当坐垫使用。

（8）由于安全帽大部分是使用高密度低压聚乙烯材料制成的，具有硬化和变蜕的性质，所以不宜长时间在阳光下暴晒。

（9）新领的安全帽，首先检查是否有劳动部门允许生产的证明及产品合格证，再看是否破损、薄厚不均，缓冲层及调整带和弹性带是否齐全有效。不符合规定要求的立即调换。

（10）在现场室内作业也要戴安全帽，特别是在室内带电作业，更要认真戴好安全帽，因为安全帽不但可以碰撞，而且还能起到绝缘作用。

（11）平时使用安全帽时应保持整洁，不能接触火源，不要任意涂刷油漆，不准当凳子坐，防止丢失。如果丢失或损坏，必须立即补发或更换。无安全帽一律不准进入施工现场。

2. 安全带和安全绳

安全带和安全绳是防止发生高空坠落的主要安全用具。安全带主要有单腰带式、自锁式、双背带式、活动式等。安全带和安全绳应保持良好的机械强度，并应定期进行机械性能试验。

（1）选用检验合格的安全带、安全绳，保证在有效使用期内。

（2）安全带、安全绳严禁打结、续接。

（3）使用中，要可靠地挂在牢固的地方，高挂低用，且要避免明火和刺割。

（4）2m 以上的高处作业，必须使用安全带。

（5）在无法直接挂安全带的地方，应设置挂安全带的安全绳、安全栏杆等。

（6）在小范围活动作业的人员，应使用速差式安全带。

（7）安全带不够长，需重新找位置悬挂时，首先要保证脚下不滑或身体重心不至于悬空，然后松开安全带，更换悬挂位置。

（8）缓冲器速差式装置和自锁钩可串联使用，但禁止打结使用；不准将自锁钩直接挂在安全绳上使用，应挂在连接环上。

（9）安全带各部件不得任意拆卸。

3. 防护服

防护服分为普通防护服、阻燃防护服、防静电工作服等。

（1）易燃易爆场所必须穿防静电工作服。

（2）所有内衣都应用衣物柔顺剂浸泡，以减少静电产生。

（3）防静电服上禁止佩戴任何金属物件。

（4）阻燃防护服用于救火、防火现场，它能减缓火焰蔓延，使衣物碳化形成隔离层，以保护人体安全健康；防火服用于现场火灾高温环境中操作和灭火，此时必须佩戴空气呼吸器，时间一般控制在 3min 以内。

4. 防护手套

应根据操作对象或环境不同佩戴相应的防护手套。

（1）普通操作应佩戴防机械损伤手套，可用帆布、绒布、粗纱手套，以防丝扣、尖锐物体、毛刺、工具咬痕等伤手。

（2）冬季应佩戴防寒棉手套；高温部位操作也应使用棉手套。

（3）使用化学品（如油漆）时必须佩戴乳胶或橡胶手套。

（4）加电解液或打开电瓶盖要使用耐酸碱手套，注意防止电解液溅到衣物上或身体其他裸露部位。

（5）焊割作业应佩戴焊工手套，以防焊渣、熔渣等烧坏衣袖、烫伤手臂。

（6）备用耐火阻燃手套，用于救火减灾。

（7）接触设备运转部件禁止佩戴手套。

（8）手套，特别是被凝析油、汽油、柴油等轻质油品浸湿的手套使用完毕应及时清洗油污；禁止戴此类手套抽烟、点火、烤火等，以防点燃手套。

5. 护目镜和面罩

目前我国生产和使用比较普遍的有 3 种类型：

（1）焊接护目镜和面罩。预防非电离辐射、金属火花和烟尘等的危害。焊接护目镜分普通眼镜、前挂镜、防侧光镜 3 种；焊接面罩分手持面罩、头戴式面罩、安全帽面罩、安全帽前挂眼镜面罩等种类。

（2）炉窑护目镜和面罩。预防炉窑口辐射出的红外线和少量可见光、紫外线对人眼的危害。炉窑护目镜和面罩分为护目镜、眼罩和防护面罩 3 种。

（3）防冲击眼护具。预防铁屑、灰砂、碎石等外来物对眼睛的冲击伤害。防冲击眼护具分为防护眼镜、眼罩和面罩 3 种。防护眼镜又分为普通眼镜和带侧面护罩的眼镜。眼罩和面罩又分为敞开式和密闭式两种。

6. 防护鞋

防护鞋种类很多，石油、化工行业主要配备皮安全鞋。坚持穿皮安全鞋可以避免或减轻砸伤、扎脚、烫伤等危害后果，作业现场要求做到：即使在炎热的夏季也要穿安全鞋。禁止穿凉鞋、拖鞋、泡沫类软底鞋和高跟鞋以及鞋帮或鞋底开裂的皮安全鞋；严禁赤脚操作；登高作业尽量穿软底防滑鞋，如运动鞋等。

7. 听力护具

听力护具用于防止噪声对人的听力造成损害。在石油建设施工企业，耳塞因体积小、便于佩戴、易洗涤等而被广泛采用。铆工、管工作业，钳工室内作业等也广泛使用听力护具。

8. 呼吸护具

呼吸护具用于防范缺氧、有害气体、粉尘等产生的危害。应在以下场合佩戴不同的呼吸护具：

（1）沙尘暴天气须佩戴好防尘口罩，普通口罩也可代用。

（2）有毒气体浓度不太高时应佩戴防毒面具，缺氧时禁止使用。

（3）缺氧场所应佩戴空气呼吸器，在缺氧场所严禁使用过滤罐式防毒面具。

9. 电工专业高空用具及绝缘安全护具

（1）电工专业登高安全用具主要包括升降板、脚手扣，使用要求：

1）高处作业时，应使用合格的登高用具。

2）登高用具还应定期检验。

3）作业人员使用前对登高用具查验。

（2）电气绝缘安全用具主要包括绝缘杆、绝缘夹钳、绝缘靴、绝缘手套。正确使用绝缘操作用具，须注意以下 3 点：

    1）绝缘操作用具本身必须具备合格的绝缘性能和机械强度。

    2）只能在和其绝缘性能相适应的电气设备上使用。

    3）人员在操作时，握手部位不得超越罩护环以上部分。

2.3　城镇燃气行业防雷电技术

2.3.1　燃气行业防雷电技术概述

    为使燃气行业建筑物及其内部设施免受雷电的直接和间接危害，燃气行业现代防雷电技术的框架通常使用避雷针、避雷线、避雷带、避雷网等防直击雷的危害；使用信息系统中防雷电暂态冲击的器件如避雷器压敏电阻、气体放电管和雪崩二极管等防间接雷电侵入波的危害；屏蔽技术也是防止雷击电磁波侵入的重要方法。就建筑防雷保护设计而言，包括接地在内的合理组合和设置防雷设备与器件，来构成建筑物及其内部设施的雷电防护系统，实现从建筑物外部和内部两个方面有效地仰制雷电危害。

2.3.2　燃气行业防雷电技术原则

    燃气行业防雷电的原则首先是科学的原则，其次是经济的原则和耐用可靠的原则。防雷工作保护的对象包括：建筑物和构筑物、燃气设备及人三个方面，三者需统筹兼顾，已制定了各种行业标准或国家标准的防雷规范，都是围绕这三个保护对象制定出各种要求。首要原则就是遵循科学规律。防雷安全应该尽可能按照选定的安全标准，特别是一些非常重要的工程项目，国家标准的防雷规范考虑到这些方面，应该遵守。同时要有灵活性，因为科技在发展，已制定的规范不可能永远正确无误。另一方面，中国地域广阔，雷电与地理、气象条件关系密切，防雷规范不可能照顾到这些差别。需要人们从实际出发，因地制宜考虑防雷措施，善于依据雷电科学独立思考。在符合科学原则的前提下，必须重视经济原则和耐用可靠原则。

2.3.3　燃气行业防雷装置的基本要求

    1. 接闪器

    避雷针、避雷线、避雷网、避雷带及建筑物金属屋面均可作为接闪器；电火花会引起爆炸燃烧的排放管、呼吸阀等凸出建筑屋面的金属构件不能用作接闪器。

    2. 引下线

    （1）引下线一般采用圆钢或扁钢制成，宜优先采用圆钢。圆钢直径不应小于 8mm。扁钢截面不应小于 $48mm^2$，其厚度不应小于 4mm。

    （2）引下线应沿建筑物外墙明敷，并经最短路径接地；对于建筑艺术要求高的，可以暗敷，但截面积应放大，采用直径 10mm 的圆钢或 4mm×20mm 的扁钢。建筑物金属构件如消防梯、金属烟囱等可作为引下线使用，但必须形成闭合电气通路。

    （3）互相连接的避雷器接地引下线不少于两根，之间的距离如下：防雷建筑物类别为第二类时，最大距离为 18m。

（4）为了便于测量接地电阻和检验引下线，宜在引下线距地面 0.3～1.8m 处设置断接卡。引下线截面腐蚀 30% 以上者，应予以更换。

（5）距地面上约 1.7m 至地面下 0.3m 之间的引下线应采取暗敷或采用镀锌角钢、改性塑料管或橡胶管等保护设施。

3. 接地装置

接地装置由埋设在地下的接地体和连接地体的接地线组成。人为埋入地下的金属物如角钢、扁钢、钢管等称为人工接地体。利用已有的与大地接触的各种金属物如钢筋混凝土基础、金属管道、电缆金属外皮等兼作接地体的称为自然接地体。人工接地体垂直敷设时多采用钢管、角钢或圆钢。水平敷设时采用的圆钢直径不应小于 10mm；扁钢截面不应小于 100mm²，其厚度不应小于 4mm，角钢厚度不应小于 4mm；钢管壁厚不应小于 3.5mm。人工垂直接地体的长度宜为 2.5m，埋入深度不应小于 0.5m。垂直接地体间的距离及人工水平接地体间的距离宜为 5m。

防雷接地装置还应防止跨步电压造成的危害，所以防直击雷接地装置距建筑物和构筑物出入口和人行道的距离不应小于 3m。当小于 3m 时，应将水平接地体局部埋深 1m 以上，或将水平接地体局部包以 50～80mm 厚的沥青层，或采用沥青碎石地面或在地面敷设 50～80mm 厚的沥青层，其宽度应超出接地装置 2m。敷设在腐蚀性较强的环境中的接地装置，应采用热镀锌、热镀锡等防腐措施或加大接地体的规格等。

4. 接地电阻

防雷接地电阻一般指冲击接地电阻值，不应大于 10Ω。防雷电侵入的接地，如电缆金属外皮、空中金属管道、阀型避雷器等的接地电阻不应超过 4～10Ω。

2.3.4 燃气行业防雷电技术的应用

防雷电技术在燃气行业的应用，应根据被保护对象防雷电的要求，认真调查地理、地质、气象、环境等条件和被保护对象的特点及雷电活动规律情况，选用安全可靠、技术先进、经济合理的防雷电措施。

1. 燃气行业站场的防直击雷技术措施

（1）在建（构）筑物上装设避雷网或避雷针，避雷网应沿屋角、屋檐和檐角等易受雷击部位在整个屋面铺设，其网格不应大于 10m×10m 或 12m×8m，所有避雷针应采用避雷带相互连接。

（2）对排放有爆炸危险气体、蒸汽或粉尘的放散管、呼吸阀、排风管等，应符合表 2-4 中的要求。

有管帽的管口外处于接闪器保护范围内的空间隔　　　　　表 2-4

装置内的压力与周围空气压力的压力差（kPa）	排放物的比重	管帽以上的垂直高度（m）	距管口处的水平距离（m）
＜5	重于空气	1.0	2
5～25	重于空气	2.5	5
≤25	轻于空气	2.5	5
＞25	重或轻于空气	5.0	5

（3）其他屋面保护范围之外的金属物体，可不装设接闪器而直接同屋面防雷装置相连，其他屋面保护范围之外的非金属物体应装设接闪器，并同屋面防雷装置相连。

2. 燃气行业储罐区的防直击雷技术措施

（1）在储罐区内架设的独立避雷针、架空避雷线（网）应将被保护物置于LPZ0区。

（2）当储罐顶板厚度大于或等于4mm时，可以用顶板作为接闪器；当储罐顶板厚度小于4mm时，应装设防直击雷装置。

（3）浮顶罐、内浮顶罐不应直接在罐体上安装避雷针（线），但应将浮顶与罐体用两根导线作电气连接。浮顶罐连接导线应选用截面积不小于25mm²的软铜复绞线。对于内浮顶罐，钢质浮盘的连接导线应选用截面积不小于16mm²的软铜复绞线；铝质浮盘的连接导线应选用直径不小于1.8mm的不锈钢钢丝绳。

（4）钢储罐必须做防雷接地，接地点沿储罐周长的间距不应大于30m，且接地点不应少于2处。容积大于100m³的储罐接地点不应少于4处。

（5）钢储罐防雷接地装置的冲击接地电阻不宜大于10Ω，当钢储罐仅做防雷电感应接地时，接地电阻不宜大于30Ω。

（6）储罐区内储罐顶法兰盘等金属构件应与罐体可靠电气连接，不少于5根螺栓连接的法兰盘在非腐蚀环境下可不跨接。放散塔顶的金属构件亦应与放散塔可靠电气连接。

（7）当地下液化石油气罐的阴极采取下列措施时，可不再单独设置防雷和防静电接地装置：液化石油气罐采用牺牲阳极法进行阴极防腐时，牺牲阳极的接地电阻不应大于10Ω，阳极与储罐的铜芯连线截面积不应小于16mm²；液化石油气罐采用强制电流法进行阴极防腐时，接地电极必须用锌棒或镁锌复合棒，接地电阻不应大于10Ω，接地电极与储罐的铜芯连线截面积不应小于16mm²。

3. 燃气行业调压计量区的防直击雷技术措施

（1）调压站冲击接地电阻值不应大于10Ω，设于空旷地带的调压站及采用高架遥测天线的调压站应单独设置防雷装置。

（2）当调压站内、外燃气金属管道为绝缘连接时，调压装置必须接地，接地电阻应小于10Ω。

（3）在调压站内设备置于LPZ0B区内，其中LPZ0区代表由雷电引起的电磁场没有衰减的区域，这块区域又分为LPZ0A区和LPZ0B区。LPZ0A区表示本区内的各物体都可能遭到直接雷击和导走全部雷电流，本区内的电磁场强度没有衰减；LPZ0B区表示本区内的各物体不可能遭到大于所选滚球半径对应雷电流的直接雷击，本区内的电磁场强度没有衰减。

4. 燃气金属管道的防直击雷技术措施

（1）地上燃气金属裸管与其他金属构架和其他长金属物平行敷设时，当净距小于100mm时，应用金属线跨接，跨接点的间距不应大于30m；交叉敷设时，当净距小于100mm时，其交叉点应用金属线跨接。

（2）架空敷设的燃气金属管道的始端、末端、分支处以及直线段每隔200~300m处，应设置接地装置，其冲击接地电阻不应大于30Ω，接地点应设置在固定管墩（架）处。距离建筑物100m内的管道，应每隔25m左右接地一次，其冲击接地电阻不应大于10Ω。

（3）进出民用建筑物的燃气管道的进出口处，室外的屋面管、立面管、放散管、引入管和燃气设备等处均应有防雷（静电）接地装置。

（4）燃气金属管道不宜敷设于屋面，当实际条件无法满足时，燃气金属管道可敷设于屋面，但应满足以下要求：

1）屋面燃气金属管道、放散管、排烟管、锅炉等燃气设施应设置在接闪器保护范围之内，并远离建筑物的屋檐、屋角等易受雷击的部位。

2）屋面放散管和排烟管处应加装阻火器，并就近与屋面防雷装置可靠电气设备连接。

3）屋面燃气金属管道与避雷网（带）至少应有两处采用金属线跨接，且跨接点间距不应大于30m。当屋面燃气金属管道与避雷网（带）的水平、垂直净距小于100mm时，也应跨接。

4）屋面燃气金属管道与避雷网之间的金属跨接线可采用圆钢或扁钢，圆钢直径不应小于8mm，扁钢截面积不应小于48mm²，其厚度不应小于4mm，宜优先选用圆钢。

5）当燃气金属管道由LPZ0区进入LPZ1区时，应设绝缘法兰或钢塑接头，绝缘法兰或钢塑接头两端的管道应分别就近接地，接地电阻不应小于10Ω。其中LPZ1区表示本区内各物体不可能遭到直接雷击，流经各导体的电流比LPZ0B区更小，本区内的电磁场强度可能衰减，这取决于屏蔽措施。

6）建筑物外墙燃气金属立管与建筑用户分支管相连时，应设绝缘法兰或钢塑接头，绝缘法兰或钢塑接头两端的管道应分别就近接地，接地电阻不应大于10Ω，沿外墙直敷的燃气金属管道应每隔不大于12m就近与建筑物防雷装置可靠连接。当燃气金属管道螺纹连接的弯头、阀门、法兰盘等连接处的过渡电阻大于0.03Ω时，连接处应用金属线跨接。

5. 雷电感应在燃气行业的防护措施

雷电感应在燃气行业的防护基本要求如下：

（1）为防止静电感应，建（构）筑物内的金属设备、金属管道、金属构架、电缆金属外皮、钢屋架、钢窗等较大金属构件和凸出屋面的金属物都应接到防雷感应的接地装置上。

（2）金属屋面周边每隔18～24m应采用引下线接地一次，对于现场浇制或预制的钢筋混凝土构件，其钢筋应形成闭合回路，并每隔18～24m采用引下线接地一次。

（3）为了防止电磁感应，凡是平行敷设的长金属物体等，其净距离小于100mm时，应每隔20～30m用金属线跨接。其交叉距离小于100mm时，交叉处也应用金属线跨接。

2.4 危险源管理和消防责任制

2.4.1 危险因素辨识及对策

1. 危险源的定义

危险源是指在作业中可能发生事故的场所、部位、地点、设备或行为等，可能造成人员伤害、疾病、财产损失、作业环境破坏或其他损失的根源或状态。

2. 危险源的辨识

危险源的辨识就是从企业的生产经营活动中识别出可能造成人员伤害、财产损失和环境破坏的因素，并判定其可能导致的事故类别和导致事故发生原因的过程。

（1）危险源的辨识方法

1）询问和交流。

2）现场观察。

3）查阅有关记录。

4）获取外部信息。

5）工作任务分析。

（2）风险评价方法

1）直接判定法

凡符合以下条件之一的危险源均应判定为重大危险源：

① 不符合法律、法规和其他要求的；

② 相关方有合理抱怨和要求的；

③ 曾经发生过事故，且未采取有效控制措施的；

④ 直接观察到可能导致危险且无适当控制措施的。

2）作业条件危险性评价法

作业条件危险性评价法，又称 LEC 格雷厄姆法，是一种对作业危险性的半定量评价方法，用与系统风险率有关的三种因素指标值之积来评价系统人员伤亡风险的大小，并将所得作业条件危险性数值与规定的作业条件危险性等级相比较，从而确定作业条件的危险程度。

① $D = L \times E \times C$；

② 符号 D 表示作业条件危险性，符号 L、E、C 代表危险性的三个因素。

发生事故或危险事件的可能性，用符号 L 表示，取值方法见表 2-5。

发生危险可能性分数（L 值）　　　　　　表 2-5

发生危险的可能性			分数值
可能性	设备、环境及管理的因素	人的因素	
极可能	无安全控制设施，无管理控制措施，无法避免事故的发生	经常发生习惯性违章作业或无证作业、酒后作业	10
较可能	无安全控制设施，但有管理控制措施或在同类作业中发生过多起事故，无法有效避免事故的发生	在缺少监督的情况下时常发生违章作业或疲劳作业	6
可能	安全控制设施不全，有管理控制措施或在同类作业中三年内曾经发生过事故或事件，无法有效杜绝事故的发生	在生产作业节奏较快情况下，偶尔发生的违章作业或操作不熟练	3
较少可能	本质安全化控制设施不全，有管理控制措施和有效的异常报警、监测手段，能预测事故的发生或在同类作业中曾经发生过事故、事件	因健康或环境等特殊原因造成的偶尔失误或误操作	1
不可能	安全控制设施齐全有效，实现设备本质安全化，在误操作情况下能避免人员伤害，有效杜绝事故发生		0.1

① 发生危险情况的可能性用可能发生事故的概率来表示，不可能发生事件为 0，而必然发生事件为 1。然而，我们在作安全系统考虑时，完全不发生事故是不可能的。所以，人为地将实际上不可能发生事故的情况的分数定为 0.1，而必然发生事故的分数定为 10，这两种之间的情况取中间值。

② 安全控制设施指在危险源与作业人员之间加一硬件防护设施，如机械防护罩、安全连锁装置、隔离装置、通风装置等。异常报警、监测手段指有紧急状态报警装置或有效的定期检验。管理控制措施指作业规程、工作许可等。

人出现在这种危险环境的时间，用符号 E 表示，取值方法见表 2-6。

出现于危险环境中的分数（E 值） 表 2-6

出现于危险环境的情况	分数值
连续处于危险环境中	10
每天在有危险的环境中工作	6
每周一次出现于危险环境中	3
每月一次出现于危险环境中	2
每年一次出现于危险环境中	1
几年一次出现于危险环境中	0.5

① 人出现于危险情况中的时间 E 越长，危险性越大。这里规定连续处于危险环境中的情况分数为 10，而每年仅出现几次或相当少的时间分数为 1。

② E 值取值时，如果实际情况介于两档之间，按照上限取值。

发生事故可能产生的后果，用符合 C 表示，取值方法见表 2-7。

事故发生后可能结果的分数（C 值） 表 2-7

可能结果	分数值
大灾难（10 人及以上死亡）	100
灾难（3 人及以上死亡）	40
非常严重（1 人及以上死亡）	15
重伤	7
职业病	5
轻伤	3
微伤	1

① 事故（包括职业病）发生后的危害程度变化范围很大，对于伤亡事故来说，可以是轻微的伤害直到多人死亡的后果。把微伤的可能性分数规定为 1，把大灾难（10 人及以上死亡）的可能性分数定为 100，其他情况的分数值均在 1～100 之间。

② C 值取值时，应按照事故发生的最严重后果取值，重大危险源 C 值取 100。

危险性等级分数及其对应的风险等级见表 2-8。

危险性等级分数（D 值） 表 2-8

D 值	危险程度	风险等级
> 320	极其危险，不能继续作业	I

D 值	危险程度	风险等级
160～320	高度危险，要立即整改	Ⅱ
70～160	显著危险，需要整改	Ⅲ
20～70	一般危险，需要注意	Ⅳ
＜20	稍有危险，可以接受	Ⅴ

（3）危险源辨识范围

工作环境：包括周围环境、工程地质、地形、自然灾害、气象条件、资源交通、抢险救灾支持条件等。

平面布局：功能分区（生产、管理、辅助生产、生活区）；高温、有害物质、噪声、辐射、易燃、易爆、危险品设施布置；建筑物、构筑物布置；风向、安全距离、卫生防护距离等。

运输路线：施工便道、各施工作业区、作业面、作业点的贯通道路以及与外界联系的交通路线等。

施工工序：物资特性（毒性、腐蚀性、燃爆性）、温度、压力、速度、作业及控制条件、事故及失控状态。

危险性较大设备和高处作业设备：提升、起重设备等。

施工机具、设备：高温、低温、腐蚀、高压、振动、关键部位的备用设备的控制、操作、检修、故障、失误时的紧急异常情况；机械设备的运动部件和工件的操作条件、检修作业、误运转和误操作；电气设备的断电、触电、火灾、爆炸、误运转和误操作；静电、雷电。

特殊装置、设备：锅炉房、危险品库房等。

有害作业部位：粉尘、毒物、噪声、振动、辐射、高温、低温等。

各种设施：管理设施（指挥机关等）、事故应急抢救设施（医院卫生所等）、辅助生产和生活设施等。

（4）危险源辨识、风险评价及控制流程

危险源辨识、风险评价及控制流程见图2-2。

3. 危险源的控制

危险源的控制分三方面，即技术控制、人行为控制和管理控制。

（1）技术控制

技术控制即采用技术措施控制固有危险源，主要技术有消除、控制、防护、隔离、监控、保留和转移等。

（2）人行为控制

人行为控制即控制人为失误，减少人为不正确行为对危险源的触发。人为失误的主要表现形式有：操作失误、指挥错误、不正确的判断或缺乏判断、粗心大意、厌烦、懒散、疲劳、紧张、疾病或生理缺陷、错误使用防护用品和防护装置等。人行为的控制，首先是加强教育培训，做到人的安全化；其次应做到操作安全化。

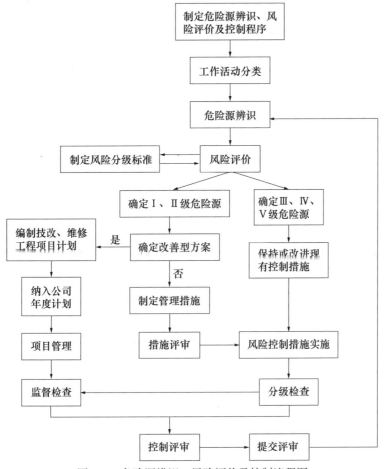

图 2-2 危险源辨识、风险评价及控制流程图

1）加强教育培训，做到人的安全化

危险源控制的各项措施能否得到贯彻执行以及执行质量的高低，很大程度上取决于各级领导和作业人员的安全意识和对危险源控制的认识程度及对有关的安全知识和操作技能的掌握程度。因此，必须对涉及危险源控制的有关领导和人员进行专门的安全教育和培训。培训内容应包括：危险源控制管理的意义、本单位（岗位）的主要危险类型、产生危险的主要原因、控制事故发生的主要方法及日常的安全操作要求、应急措施和各种具体的管理要求，通过教育培训使他们提高实行危险源控制管理的自觉性，掌握控制管理的方法和技术。

对作业人员的要求是，首先，要合理选用工人，由于危险源多为重要岗位，有的操作管理技术比较复杂，对作业人员的要求较高。因此，应选拔那些认真负责、技术高、能力强的人来从事危险源岗位的工作。其次，应严格培训考核，加强上岗前的教育，从事危险源岗位工作的人员要经过专门培训，加强技能训练以及提高文化素质，加强法制教育和职业道德教育等。

2）操作安全化

研究作业性质和操作的运作规律；制定合理的操作内容、形式及频次；运用正确的信息流控制操作设计；合理操作力度及方法，以减少疲劳；利用形状、颜色、光线、声响、温度、压力等因素的特点，提高操作的准确性及可靠性。

（3）管理控制

可采取以下管理措施，对危险源实行控制。

1）建立健全危险源管理的规章制度

危险源确定后，在对危险源进行系统危险性分析的基础上建立健全各项规章制度，包括岗位安全生产责任制、危险源重点控制实施细则、安全操作规程、操作人员培训考核制度、日常管理制度、交接班制度、检查制度、信息反馈制度、危险作业审批制度、异常情况应急措施、考核奖惩制度等。

2）明确责任，定期检查

应根据各危险源的等级，分别确定各级的负责人，并明确他们应负的具体责任。特别是要明确各级危险源的定期检查责任。除了作业人员必须每天自查外，还要规定各级领导定期参加检查。

对危险源的检查要对照检查表逐条逐项按规定的方法和标准检查，并作记录。如发现隐患则应按信息反馈制度及时反馈，促使其及时得到消除。凡未按要求履行检查职责而导致事故者，要依法追究其责任。规定各级领导参加定期检查，有助于增强他们的安全责任感，体现管生产必须管安全的原则。也有助于重大事故隐患的及时发现和得到解决。

专职安监人员要对各级人员实行检查的情况定期检查、监督并严格考评，以实现管理的封闭。

3）加强危险源的日常管理

要严格要求作业人员贯彻执行有关危险源日常管理的规章制度。搞好安全值班、交接班，按安全操作规程操作；按安全检查表作日常安全检查；危险作业经过审批等。所有活动均应按要求认真做好记录。领导和安监部门定期严格检查考核，发现问题及时给予指导教育，根据检查考核情况进行奖惩。

4）抓好信息反馈，及时整改隐患

要建立健全危险源信息反馈系统，制定信息反馈制度并严格贯彻实施。对检查中发现的事故隐患，应根据其性质和严重程度，按照规定分级实行信息反馈和整改，做好记录，发现重大隐患应立即向安监部门和行政第一领导报告。信息反馈和整改的责任应落实到人。对信息反馈和隐患整改的情况各级领导和安监部门要定期考核和奖惩。安监部门要定期收集、处理信息，及时提供给各级领导研究决策，不断改进危险源的控制管理工作。

5）搞好危险源控制管理的基础工作

危险源控制管理的基础工作除建立健全各项规章制度外，还应建立健全危险源的安全档案和设置安全标志牌。应按安全档案管理的有关内容要求建立危险源的档案，并指定人专门保管，定期整理。应在危险源的显著位置悬挂安全标志牌，标明危险等级，注明负责人员，按照国家标准的安全标志表明主要危险，并扼要注明防范措施。

6）搞好危险源控制管理的考核评价和奖惩

应对危险源控制管理的各方面工作制定考核标准，并力求量化，划分等级。定期严格考核评价，给予奖惩并与班组升级和评先进结合起来。逐年提高要求，促使危险源控制管理的水平不断提高。

2.4.2 事故分析及处理

1. 事故分级

根据生产安全事故（以下简称事故）造成的人员伤亡或者直接经济损失，事故一般分为以下等级：

（1）特别重大事故，是指造成30人以上死亡，或者100人以上重伤（包括急性工业中毒，下同），或者1亿元以上直接经济损失的事故。

（2）重大事故，是指造成10人以上30人以下死亡，或者50人以上100人以下重伤，或者5000万元以上1亿元以下直接经济损失的事故。

（3）较大事故，是指造成3人以上10人以下死亡，或者10人以上50人以下重伤，或者1000万元以上5000万元以下直接经济损失的事故。

（4）一般事故，是指造成3人以下死亡，或者10人以下重伤，或者1000万元以下直接经济损失的事故。

2. 事故报告

（1）事故发生后，事故现场有关人员应当立即向本单位负责人报告；单位负责人接到报告后，应当于1h内向事故发生地县级以上人民政府安全生产监督管理部门和负有安全生产监督管理职责的有关部门报告。情况紧急时，事故现场有关人员可以直接向事故发生地县级以上人民政府安全生产监督管理部门和负有安全生产监督管理职责的有关部门报告。

（2）报告事故应当包括下列内容：

1）事故发生单位概况。

2）事故发生的时间、地点以及事故现场情况。

3）事故的简要经过。

4）事故已经造成或者可能造成的伤亡人数（包括下落不明的人数）和初步估计的直接经济损失。

5）已经采取的措施。

6）其他应当报告的情况。

（3）事故报告后出现新情况的，应当及时补报。自事故发生之日起30日内，事故造成的伤亡人数发生变化的，应当及时补报。道路交通事故、火灾事故自发生之日起7日内，事故造成的伤亡人数发生变化的，应当及时补报。

（4）事故发生单位负责人接到事故报告后，应当立即启动事故相应应急预案，或者采取有效措施，组织抢救，防止事故扩大，减少人员伤亡和财产损失。

（5）事故发生地有关地方人民政府、安全生产监督管理部门和负有安全生产监督管理职责的有关部门接到事故报告后，其负责人应当立即赶赴事故现场，组织事故救援。

（6）事故发生后，有关单位和人员应当妥善保护事故现场以及相关证据，任何单位和个人不得破坏事故现场、毁灭相关证据。因抢救人员、防止事故扩大以及疏通交通等原因，需要移动事故现场物件的，应当做出标志，绘制现场简图并做出书面记录，妥善保存现场重要痕迹、物证。

3. 事故调查

（1）事故调查应当坚持实事求是、尊重科学的原则，及时准确地查清事故经过、事故原因和事故损失，查明事故性质、认定事故责任、总结事故教训，提出整改措施，并依法追究事故责任者的责任。

（2）事故调查组履行下列职责：查明事故发生的经过、原因、人员伤亡情况及直接的经济损失；认定事故的性质和事故的责任；提出对事故责任者的处理意见；总结事故教训，提出防范和整改措施；提交事故调查报告。

（3）事故发生单位的负责人和有关人员在事故调查期间不得擅离职守，并应当随时接受事故调查组的询问，如实提供有关情况。

（4）事故调查组成员在事故调查工作中应当诚信公正、恪尽职守、遵守事故调查组的纪律、保守事故调查的秘密。

（5）事故调查报告应当包括下列内容：

1）事故发生单位概况。

2）事故发生经过和事故救援情况。

3）事故造成的人员伤亡和直接经济损失。

4）事故发生的原因和事故性质。

5）事故责任的认定以及对事故责任者的处理建议。

6）事故防范和整改措施。

事故调查报告应当附具有关证据材料。事故调查组成员应当在事故调查报告上签名。

（6）事故调查报告报送负责事故调查的人民政府后，事故调查工作即告结束。事故调查的有关资料应当归档保存。

4. 事故处理

（1）事故处理应坚持"四不放过"原则，即事故原因没有查清不放过，事故责任者和广大员工没有受到教育不放过，防范措施没有落实不放过，事故责任者没有严肃处理不放过。

（2）事故发生单位应当认真吸取事故教训，落实防范和整改措施，防止事故再次发生。防范和整改措施的落实情况应当接受工会和职工的监督。

（3）在进行事故调查处理的基础上，事故责任部门应根据事故调查报告中提出的纠正与预防措施建议，编制详细的纠正与预防措施。

（4）有关机关应当按照人民政府的批复，依照法律、行政法规规定的权限和程序，对事故发生单位和有关人员进行行政处罚，对负有事故责任的国家工作人员进行处分。事故发生单位应当按照负责事故调查地人民政府的批复，对本单位负有事故责任的人员进行处理。负有事故责任的人员涉嫌犯罪的，依法追究其刑事责任。

（5）事故处理的情况由负责事故调查的人民政府或者其授权的有关部门、机构向社会公布，依法应当保密的除外。

2.4.3 消防安全检查

1. 消防安全检查的内容

（1）火灾隐患的整改情况以及防范措施的落实情况。

（2）安全疏散通道、疏散指示标志、应急照明和安全出口情况。

（3）消防车通道、消防水源情况。

（4）消防设施、器材和消防安全标志是否在位、完整及有效，灭火器材配置及有效情况。

（5）用火、用电有无违章情况。

（6）重点工种人员以及其他员工对消防知识的掌握情况。

（7）消防安全重点部位人员在岗在位及管理情况。

（8）易燃易爆危险品和场所防火防爆措施的落实情况，以及其他重要物资的防火安全情况。

（9）各单位安全管理部门的防火日常检查情况。

（10）常闭式防火门是否处于关闭状态，防火卷帘下是否堆放物品影响使用。

（11）消防安全标志的设置情况和完好、有效情况。

（12）其他需要检查的内容。

2. 消防安全检查的方法

（1）查阅消防档案

检查消防安全制度和操作规程是否符合相关法规和技术规程。

（2）询问员工

1）询问各部门、各岗位的消防安全管理人，了解其实施和组织落实消防安全管理工作的概况以及对消防安全工作的熟悉程度。

2）询问消防安全重点部位的人员，了解单位对其培训的概况。

3）在公众聚集的场所随机抽查数名员工，了解其组织引导在场群众疏散的知识和技能以及报火警和扑救初起火灾的知识和技能。

（3）查看消防通道、防火间距、灭火器材、消防设施等情况。

查看消防通道、防火间距、灭火器材、消防设施等，主要是通过眼看、耳听、手摸等方法，判断消防通道是否通畅，防火间距是否被占用，灭火器材是否配置得当并完好有效，消防设施各组件是否完整齐全、各组件阀门及开关等是否置于规定启闭状态、各种仪表显示位置是否处于正常允许范围等。

2.4.4 消防安全防护措施

1. 消防安全防护技术措施

（1）严格控制着火源。

尽量选用本安型电气设备（漏电跳闸、过载过流保护、短路瞬时断电装置），严防电器线路发热老化导致短路引起火灾，严格控制任何着火源。

（2）有序控制可燃物。

易燃的可燃物数量不能多，避免引起大型难以控制火灾；可燃物应有序摆放，方便人员操控和逃生；可燃物之间的间距应科学，防止引起交叉和火灾蔓延。

（3）合理控制可燃物与着火源之间的安全间距。

可燃物与着火源之间的有效安全防护距离一般在 5m 以上。因办公室内工作场所面积所限，最小安全间距也应在 1.5m 以上。

（4）合理确定重点防火平面布置图，落实消防器材，挂设针对性的防火标志。

（5）保持消防通道畅通。在高楼层部位设置逃生救援通道，配备必要数量的逃生绳。

2. 消防安全防护管理措施

（1）实行消防安全责任制。

消防安全，人人有责。所有单位工作人员都有义务做好本职消防安全工作。对于自身的工作环境，首先加强自检。单位属各责任实体及科室负责人也应定期检查。根据上述消防安全技术，严查火灾隐患，并及时采取"五定""四清"保安全的措施。同时，单位安委会组织人员对重点监控部位进行专项督察。

（2）工作现场应及时清除陈旧过时、功耗高、发热严重、运行状况不良的电气设备；尽量减少使用大功率电器。使用前仔细检查电气线路有无打结、破损、裸露、老化现象；使用时现场应有人监护；离开时做到人走、断电、熄灯；所有用电场所设置一个操控方便的总开关。严禁乱拉乱接电源电器。

（3）可燃物多的地方，现场禁止吸烟。禁止擅自燃烧纸张物品，特别区域执行动火审批制度。

（4）开展防火安全教育，并在单位橱窗栏内宣传消防安全知识，对全员进行防火安全讲座，以提高全体职工消防安全工作意识。

（5）定期防火检查，及时更换灭火器药剂和检查消火栓的有效性。

（6）成立专兼职消防防火组织，进行火灾模拟演练。执行消防值班制度。

（7）必要时各级自上而下签订防火安全责任书。

2.4.5　消防责任制度

（1）公司的消防工作是安全生产的重要组成部分，纳入公司的安全生产体系中进行统筹管理。

（2）公司安全检察监督部负责全公司消防工作归口管理，其他部门负责各自分管范围内的消防日常管理工作。

（3）公司总经理为消防安全总负责人，应当履行以下职责：

1）贯彻执行消防法规，保障单位消防安全符合规定，掌握本单位的消防安全基本情况。

2）将消防工作与本单位的生产、经营、管理等活动结合起来，统筹安排。

3）组织审定并批准企业安全规章制度、安全技术规程和重大火灾安全技术措施。

4）健全安全管理机构，按要求配备专、兼职消防安全管理人员，定期听取消防安全管理部门的工作汇报，及时研究解决或审批有关消防安全中的重大问题。

5）负责落实各级消防安全责任制，督促检查所属部门抓好消防安全工作。

6）督促各部门筹建消防设施、购置和维护消防器材。

7）协调专业部门组织防火专项检查，督促落实火灾隐患整改，及时处理涉及消防安全的重大隐患。

8）组织扑救火灾，调查处理火灾事故。

（4）分管安全生产的副总经理为消防管理的第一责任人，具体履行总经理的消防管理职责。

（5）各部门经理为本部门的消防安全第一责任人，各部门可以根据需要视实际情况指定本部门的消防安全管理员，消防安全管理员对本部门的消防安全责任人负责。消防安全管理员应当履行以下职责：

1）组织实施日常消防安全管理工作。

2）组织实施防火检查和火灾隐患整改工作。

3）组织实施对本单位消防设施、灭火器材和消防安全标志的维护保养，确保其完好有效，确保疏散通道和安全出口畅通。

4）在员工中组织开展消防知识、技能的宣传教育，提高全员消防意识和技能。

5）确定本部门一旦发生火灾可能危及人身和财产安全，以及对消防安全有重大影响的部位为火灾重点部位，设置明显的防火标志，实行严格管理。

6）组织制定部门消防安全管理制度和消防安全操作规程，并检查督促落实。

7）完成部门消防安全责任人委托的其他消防安全管理工作。

8）建立健全消防安全档案，包括：

① 建筑物或施工场所使用或者开始使用前的消防设计审核、消防验收，以及消防安全检查的文件、资料。

② 消防安全制度。

③ 消防设施、灭火器材情况。

④ 义务消防队人员及消防装备情况。

⑤ 有关燃气及燃气生产所使用电气设备的检测（防雷、防静电）等记录。

⑥ 消防安全培训记录。

9）消防安全管理员应定期向消防安全责任人报告消防安全情况，及时报告涉及消防安全的重大问题。

2.5 燃气运行作业安全管理规定

2.5.1 带气作业安全管理规定

1. 一般规定

（1）带气作业是指公司对所辖范围内燃气设施实施的停气、降压、新建管线，同原有带气管线碰口、动火、置换、放散及通气等工作内容。其中燃气设施是指用于燃气储存、输配和应用的站场、管网及用户设施。

（2）带气作业应建立分级审批制度。带气作业实施单位或部门应提前制定作业方案，涉及动火作业的还需填写动火作业审批表，并将带气作业方案和动火作业审批表逐级上报审核，经审批同意后应严格按照批准的方案实施。

（3）带气作业中如包含有需要施工单位承担的工作内容，负责实施的施工单位必须针对所承担的施工内容编制施工组织方案并上报审核，经施工单位项目负责人、工程监理单位现场代表、公司工程建设负责人审批同意后应严格按照批准的方案实施。

（4）带气作业实施过程中必须由各公司负责人或分管领导任现场指挥，并应设现场专职安全员。

（5）带气作业必须配置相应的通信设备、防护用具、消防器材、检测仪器等。

带气作业现场必须根据作业要求划定适当的作业区域并设置明显警示标志，作业区域内严禁明火、禁止无关人员入内。

（6）因带气作业原因影响到用户正常用气或暂停供气的，公司应当将带气作业时间和影响区域提前48h予以公告或者书面通知燃气用户。带气作业结束后，应按照相关规定及时恢复正常供气，恢复供气时间严禁安排在夜间进行。

（7）紧急事故处理涉及带气作业不适用本安全管理规定。

2. 停气与降压

（1）降压是指燃气设施维护和抢修时，为了操作安全或者维持部分供气，将燃气压力调节至低于正常工作压力的作业。停气是指在燃气输配系统中，采用关闭阀门等方法切断气源，使燃气流量为零时的作业。

（2）实施停气与降压作业时间的安排应避开用气高峰和恶劣天气，紧急事故处理除外。

（3）实施停气与降压作业应提前通知受影响用户，紧急事故处理除外。

（4）密度大于空气的燃气输配管道进行停气或降压作业时，应采用防爆风机驱散在作业坑内积聚的燃气。

（5）停气与降压作业应符合下列规定：

1）停气作业时应切断气源，并将作业管段或设备内的燃气安全排放或置换合格。

2）降压过程中应严格控制降压速度。

3）降压作业应有专人监控管道内燃气压力，宜将管道内燃气压力控制在300～800Pa范围内，严禁管道内产生负压。

3. 新建管道同原带气管道碰口

（1）新建管道同原带气管道碰口除PE管道采取鞍型三通方式碰口外，其余所有碰口作业都应遵守本规定。

PE管道采取鞍型三通方式碰口时应符合管材、管件生产厂家的相关要求。

（2）在实施新建管道同原带气管道碰口作业前，必须确保新建管道工程为已经竣工验收的合格工程；未经竣工验收或竣工验收不合格的新建管道工程，严禁实施同原带气管道的碰口作业并投入运营。

（3）新建管道同原带气管道实施碰口作业应按照以下原则和顺序制定作业方案：

1）原带气管道具备停气和惰性气体置换条件：必须对原带气管道实施停气、放散和惰性气体置换后方可进行碰口作业。

2）原带气管道具备停气条件但不具备惰性气体置换条件：必须对原带气管道实施停气、放散后方可进行碰口作业。

4. 带压开孔、封堵作业

（1）使用带压开孔、封堵设备在燃气管道上接线或对燃气管道进行维修更换等作业时，应根据管道材质、输送介质、敷设工艺状况、运行参数等选择合适的开孔、封堵设备及不停输开孔、封堵施工工艺，并制定作业方案。

（2）作业前应对施工用管材、管件、密封材料等作复核检查，对施工用机械设备应调试运转正常。

（3）在不同管径、不同运行压力的燃气管道上进行开孔、封堵作业，凡属于首次施工的应进行模拟试验。

（4）施工现场应有足够的作业场地和操作空间，并保持道路畅通，作业区应设置护栏和警示标志，开孔作业时作业区内不得有火源。

5. 置换、放散和动火

（1）置换包括直接置换和间接置换，其中直接置换是指采用燃气置换燃气设施中的空气或采用空气置换燃气设施中的燃气的过程。间接置换是指采用惰性气体或水置换燃气设施中的空气后，再用燃气置换燃气设施中的惰性气体或水的过程；或采用惰性气体或水置换燃气设施中的燃气后，再用空气置换燃气设施中的惰性气体或水的过程。

放散是指将燃气设施内的空气、燃气或混合气体安全地排放。

动火是指对燃气管道和设备进行焊接、切割等产生明火的作业。

（2）置换作业应符合下列规定：

1）置换前应先制定置换方案，审批通过后方可实施。

2）采用直接置换法时，应取样检测混合气体中燃气的浓度，应连续测定3次燃气的浓度，每次间隔时间为5min，测定值均在爆炸下限的20%（可燃气体泄漏检测仪LEL档）以下时，方可进行作业。

3）采用间接置换法时，应取样检测混合气体中燃气或氧的含量，应连续测定3次燃气或氧的浓度，每次间隔时间为5min，测定值均符合要求时，方可进行作业。

4）燃气管道内积有燃气杂质时，应充入惰性气体或采取其他有效措施进行隔离。

5）当作业中断或连续作业时间较长时，均应重新取样检测，符合本条1）、2）款时，方可继续作业。

（3）放散作业应符合下列规定：

1）应根据管线情况和现场条件确定放散点数量与位置，管道末端必须设置放散管并在放散管上安装取样管。

2）放散点应设置在带气作业点的下风向，并应避开居民住宅、明火、高压架空电线等场所，当无法避开时，应采取有效的防护措施。

3）放散管应高出地面2m。

4）放散火炬的管道上应设置控制阀门和防回火装置。

5）放散火炬应设置在带气作业点的上风向，并保持安全距离，火炬应高出地面1.5m以上。

6）放散火炬现场应设警戒区，并备有干粉灭火器等有效的消防器材。

7）聚乙烯塑料管道置换时，放散管应采用金属管道并可靠接地。

8）应安排专人负责监控压力并取样检测，同时按照要求做好相关记录。

（4）停气动火与不停气动火作业应符合下列规定：

1）动火作业分为停气动火和不停气动火两种方式，其中停气动火是指停气并采取了直接或间接置换后的动火作业，不停气动火是指不停气并采取了降压措施后的动火作业。

2）停气动火操作过程中，应严密观测管段或设备内可燃气体浓度的变化，当有漏气或窜气等异常情况时，应立即停止作业，待消除异常情况后方可继续进行。

3）不停气动火作业时，应对新、旧管道先采取措施使其电位平衡，同时必须保持管道内为正压，其压力宜控制在300～800Pa，应安排专人监控压力并做好相关记录，动火作业引燃的火焰，必须有可靠、有效的方法将其扑灭。

6. 通气

（1）通气作业应严格按照方案执行，用户停气后的通气，应在有效地通知用户后进行。

（2）燃气设施置换合格恢复通气前，公司施工、技术、供气等部门应进行全面检查，符合运行要求后，方可投入运行。

2.5.2 燃气动火安全管理规定

动火作业是指使用气焊、电焊、铝焊、塑料焊、喷灯等能直接或间接产生明火的焊割工具，在油气、易燃易爆危险区域内的作业，如维修油气容器、管线、设备及盛装过易燃易爆物品的容器设备。动火作业是一项技术性强、要求高、难度大、颇具危险性的作业，为了避免发生火灾或爆炸事故而造成较大的经济损失和人身伤亡，燃气设施动火作业必须采取一系列安全防护措施。

1. 动火作业范围

凡是从事下列工作均属动火作业，都应办理动火审批手续。

（1）在已运行的天然气管道、设施、设备上进行能产生明火或火花的工作。如电焊、气焊，使用喷灯熬沥青、金属器具工作凿击、使用砂轮等。

（2）在上述设施上进行高压电气试验，能产生静电火花的工作，如高压气体喷射、使用烙铁等。

（3）与带气管道设施连接但尚未置换通气，在中间无盲板隔离的管道设施上进行上述（1）、（2）款所列的各项工作。

（4）在门站、调压站、天然气阀门井等类似爆炸危险场所内的非带气管道设施上进行上述第（1）、（2）款所列工作或凿击建筑物构件、喷砂、喷镀、进行非防爆电气作业等。

2. 动火作业分级

根据动火部位危险程度、涉及周边区域及事故发生的可能性，动火作业分为三级：一级动火、二级动火以及三级动火。

（1）一级动火

1）在直径大于或等于219mm的高压、次高压（压力大于0.4MPa）燃气管道上带气停输动火或带压不停输动火。

2）在燃气储气设施（储罐、储气井、储气瓶、储气管束）及附件上的动火。

3）在站场内净化装置、分离器罐、换热设备、汽化器、调压装置、计量装置、加臭装置、撬装设备、压缩装置等燃气工艺装置上的动火。

4）在压缩机厂房内的管道、管件、设备和仪表处的动火。

5）进入、探入含有易燃易爆介质有限空间的动火。

6）LNG站场卸气（液）装置、充装装置、BOG系统的动火。

7）在液化石油气桶装、瓶装储存区、灌瓶间、短泵房、压缩机间、铁路装卸气栈台、公路装卸气栈台、瓶库间的动火。

（2）二级动火

1）在直径小于219mm的高压、次高压（压力大于0.4MPa）燃气管道上或中压（压力大于或等于0.01MPa而小于或等于0.4MPa）燃气管道上带气停输动火或带压不停输动火。

2）在站场爆炸区域内非燃气工艺管道、设备上的动火。

3）在输气站场内排污、放空、燃料气系统等非主要工艺设备及管网上的动火。

4）在液化石油气桶装、瓶装储存区、灌瓶间、短泵房、压缩机间、铁路装卸气栈台、公路装卸气栈台、瓶库间非燃气工艺管道、设备上的动火。

（3）三级动火

1）在站场爆炸区域外非燃气工艺管道及设备上的动火。

2）在低压（压力小于 0.01MPa）燃气管网上的动火。

3）在盛装过油气及其他易燃易爆介质并已清理干净的容器上的动火。

4）在禁火区外，与运行系统断开并置换合格的燃气管道上的动火。

5）运到安全地点后经吹扫处理、用火分析合格的液化石油气容器的动火检修作业。

6）除一级、二级动火外的其他工业动火作业。

3. 特殊条件下的动火作业

（1）装置、管道内有轻短、凝析油（LPG 和天然气中的重组分凝液）时，动火作业应升级管理。

（2）遇节日、假日（不包括双休日）或夜间等特殊情况时，动火作业应升级管理。

（3）遇五级风以上（含五级风）天气，禁止露天动火作业；因生产需要确需动火作业时，动火作业应升级管理。

（4）紧急状态的抢险动火，按照事故应急预案处理。禁止以下动火：

1）禁止无动火作业许可证动火。

2）禁止无监护人动火。

3）禁止安全措施不落实动火。

4. 动火前的安全检查和要求

动火前安全检查的内容如下：

（1）动火作业许可证是否按规定的程序和权限审批。

（2）作业计划书的内容是否符合现场实际，是否存在漏洞和不足。

（3）特种作业人员的操作证是否有效，现场作业人员是否已熟悉和掌握安全措施。

（4）动火处、作业区是否与审批相符合。

（5）动火处的容器、管线是否按作业计划进行了蒸煮、吹扫、置换、通风和隔离。

（6）现场可燃气体浓度和氧含量是否在规定要求范围内。

（7）在动火区域设置隔离或警戒区是否符合要求。

（8）动火设备是否符合要求。

（9）消防器材、消防设施是否摆放到位。

（10）动火现场周围的油污、可燃液体、气体是否已清理。检查周围环境有无泄漏点，地沟下水井应进行有效封挡。

（11）动火审批人提出的其他安全要求。

5. 动火作业的基本安全要求

（1）动火作业现场应划出作业区，并应设置护栏和警示标志。动火前，动火负责人应严格控制动火区域内保证作业必需的最少人数，指定其他人员撤离至安全区域。在动火过程中动火监护人和动火监督人要各司其职，严格检查控制作业过程。

（2）在正常生产的装置和罐区内，凡是可以不动火的一律不动火，凡是能拆下来的必须拆下来移到安全地方动火。非特殊情况，节假日及夜间一律禁止动火，非动火不可的，按特殊条件下动火作业处理。紧急情况时，在保证安全的情况下，经上级生产运行部门和质量安全环保部门同意后可采取紧急动火措施，但事后应补办动火作业手续。

（3）一张动火作业许可证只限一处使用。经上级安全部门批准，装置停产检修或装置区改扩建（非连头施工）的划定区域内和非油气系统动火，可以一许可证多点使用，但必须做好监督和记录。

（4）进入有限空间动火作业还须遵守进入有限空间作业的安全管理规定。在受限空间内动火，必须使用两个以上可燃气体检测仪连续检测，发现邻近超过许可作业浓度要求，应停止动火。动火暂停30min以上，应重新检测，内部可燃气体浓度达到许可作业浓度要求时才能继续动火作业。

高空动火作业还须符合高空作业安全管理规定，同时对可能溅落的焊渣和火花等要采取可靠的防护措施。

动土动火作业还须符合动土作业安全管理规定，应对作业面周围所有地下管道、电缆、光缆进行风险分析，对地面堆土、堆物应加以控制，以防滑坡。

（5）需要置换动火的储罐、容器、槽车、管线等设备设施，动火前要认真清洗、置换和通风，同时用两个以上的可燃气体检测仪检测内部可燃气体浓度，达到许可作业浓度要求时才能动火作业。必要时，按规定检测化验，并将检测化验数据分析单附在监督记录上备查。

在储存、输送燃气的设备、容器及管道上置换动火，应首先切断燃气来源并加好盲板，经彻底吹扫、清洗、置换后，作业现场通风换气，经检验合格后，方可动火。检验合格后超过1h动火，必须再次进行动火检验分析。

（6）在动火作业期间，禁止机动车辆进入作业区。车辆必须进入的，必须落实车辆防火措施，制定行车路线，并填写《进车许可证》，由安全警戒人员检查防火措施落实后方可进入。非防爆电瓶车、机动三轮车、拖拉机、翻斗车等不准进入正在动火的作业区。

（7）动火现场5m以内应无易燃物、无积水、无障碍物，便于在紧急情况下施工人员迅速撤离。现场应严格限制作业人数，非动火人员未经动火监督人准许，不得进入施工现场。

（8）动火现场应按《动火作业计划书》的要求，配备足够的消防设备和消防器材，必要时应准备消防车防护。

（9）遇有五级（含五级）以上大风天气不准动火，特殊情况要进行围隔作业并控制火花飞扬。

（10）对当天没有完成的动火作业，作业方要采取安全防范措施，动火负责人要告知相关人员。第二天动火作业前，动火监护人和动火监督人要对安全措施重新确认，并在记录表上签字。

2.5.3 高处作业安全管理规定

高处作业是指在坠落高度基准面2m以上（含2m）有可能坠落的位置的作业。坠落高度基准面是指从作业位置到最低坠落着落点的水平面。高处作业实行作业许可制度，未办理高处作业许可证，严禁进行高处作业。

1. 高处作业分级

（1）三级高处作业，作业高度在 2～5m 之间。

（2）二级高处作业，作业高度在 5～15m 之间。

（3）一级高处作业，作业高度在 15～30m 之间。

（4）特级高处作业，作业高度在 30m 以上。

在强风、雨雪天、雾天、夜间、作业面结冰等复杂气象条件下，以及必须带电、悬空情况下的高处作业要升级管理。

2. 高处作业许可证审批管理权限

（1）三级高处作业许可证由生产单位生产运行部门、工程技术主管部门和安全主管部门审核后，生产单位主管领导批准；生产单位安全总监或委派专职安全管理人员到现场进行安全措施的确认并担任作业监督人。

（2）二级高处作业许可证由生产单位生产运行部门、工程技术主管部门、安全主管部门和主管领导审核后，生产单位负责人批准；生产单位安全总监到现场进行安全措施的确认并担任作业监督人，不许委托他人代理监督。

（3）一级高处作业许可证由生产单位的上一级单位生产运行部门、工程技术主管部门和安全主管部门审核后，该上级单位主管领导批准；由该上级单位派出安全监督人员到现场进行安全措施的确认并担任作业监督。特殊情况下，该上级单位无法实施现场监督的，可由公司质量安全环保处书面授权委托其他安全监督人员担任作业监督人。

（4）特级高处作业许可证由公司生产运行处、工程管理处和质量安全环保处审核后，公司主管领导批准；公司质量安全环保处派出（或委托）安全监督人员到现场进行安全措施的确认并担任作业监督。对远离公司总部（100km 以上）单位的高处作业，经公司质量安全环保处书面授权后，可委托其他单位的安全监督人员担任作业监督人。

3. 高处作业许可证审批程序和有效期限

（1）高处作业许可证由作业方负责申请，作业方应编制高处作业方案，明确作业人、作业监护人、作业时间、作业面、作业技术措施和安全保证措施。

（2）接到作业方提出的申请和高处作业方案后，生产单位安全管理部门、生产运行部门应与作业方共同对现场进行危害因素识别、风险评价，制定风险控制措施和应急预案，编制《高处作业计划书》。

《高处作业计划书》应包括以下内容：

1）施工内容（包括高处作业原因、作业级别、作业面及周围情况、作业程序）。

2）技术措施。

3）风险识别和应急措施，注明应配备的防护物品种类及数量。

4）现场安全环保措施和监督手段。

（3）按审批权限，上级单位接到高处作业许可证申请和《高处作业计划书》后，首先由生产运行部门、工程技术主管部门审核施工内容和技术措施，复核后在作业许可证上批准签字；然后由安全主管部门审核风险管理、应急预案、安全措施和监督手段，复核后在作业许可证上批准签字；最后由单位主管领导审批签字后批复给申报单位。

（4）高处作业许可证的最长有效时间为 7d，存档保存期为 12 个月。

4. 高处作业基本安全要求

（1）高处作业监督人应赴高处作业现场检查确认安全措施后，方可批准高处作业。

（2）高处作业人员必须经过安全教育，熟悉现场环境和施工安全要求。患有职业禁忌症和年老体弱、疲劳过度、视力不佳及酒后人员等，不准进行高处作业。

（3）高处作业前，作业人员应查验《高处安全作业证》，检查确认安全措施落实后方可施工，否则有权拒绝施工作业。

（4）高处作业应设监护人对高处作业人员进行监护，监护人应坚守岗位。

（5）高处作业人员应按照规定穿戴劳动保护用品，作业前要检查，作业中应正确使用防坠落用品与登高器具、设备。高处作业人员必须系好安全带、戴好安全帽，衣着要灵便，禁止穿硬底和带钉易滑的鞋。安全带必须系挂在施工作业处上方的牢固构件上，不得系挂在有尖锐棱角的部位。安全带系挂点下方应有足够的净空。安全带一般应高挂（系）低用，不得采用低于腰部水平的系挂方法，严禁用绳子捆在腰部代替安全带。

5. 高处作业注意事项

（1）当邻近地区设有排放有毒、有害气体及粉尘且超出允许浓度的烟囱与设备时，严禁进行高处作业；如在允许浓度范围内，也应采取有效的防护措施。

（2）在五级风以上和雷电、暴雨、大雾等恶劣气候条件下，禁止露天高处作业。

（3）高处作业要与架空电线保持规定的安全距离。

（4）登石棉瓦、瓦棱板等轻型材料作业时，必须铺设牢固的脚手架，并加以固定，脚手架上要有防滑措施。脚手架的搭设必须符合国家有关规程和标准的要求。

（5）高处作业应使用符合安全要求的吊架、梯子、防护围栏、挡板和安全带等，跳板必须符合作业要求，两端必须捆绑牢固。

（6）作业前，应仔细检查所用的安全设施是否坚固、牢靠。夜间高处作业应有充足的照明。

（7）高处作业严禁上下投掷工具、材料和其他物品，所用材料要堆放平稳，必要时要设置安全警戒区，并设专人监护。所使用的工具、材料、零件等必须装入工具袋，上下时手中不得持物。易滑动、滚动的工具、材料堆放在脚手架上时，应采取措施防止坠落。

（8）在同一坠落平面上，一般不得上下交叉高处作业；如确需交叉作业时，中间应有隔离措施。

（9）梯子不得缺挡，不得垫高使用。梯子横挡间距以 30cm 为宜。梯子下端应采取防滑措施。单面梯与地面夹角以 60°～70° 为宜，禁止两人同时在梯子上作业。如需接长使用，应绑扎牢固。人字梯底角要拉牢。在通道处使用梯子，应有人监护或设置围栏。

（10）高处作业人员禁止坐在平台边缘、孔洞边缘和躺在通道或安全网内休息。30m 以上的高处作业与地面联系应有专人负责的通信装置。

（11）外用电梯、罐笼应有可靠的安全装置。非载人电梯、罐笼严禁乘人。高处作业人员应沿着梯子上下，禁止沿着绳索、立杆或栏杆攀登。

（12）在采取地（零）电位或等（同）电位作业方式进行带电高处作业时，必须使用绝缘工具或穿均压服。

2.5.4 临时用电作业安全管理规定

临时用电作业是指生产施工、检修等过程中临时性使用 220V/380V 三相四线制低压电力系统的作业；6kV 及以上的高压临时用电不适用本规定。

1. 临时用电作业许可证审批管理程序

临时用电作业必须办理临时用电作业许可证。

（1）临时用电作业前由作业方编制《临时用电作业方案》并提出申请。

（2）生产单位接到申请后，必须组织人员与作业方共同进行作业前的危害因素识别、风险评价，制定风险控制措施和应急预案，根据工作任务及作业要求，由电气工程技术人员编制《临时用电作业计划书》。

《临时用电作业计划书》应包括但不限于以下内容：

1）作业内容包括用途，电源、进线、变电所或配电室、配电装置、用电设备位置及线路走向，用电负荷计算说明，临时用电负荷所在变压器的编号及容量。

2）技术措施（附临时用电线路图）。

3）风险识别和应急措施。

4）现场安全环保措施。

（3）生产单位工程管理部门、生产运行部门负责审查《临时用电作业计划书》中的施工内容和技术措施，复核后在临时用电作业许可证上批准签字；安全管理部门负责审查《临时用电作业计划书》中的风险识别、应急措施和现场安全环保措施，符合后在临时用电作业许可证上批准签字；最后由生产单位安全主管领导审核批准。

（4）临时用电作业许可证一式三份，分别由生产单位相关管理部门（存档）、安全监督部门、作业方持有。

（5）临时用电作业许可证应一项一办，禁止多项作业共用一许可证。作业许可证存档保存期为 12 个月。

2. 临时用电线路安全管理一般规定

安装、维修、拆除临时用电设备及线路作业，必须由具有相应资质的专业人员进行。临时用电电缆必须绝缘良好无损，保持绝缘强度；在施工场所穿越车辆、行人通行处，应采取保护措施。架空临时线路必须采用绝缘导线。严禁各类移动电源及外部自备电源接入电网；动力和照明线路宜分路设置。

（1）对于临时用电线路，使用中应派专人负责定期检查，用完后应立即拆除。

（2）临时用电线路在电源侧及操作的地方应装设开关、插销及熔断器，若这些装置装在户外，应有防雨箱子保护。

（3）若遇台风、暴雨等特殊情况，应视具体情况可暂时切断临时电源，待风雨过后，应对线路仔细检查一遍，确认无问题后，方可恢复送电。

（4）临时用电线路严禁利用大地作中性线。

（5）临时用电线路安全技术应符合《施工现场临时用电安全技术规范》JGJ 46—2005 的要求。

（6）室外的临时用电配电盘（箱）及开关、插座应有防水措施。固定式配电箱、开关箱的下底与地面的垂直距离，应大于 1.3m 而小于 1.5m；移动式分配电箱、开关箱的下底与地面的垂直距离应大于 0.6m 而小于 1.5m。

（7）移动工具、手持工具等用电设备应有各自的电源开关，实行"一机一闸"制，严禁用同一开关直接控制 2 台及 2 台以上用电设备。

（8）施工现场用电设备需要做保护接地装置，且接地电阻应符合相关规定，在电源进线处应安装漏电保护装置。

（9）临时照明用行灯电源应采用安全电压供电，且灯泡外部应有金属保护网。在潮湿和易触及带电体场所的照明电源，电压不得大于 24V；在特别潮湿场所或金属容器内工作的照明电源，电压不得大于 12V；在易燃、易爆场所施工，行灯必须为防爆型。

（10）在易燃、易爆生产作业场所应使用具有防爆性能的开关、配电箱和电气设备。

（11）临时用电架空线应采用绝缘铜芯线。架空线距地面的高度室内不应低于 2.5m，室外不应低于 4.5m，与道路交叉跨越时不应低于 6m；架空线应架设在专用电杆上，严禁架设在树木和脚手架上。

3. 临时用电设备安全使用要求

（1）使用前应检查电气装置和保护设施。

（2）送电操作顺序为：总配电箱→分配电箱→开关箱。

（3）停电操作顺序为：开关箱→分配电箱→总配电箱（出现电气故障的紧急情况除外）。

（4）临时电源暂停使用时，应在接入处断开电源。

（5）搬迁或移动用电设备时，应先断开电源。

（6）配电箱内、外应保持整洁、干燥。

（7）夜间有车辆通行的施工场所，必须设置醒目的红色信号灯，其电源应设在施工现场电源总开关的前侧。

（8）临时用电单位不得变更用电地点和内容，禁止任意增加用电负荷。一旦发生此类现象，供电单位有权停止供电。

（9）临时用电结束后应及时通知供电单位，由其进行电量核查。

（10）临时用电设备拆除后应恢复电力设施原状。

4. 临时用电作业的安全监护

作业期间由作业方监护人对临时用电作业进行现场监护，作业监护人必须持证上岗。生产单位安全总监或委派专职安全管理人员到现场检查并担任作业监督人，作业监督人在作业前必须逐项检查安全措施和应急准备落实情况，在作业过程中要定期监督检查，发现问题应及时处理。作业结束后，作业负责人应负责恢复，作业监护人要进行恢复核实，作业监督人要进行最终复核。各级管理人员、作业人员违章或造成事故的按照公司有关规定追究责任。

2.5.5 起重吊装作业安全管理规定

起重吊装作业是指利用各种机具将重物吊起并使重物发生位置变化的作业过程。

1. 起重吊装作业分级和审批权限

（1）起重吊装作业按吊装重物的质量分级

1）起重吊装重物的质量大于 80t 时，为一级起重吊装作业。

2）起重吊装重物的质量大于或等于 40t 而小于或等于 80t 时，为二级起重吊装作业。

3）起重吊装重物的质量小于 40t 时，为三级起重吊装作业。

（2）起重吊装作业许可证审批管理权限

起重吊装作业实行作业许可管理，未办理起重吊装作业许可证，严禁起重吊装作业。

1）三级起重吊装作业许可证由生产单位生产运行部门、工程技术主管部门和安全主管部门审核后，生产单位主管领导批准；生产单位安全总监（或委托专职安全管理人员）到现场进行安全措施确认并担任作业监督人。

2）二级起重吊装作业许可证由生产单位的上一级单位生产运行部门、工程技术主管部门和安全主管部门审核后，上级单位主管领导批准；由该上级单位派出安全监督人员到现场进行安全措施确认并担任作业监督人。特殊情况下，该上级单位无法实施现场监督的，可由上级单位质量安全环保部门书面授权委托其他安全监督人员担任作业监督人。

3）一级起重吊装作业许可证由公司生产运行处、工程管理处和质量安全环保处审核后，公司主管领导批准；公司质量安全环保处派出（或委托）安全监督人员到现场进行安全措施确认并担任作业监督人。对远离公司总部（100km 以上）单位的起重吊装作业经公司质量安全环保处书面授权委托后，可由其他单位安全监督人员担任作业监督人。

4）起重吊装作业许可证由作业方负责申请，作业方应编制起重吊装作业方案，明确作业人、监护人、作业时间、作业地点、作业技术措施和安全保证措施。

5）接到作业方提出的申请和起重吊装作业方案后，生产单位安全管理部门、生产运行部门应与作业方共同对现场进行危害因素识别、风险评价，制定风险控制措施和应急预案，编制《起重吊装作业计划书》。

6）《起重吊装作业计划书》的编制应包括以下主要内容：

① 工程概况（工件的质量、几何尺寸、重心位置、施工方法、技术工艺要求和施工要求等）。

② 施工机具最大受力时的强度和稳定性核算。

③ 平、立面布置图（包括周围环境、地点、地下障碍物），工件运输路线、起重吊装位置、桅杆竖立与拆除的位置及移动的路线，卷扬机、地锚与索具的布置，电源及起重吊装警戒线等。

④ 主要起重吊装施工机具、材料一览表。

⑤ 劳动组织及岗位责任制。

⑥ 风险识别和应急措施，注明应配备的防护物品种类及数量。

⑦ 对起重吊装工作质量和安全方面的要求。

⑧ 操作步骤要求。

⑨ 施工指挥命令的下达程序。

⑩ 安全注意事项、现场安全环保措施和监督手段。

7）按审批权限，上级单位接到起重吊装作业许可证申请和《起重吊装作业计划》后，首先由生产运行部门、工程技术主管部门审核施工内容和技术措施，复核后在作业许可证上批准签字；然后由安全主管部门审核风险管理、应急预案、安全措施和监督手段，符合后在作业许可证上批准签字；最后由单位主管领导审批签字后批复给申报单位。

8）起重吊装作业许可证的最长有效期限为一个作业期，作业许可证应一项一办，禁止多项作业共用一许可证。作业许可证存档保存期为 12 个月。

2. 起重吊装作业的实施

（1）起重吊装指挥人员、司索人员（起重工）和起重机械操作人员必须持证上岗，严禁无证操作。

（2）禁止使用起重吊装机械移送人员。在必须使用吊篮等进行作业时，应在作业计划书中制定详细可靠的作业方案。

（3）现场监督人在起重吊装作业前应进行安全检查，检查中发现的问题由现场负责人组织落实、整改。达到安全条件方可进行施工。

（4）起重吊装作业时必须明确作业安全监督人、作业指挥人员、作业监护人员，并分别佩戴鲜明的标志或特殊颜色的安全帽。

（5）起重吊装作业中，作业指挥人员应严格遵守以下规定：

1）必须按规定的指挥信号进行指挥。

2）及时纠正对吊索和吊具的错误选择。

3）正式起吊前应进行试吊，以检查全部机具受力情况，发现问题立即将吊物放下，故障排除后重新试吊，确认一切正常后，方可正式吊装。

4）吊装过程中任何部位出现故障，必须立即向指挥人员报告，没有指挥人员的命令，任何人不得擅自离开岗位。

5）指挥吊运、下放吊钩或吊物时，应确保下方人员及设备的安全。吊物就位前，不许解开吊装索具。

6）对可能出现的事故应及时采取必要的防范措施。

（6）起重吊装作业中，作业操作人员必须遵守以下规定：

1）对吊装作业审批手续不全、安全措施不落实、作业环境不符合安全要求的，作业人员有权拒绝作业。作业中必须按指挥人员的指挥信号操作，但不论何人发出紧急停车信号，均应立即执行。

2）起重臂、吊钩下面有人，吊物上、下有人或浮置物时不得进行起重操作。

3）严禁起吊超载或质量不清的物品和埋置物体。

4）制动器、安全装置失灵，钢丝绳损伤达到报废标准等情况下禁止起吊。

5）吊物捆绑、吊挂不牢或不平衡可能滑动，吊物棱角处与钢丝绳之间未加衬垫不得起吊。

6）看不清场地、吊物和指挥信号不得起吊。

7）起重机及其臂架、吊具、辅具、钢丝绳和吊物不能靠近电线。必须在电线附近作业时，必须保持足够的安全距离，不能满足时应停电后起吊。

8）停工或休息时，不得将吊物、吊笼、吊具和吊索悬在空中。

9）起重机械工作时，不得进行检查和维修，不得在有载荷时调整起升、变幅机构的制动器。

10）下放吊物时，严禁自由下落（溜），不得利用极限位置限制器停车。

11）两台以上起重机吊运同一重物时，钢丝绳应保持垂直；升降、运行应保持同步；各台起重机所承担的载荷不得超过各自额定起重量的80%。

12）遇五级以上大风，不得进行20t以上重物的吊装；遇六级以上大风或大雪、大雾、雷雨等恶劣天气，不得进行露天起重作业。

（7）起重吊装作业中，起重信号司索工必须遵守以下规定：

1）听从指挥人员指挥并及时报告险情。

2）根据吊物具体情况选择合适的吊具和索具。不准用吊钩直接缠绕吊物；不得将不同种类或不同规格的吊索、吊具混合使用；吊具承载不得超过额定起重量，吊索承载不得超过安全负荷，起吊时须检查其连接点是否牢靠。

3）吊物捆绑必须牢靠，吊物位于龙门架正下方，捆绑余下的绳头应紧绕在吊钩或吊物上；多人捆绑时，应由一人负责指挥。

4）严禁人员随吊物起吊或在吊钩、吊物下方停留。因特殊情况进入悬吊物下方时，必须事先与起重机司机联系设置支撑装置，不得停留在起重机运行轨道上。

5）吊挂重物时，吊索接触的棱角处应加衬垫；吊运零散物件时，必须使用专用吊具。

6）不得起吊不明质量、与其他重物相连、埋地或与地面上其他物体冻结在一起的重物。

7）吊装必须使用引绳，人员与吊物须保持一定的安全距离，放置吊物就位时必须用引绳等辅助。

8）吊物装车拉运时必须捆绑牢靠，经吊装指挥人员确认安全后方可启运。拉运超高物体时，必须由专人押运，随时观察空中障碍物情况，保证运输安全；卸车时，必须详细检查捆绑绳索或铁丝是否全部解开，确认后方可起吊。

（8）起重吊装作业完毕，作业人员应做好以下工作：

1）将吊钩和起重臂放到规定位置，所有控制手柄均应放到零位；使用电气控制的起重机械必须切断总电源开关。

2）轨道式起重机必须锚定。

3）将吊索、吊具收回到规定的地方，并对其检查、维护，达到报废标准的要及时更换。

4）对接替工作人员，应告知设备、设施存在的异常情况及尚未消除的故障。

5）维护保养起重机械时，必须切断主电源并挂上标志牌或加锁。

3. 起重吊装作业的基本安全要求

（1）各种吊装作业前，应预先在吊装现场设置安全警戒标志并设专人监护，非施工人员禁止入内。

（2）吊装作业中，夜间应有足够的照明；室外作业遇到大雪、暴雨、大雾及六级以上大风时，应停止作业。

（3）吊装作业人员必须佩戴安全帽，安全帽应符合《头部防护安全帽》GB 2811—2019的规定。

（4）吊装作业前，应对起重吊装设备、钢丝绳、缆风绳、链条、吊钩等各种机具进行检查，必须保证安全可靠，不准带病使用。

（5）吊装作业时，必须分工明确、坚守岗位，并按《起重机手势信号》GB/T 5082—2019规定的联络信号统一指挥。

（6）严禁将管道、管架、电杆、机电设备等作为吊装锚点。未经有关技术部门审查核算，不得将建筑物、构筑物作为锚点。

（7）吊装作业前必须对各种起重吊装机械的运行部位、安全装置以及吊具、索具进行详细的安全检查，吊装设备的安全装置应灵敏可靠。吊装前必须试吊，确认无误方可作业。

（8）任何人不得随同吊装重物或吊装机械升降。在特殊情况下必须随之升降的，应采取可靠的安全措施，并经过作业指挥人员和作业安全监督人批准。

（9）吊装作业现场如需动火时，应遵守工业动火的管理规定；高处作业时，应遵守高处作业的管理规定。

（10）吊装作业现场的吊绳索、缆风绳、拖拉绳等应避免同带电线路接触，并保持安全距离。

（11）用定型起重吊装机械（履带吊车、轮胎吊车、桥式吊车等）进行吊装作业时，应遵守该定型机械的操作规程。

（12）吊装作业时，必须按规定负荷进行吊装，吊具、索具经计算选择使用，严禁超负荷运行。所吊重物接近或达到额定起重量时，应检查制动器，用低高度、短行程试吊后再平稳吊起。

（13）悬吊重物下方严禁站人、通行和工作。

（14）在吊装作业中有下列情况之一者不准吊装：

1）指挥信号不明。

2）超负荷或物体质量不明。

3）斜拉重物。

4）光线不足、看不清重物。

5）重物下站人。

6）重物埋在地下。

7）重物紧固不牢，绳打结、绳不齐。

8）对棱角物体没有衬垫措施。

9）重物越过人头。

10）安全装置失灵。

2.5.6 进入有限空间作业安全管理规定

进入有限空间作业是指进入或探入塔、釜、罐、槽车以及管道、炉膛、烟道、隧道、下水道、沟、坑、井、池、涵洞等封闭、半封闭设备及场所作业。

1. 进入有限空间作业许可证的管理程序

进入有限空间作业实行作业许可管理。作业前必须办理进入有限空间作业许可证。

（1）进入有限空间作业前由作业方编制进入有限空间作业方案并提出申请。进入有限空间作业方案应明确作业负责人、作业人、作业监护人、作业时间及安全措施。

（2）生产单位接到申请后，必须向作业方进行施工区域现场交底，同时组织人员与作业方共同进行作业前的危害因素识别、风险评价，制定风险控制措施和应急预案，根据工作任务、交底情况及施工要求制定《进入有限空间作业计划书》。

《进入有限空间作业计划书》应包括以下内容：

1）作业内容（包括作业原因、作业部位及作业程序）。

2）技术措施。

3）风险识别和应急措施。

4）现场安全环保措施。

（3）生产单位工程管理部门、生产运行部门负责审查《进入有限空间作业计划书》中的作业内容和技术措施，符合后在进入有限空间作业许可证上批准签字；安全管理部门负责审查《进入有限空间作业计划书》中的风险识别、应急措施和现场安全环保措施，复核后在进入有限空间作业许可证上批准签字；最后由生产单位安全主管领导审核批准。

（4）进入有限空间作业许可证一式三份，分别由生产单位（存档）、监督部门、作业方持有。

（5）进入有限空间作业许可证应一项一办，禁止多项作业共用一许可证。作业许可证存档保存期为 12 个月。

进入可能含有油气、有毒有害物质的有限空间作业和存在发生一般 A 级事故风险的作业，进入有限空间作业许可证应上报生产单位上级单位审批，并报公司质量安全环保处备案。

2. 有限空间内作业安全卫生标准

（1）有限空间作业场所空气中的氧含量应为 19.5%～23%；若空气中氧含量低于 19.5%，应有报警信号。

（2）有限空间作业场所空气中可燃气体浓度应低于可燃烧极限或爆炸极限下限的 10%。对油罐、管道的检修，空气中可燃气体浓度应低于可燃烧极限或爆炸极限下限的 1%。

（3）有限空间作业场所的有毒、有害物质浓度应符合：H_2S 含量小于 $10mg/m^3$；SO_2 含量小于 $15mg/m^3$；CO 含量小于 $30mg/m^3$；甲醇含量小于 $50mg/m^3$；氨含量小于 $30mg/m^3$；氯气含量小于 $1mg/m^3$；粉尘含量低于 $2mg/m^3$。

（4）有限空间作业场所的温度应低于 60℃。

3. 有限空间内作业安全监护

作业期间由作业方作业监护人对作业人员进行现场监护，监护人负责作业过程中的检测，并填写《进入有限空间作业安全监护记录》，有限空间作业的现场监护人必须持证上岗。生产单位安全总监或委派专职安全管理人员到现场检查并担任作业监督人，作业监督人在作业前必须逐项检查安全措施和应急准备落实情况，在作业中全过程进行监督检查，并填写《进入有限空间作业安全监督记录卡》，发现问题及时处理。

4. 进入有限空间作业的人员注意事项

（1）按进入有限空间作业许可证上的任务、地点、时间作业。

（2）作业前应检查安全措施是否符合要求。

（3）按规定穿戴劳动防护服装，使用防护器具和工具。

（4）熟悉应急预案，掌握报警联络方式。

5. 进入有限空间作业的综合安全技术措施

（1）在作业前，作业监督人应对监护人和作业人员进行安全教育培训，包括作业空间的结构和相关介质作业中可能遇到的意外和处理、救护方法等。

（2）切实做好作业空间的工艺处理，所有与作业点相连的管道、阀门必须加盲板断开，并对设备进行吹扫、蒸煮、置换。不得以关闭阀门代替盲板，盲板应挂牌标示。

（3）进入带有搅拌器等转动部件的有限空间内作业，其电源线路与开关之间必须有明显的切断点并加警示牌，设专人监护。

（4）取样分析要有代表性、全面性。有限空间容积较大时要对上、中、下各部位取样分析，应保证有限空间内部任何部位的可燃气体浓度、氧含量及有毒、有害物质浓度符合要求。作业期间应每隔 4h 取样复查一次（分析结果报出后，样品至少保留 4h）；也可选用便携式仪器对有限空间进行连续检测，如有一项不合格，应立即停止作业。

（5）进入有限空间作业必须遵守动火、临时用电、高处作业等有关安全规定，进入有限空间作业许可证不能代替上述各作业许可证，所涉及的其他作业要按有关规定办理。

（6）对盛装过能产生聚合物的有限空间内，作业前必须按有关规定蒸煮并做聚合物加热试验。

（7）有限空间作业场所出入口内外不得有障碍物，应保证其畅通无阻，以便人员出入和抢救疏散。

（8）进入有限空间作业一般不得使用卷扬机、吊车等运送作业人员，特殊情况需经上级质量安全环保部门批准。

（9）进入有限空间作业应使用安全电压和安全行灯照明。在金属设备内及特别潮湿场所作业，其安全行灯电压应为12V且绝缘良好。手持电动工具应有漏电保护设备。

（10）进入有限空间作业的人员、工具、材料要登记，作业后应清点，防止遗留在作业场所内。

（11）作业现场要配备一定数量符合规定的应急救护器具和灭火器材。

（12）作业人员进入有限空间前，应首先拟订和掌握紧急状况时的外出路线、方法。有限空间内作业人员应安排轮换作业或休息，每次作业时间不宜过长。

（13）有限空间作业可采用自然通风，必要时可采取强制通风方法（严禁向有限空间通氧气）。

（14）对随时产生有害气体或进行内防腐的作业场所应采取可靠措施，作业人员要佩戴安全可靠的防护面具，并由气体防护专业人员进行监护，定时监测。

（15）发生中毒、窒息的紧急情况时，抢救人员必须佩戴隔离式防护器具进入作业空间，并至少留一人在外面做监护和联络工作。

（16）作业空间内温度应符合人体作业要求。

6. 其他注意事项

（1）作业监督人签发进入有限空间作业许可证后，应立刻开始作业，以免操作条件发生变化。如时间超过氧气、可燃气体、有毒有害气体浓度分析化验间隔的有效时限，则应重新化验，并由作业监护人记录在《进入有限空间作业安全监护记录》上。

（2）进入有限空间作业时，应根据设备、场所具体情况搭设安全梯及架台，备有必要的急救器具。

（3）在作业中碰到的任何问题，作业监督人都必须记录在《进入有限空间作业安全监督记录卡》上，以便查实和进行分析。

（4）在清理有限空间内少量可燃物料残渣、沉淀物时，必须使用不产生火花的工具（木质、铜质工具），严禁用金属器具敲击、碰撞。

（5）在进入有限空间作业期间，严禁同时进行各类与该空间相关的试车、试压、试验及交叉作业。

（6）遇置换不合格或无法进行置换等情况，原则上不允许进入作业；确需进入作业时，应按特殊作业处理。特殊作业应上报上级部门审核批准，上级质量安全环保部门派专人到现场监护。

（7）作业人员佩戴的防护面具应符合有限空间环境安全要求。

（8）在有限空间内作业时，应根据容器形状、介质情况和危险性，做好相应的急救准备工作。

1）对直径较小、通道狭窄，一旦发生事故进入有限空间内抢救困难的作业，进入有限空间前作业人员需系好安全带或安全绳，以便可以随时把作业人员拉出。

2）凡进入有限空间内抢救的人员，应佩戴长管式防毒面具或正压式空气呼吸器等隔离式呼吸器，禁止使用过滤式防毒面具。

3）任何人不准在无防护措施下冒险进入有限空间内救人。

4）监护人除向有限空间内作业人员递送工具、材料外，不得从事其他工作，更不准擅离职守。

（9）禁止以下作业：

1）禁止无进入有限空间作业许可证作业。

2）禁止与进入有限空间作业许可证内容不符的作业。

3）禁止无监护人作业。

4）禁止超时作业。

5）禁止在有限空间内用易燃易爆油品清洗设备和工具。

6）禁止不明情况的盲目救护。

2.5.7　动土作业安全管理规定

动土作业是指挖土、打桩、地锚入土深度在 0.5m 以上，地面堆放负重在 $50kg/m^2$ 以上，使用推土机、压路机等施工机械填土或平整场地的作业。

1. 动土作业许可证审批管理程序

生产区动土作业实行作业许可管理。作业前必须办理动土作业许可证。

（1）动土作业前由作业方编制动土作业方案并提出申请。

（2）生产单位接到申请后，必须向作业方进行施工区域现场交底，同时组织人员与作业方共同进行作业前的危害因素识别、风险评价，制定风险控制措施和应急预案，根据工作任务、交底情况及施工要求制定《动土作业计划书》。

《动土作业计划书》应包括但不限于以下内容：

1）作业内容（包括动土原因、动土部位及其地下管网、设施分布情况）。

2）技术措施（附动土示意图）。

3）风险识别和应急措施（附紧急逃生路线图）。

4）现场安全环保措施。

（3）生产单位工程管理部门、生产运行部门负责审查《动土作业计划书》中的施工内容和技术措施，复核后在动土作业许可证上批准签字；安全管理部门负责审查《动土作业计划书》中的风险识别、应急措施和现场安全措施，符合后在动土作业许可证上批准签字；最后由生产单位安全主管领导审核批准。

（4）动土作业许可证一式三份，分别由生产单位（存档）、监督部门、作业方持有。

（5）动土作业许可证应一项一办，禁止多项作业共用一许可证。作业许可证存档保存期为 12 个月。

（6）在动土作业过程中，有下列情形之一的动土作业，应报上级部门备案，采取有效措施后方可进行：

1）需要占用规划批准范围以外的场地。

2）有可能损坏道路、管线、电力、通信等公共设施的。

3）可能导致一般 A 级及以上事故的。

2. 动土作业执行程序

作业负责人应对作业人员进行安全教育，对安全措施进行现场交底，并督促落实。动土作业时，作业方必须指派了解施工区域现场地下设施的人员进行监护，严防作业过程中对电力、通信、地下管线、设施等造成损坏；监护人在施工前对安全措施逐条落实，确认无误后，方可通知作业人员进行作业。

生产单位安全总监或委派专职安全管理人员到现场检查并担任作业安全监督人，作业安全监督人在作业前必须检查工具、现场支护是否牢固、完好，在作业中全过程进行监督检查，发现问题应及时处理。动土作业施工现场应根据需要设置护栏、盖板和警告标志，夜间应悬挂红灯警示；施工结束后要及时回填土，并恢复地面设施。动土作业必须按动土作业许可证的内容进行，对审批手续不全、安全措施不落实的，施工人员有权拒绝作业。严禁涂改、转借动土作业许可证，不得擅自变更动土作业内容、扩大作业范围或转移作业地点。动土作业中如暴露出电缆、管线以及不能辨认的物品时，应立即停止作业，妥善加以保护，报告动土审批单位处理，采取措施后方可继续动土作业。动土作业邻近地下有隐蔽设施时，应轻轻挖掘，禁止使用铁棒、铁铲或抓斗等机械工具。

3. 挖掘坑、槽、井、沟等作业规定

（1）挖掘土方应自上而下进行，不准采用挖底脚的办法挖掘，挖出的土石不准堵塞下水道和窨井。

（2）在挖较深的坑、槽、井、沟时，严禁在土壁上挖洞攀登。作业时必须戴安全帽。坑、槽、井、沟上端边沿不准人员站立、行走。

（3）要视土壤性质、湿度和挖掘深度设置安全边坡或固壁支架。挖出的泥土堆放处所和堆放的材料至少要距坑、槽、井、沟边沿 0.8m，高度不得超过 1.5m。对坑、槽、井、沟边坡或固壁支架应随时检查。

（4）在解冻期和雨期进行动土施工作业时，应做好地面、地下排水，严防发生渗水，造成塌方。同时防止邻近建筑物、设备、管道等下沉和变形，必要时采取防护措施，加强观察，防止位移和沉降。如发现边坡有裂缝、疏松或支撑有折断、走位等异常危险征兆，应立即停止工作，并采取措施。

（5）作业时应注意对有毒有害物质的检测，保持良好的通风。发现有毒有害气体时，应采取措施后方可施工。

（6）在坑、槽、井、沟的边缘不能安放机械、铺设轨道及通行车辆；如必要时，要采取有效的固壁措施。

（7）在拆除固壁支架时，应自下而上进行。更换支架时，应先装新的，后拆旧的。

（8）所有人员不准在坑、槽、井、沟内休息。

（9）在装置区等危险场所动土时，应与有关操作人员建立联系。当装置区等危险场所突然排放有害物质时，操作人员应立即通知动土作业人员停止作业并迅速撤离现场。

（10）遇管线、电力、通信等重要设施时，在 2m 范围之内严禁用机械挖掘。

（11）上下交叉作业应戴安全帽，多人同时挖土应相距2m以上，防止工具伤人。作业人员发现异常时，应立即撤离作业现场。

4. 动土作业其他注意事项

在化工危险场所动土时，要与有关操作人员建立联系。当化工生产发生突然排放有害物质时，化工操作人员应立即通知动土作业人员停止作业，迅速撤离现场。

（1）动土作业涉及断路时，必须按规定办理断路作业审批。

（2）作业期间由作业方监护人负责对作业人员进行现场监护。

（3）生产单位安全总监或委派专职安全管理人员（作业安全监督人）到现场检查监督，作业安全监督人在作业前必须逐项检查安全措施和应急准备落实情况，在作业中全过程进行监督检查，发现问题及时处理。

（4）作业结束后，作业负责人应负责动土作业的恢复，作业监护人要确认恢复情况，作业监督人进行最终复核。

（5）各级管理人员、作业人员违章或造成事故的按照上级单位有关规定追究责任。

2.6 供气过程的风险因素分析

2.6.1 站场风险因素分析

站场的主要危险有管道及设备设施故障和控制系统故障等。

1. 站场设备

由于运行压力较高，且有不均匀变化，因此存在着由于压力波动、疲劳、腐蚀等引发事故的可能；站场均有过滤设备，当过滤分离器的滤芯堵塞时，如果差压变送计失灵、安全阀定压过高或发生故障不能及时泄放，就会造成憋压或泄漏事故。站场计量、调压系统的设备和仪表较多，若这些设备和仪表失灵、法兰安装密封不可靠，可能发生泄漏事故。站场过滤及分离设备效果欠佳或失效，会造成弯头减薄或击穿、阀门泄漏、调压系统失效等问题，引起着火、爆炸或爆管等恶性事故。

2. 控制系统

站场内现场仪表是实现SCADA系统和ESD系统控制的关键。如机组运行检测系统、压力检测系统、计量系统、可燃气体监测火灾报警系统、通信系统等，这些系统及仪表的性能以及日常使用和维护直接关系到整个管道系统运行的安全。另外，站场内控制系统还会受到雷电天气的影响，尤其是在夏季雷电频发的地区，控制系统元件极易发生雷击损坏和强烈的信号干扰。

3. 天然气排放

管道投产、清管作业、站场内设备检修、运行超压以及事故状态都有少量天然气采用火炬燃烧或直接向大气排放的方式放空，每次排放量从几立方米至几十立方米不等。当管道排放天然气与空气混合达到爆炸浓度极限时，存在爆炸危险和造成大气局部污染的可能性。

4. 管道中固体、液态物

（1）固体物

由于天然气气质和管道腐蚀等原因，管道中还有一些固体废物，主要有沙粒粉尘和腐蚀物等。这些固体物可能会堵塞过滤分离器或排污管线，并对设备造成磨损。固体废物中的硫化亚铁还可能对清管作业和设备检修造成隐患，因为硫化亚铁具有自燃性，一旦接触空气在常温条件下能迅速氧化燃烧。

（2）液态物

液态物主要是游离态水或轻烃类物质。游离态水主要是由于管道施工打压后干燥不彻底或天然气净化厂处理不完全造成的；轻烃类物质主要是由于运行压力变化而凝结出的液态烃。水与天然气中的酸性气体结合会对管道及设备产生腐蚀，轻烃排污减压后汽化处理不当可引起着火、爆炸。

另外，天然气中游离态水还会对设备和管道造成影响，具体表现为：对管道的腐蚀、产生冰堵、冻裂设备、控制失灵等。

5. 噪声

站场内的噪声主要来自燃气轮机压缩机组、调压系统、放空系统、清管系统等。燃气轮机压缩机组、调压系统的噪声值比较大，操作人员每天接触此噪声，如果防护不当，可能对操作人员听力造成一定的损伤；备用电源的燃气发电机在运行时、大量放空时的噪声都较大，如果防护不当，也可能对操作人员的听力造成伤害。

6. 其他

站场内还存在着操作人员意外伤害的可能，如接触电气设备时可能发生触电事故；天然气泄漏发生火灾、爆炸或中毒窒息事故；承压设备上的零部件固定不牢或设备超压可能发生物体打击事故；加热设备运行时可能发生蒸汽泄漏事故，使操作人员遭受高温灼伤。

2.6.2 燃气管道的自然灾害风险因素分析

1. 自然灾害种类

管道距离越长，其通过的地质条件就越复杂，人类工程活动就越频繁，自然灾害类型也多种多样。管道沿线可能对管道造成危害的自然灾害主要有地震、崩塌和滑坡、泥石流、采空塌陷、冲蚀塌岸、风蚀沙埋、洪水、冻土、大风、软土、盐渍土、岩溶地面塌陷、雷电等。其中地震、洪水、崩塌和滑坡、泥石流、冲蚀塌岸、岩溶地面塌陷、风蚀沙埋对管道安全影响较大。

2. 自然灾害对燃气管道的危害

（1）地震

地震产生地面纵向与横向震动，可导致地面开裂、裂缝、塌陷，还可引发火灾、滑坡等次生灾害，对管道工程的危害主要表现在可使管道位移、开裂、折弯；可破坏站场设施，导致水、电、通信线路中断，引发更为严重的次生灾害。

（2）洪水

我国西部河流大多为内陆河流，河流以高山的融雪和大气降水为水源，具有落差大、暴雨洪水洪峰流量比年均流量大几倍，甚至几十倍的特点。一般山区降雨量多于平原地区，且山区降雨量是平原区的5～6倍，是洪水形成的根源。由于山坡植被贫乏、沟道坡降大、保水蓄水能力极差，6～9月一旦有较大降雨，便在短时间内形成极强的洪水径流，流速急，猛涨猛落，夹杂大量石头泥沙，易形成泥石流，对穿越河流的管道具有一定的威胁，特别是布设在弯曲河段凹岸一侧的管道，可能会因沟岸的坍塌而被暴露出来，甚至发生悬空和变形。在管道沿线的低山沟谷、山前冲积平原出山口及山间洼地中的冲沟及冲沟汇流处，降雨多以暴雨为主，河沟洪水挟带泥沙，形成特有的暴雨洪流危害，对岸边形成冲刷破坏，并具有短时间内破坏建筑设施、道路工程、管道工程设施等特点。这些地段河流落差大，河床不稳定，下切速度快，很容易对管道造成威胁。这些河流还有一个特点是非雨季无水或水量很小，但进入雨季，山洪暴发，水量剧增，并夹带泥沙石头，对管道破坏极大。

（3）崩塌和滑坡

天然气管道如经过地质构造活动强烈地区，这些地区岩石松散破碎，地形变化较大，易形成崩塌和滑坡，影响管道建设和运营安全。如西气东输管道经过新疆某区域时，管道在山谷中穿行，地表风化作用强烈，地质环境脆弱，管道线位选择余地小，紧靠山体斜坡敷设，地形陡峻，两侧基岩坡角较大，一般大于40°，最大能达到60°，崩塌、滑坡危险地段长达几十千米。

（4）泥石流

如西部地区发育规模较大的冲沟，冲沟中松散堆积物丰富，坡积物较厚，成为潜在的泥石流隐患。一旦遇到突发性的强降雨过程，存在发生泥石流的可能性。

（5）冲蚀塌岸

冲蚀是在地表水的动力作用下，地表、冲沟或河床中的碎屑物被搬运，造成河床和岸坡磨蚀的现象。塌岸主要指冲刷作用造成河岸或冲沟岸坡的坍塌现象。

（6）风蚀沙埋

风蚀常与沙漠和砾漠化（戈壁滩）相伴出现，风蚀作用表现为风力及其夹带的沙石对障碍物产生巨大的冲击和磨蚀作用，引起障碍物损坏。随风移动的粉细沙常常在低洼地沉积下来，形成移动沙丘、沙垄等，容易造成低洼处被沙淤埋或填平，成为沙埋灾害。

（7）煤矿采空塌陷和自燃

如管道经过煤矿采矿区域，矿井分布密集，形成采空塌陷区域，同时还存在未塌陷的地下采空区，在管道施工和运营过程中有产生塌陷和不均匀沉降的危险，对管道造成破坏。同时，还有煤层的自燃现象也会危及管道的安全。

（8）冻土

季节性冻土对管道的危害主要是冻胀，地基土的冻胀可使管道中应力发生变化，严重时将影响管道安全使用。多年冻土对管道的危害主要是融沉。局部不均匀融沉可使管道应力发生改变，影响管道安全。

（9）地震与沙土液化

饱和沙土在地震作用下，受到强烈震动后土粒处于悬浮状态，致使土体丧失抗剪切强度而导致地基失效的现象，称之为地震液化。地震液化是一种典型的突发性地质灾害，它是饱和沙土和低塑性粉土与地震相互作用的结果，一般发生在高地震烈度场内。

（10）岩溶地面塌陷

岩溶地面塌陷是岩溶分布区内普遍发育的一种危害很大的自然现象，是在地下水动力条件急剧变化的状态下，由发育于溶洞之上的土洞往上发展，洞顶上覆土层逐渐变薄，抗塌陷能力不断减弱，当接近或超过极限时而诱发地面塌陷。

（11）盐渍土

盐渍土对管道有腐蚀性，对混凝土钢结构具有中等或强腐蚀性。盐渍土的主要危害是其中的 Cl^-、SO_4^{2-} 腐蚀金属管道，缩短管道寿命。盐渍土的另一危害是地表土体中的大量无机盐在水的作用下可以发生积聚或结晶，体积变大造成地表发生膨胀变形，形成盐胀灾害；当大量易溶盐类在降水或地表流水作用下被溶解带走时，常会出现地基溶陷现象。

（12）雷电

管道架空部分和地面部分（如跨越管段、站场管道和工艺设施），相对于整个埋地管道而言都是优良的接闪器，在附近空中有云存在的情况下，可能形成一个感应电荷中心，从而遭受直击雷的威胁。管道不仅会感应正雷，还会感应负雷。正雷和负雷对管道，特别是对阴极保护设备的运行存在着不同程度的影响。

当管道上空形成雷云时，其下面大面积形成一个静电场，埋地管道也同大地一样表面感应出相反的电荷，当电荷积聚到一定程度而又具备了放电条件时，会出现一次强烈的放电过程。但是，由于三层 PE 优良的绝缘性能，管道电荷的泄放速度很慢，一旦发生管道的局部放电，管道内便形成一股强大的电流（涌浪）。对于绝缘性能很好的管道，这种涌浪在管道或接触不良的部位产生高压，引起第二次放电。

2.6.3 燃气管道管材失效风险因素分析

管道一般以埋地敷设方式为主。所以引发天然气管道事故的主要危险、有害因素表现为：管道应力腐蚀开裂、腐蚀穿孔、管道建设施工隐患等。

1. 应力腐蚀开裂

较高的压力使管道面临应力开裂危险。应力开裂是金属管道在固定拉应力和特定介质的共同作用下引起的，对管道具有很大破坏性的环境因素、材料因素、拉应力，其单方面或三方面都能引发管道的物理应力裂开。

（1）环境因素

环境温度、湿度、土壤类型、地形、土壤电导率、CO_2 及水含量等对应力腐蚀将造成一定的影响。黏结性差的防腐层以及防腐层剥离区，易产生应力腐蚀破裂。

（2）材料因素

应力腐蚀开裂与管材制造方法（如焊接方法）、管材种类及成分、管材杂质含量（大于 $200\sim250\mu m$ 的非金属杂质的存在会加速裂纹的形成）、钢材强度及钢材塑性变形特点有关。管道表面条件也对裂纹的产生起着重要作用。

（3）拉应力

主要包括制造应力、工作应力、操作应力、循环负荷、拉伸速率、次级负载等。

2. CO_2 腐蚀失效

如果所输天然气组分中 CO_2 含量高，在管输压力下，CO_2 分压有可能接近发生 CO_2 电化学腐蚀的临界值，同时，CO_2 为弱酸性气体，它溶于水后形成碳酸，对金属有一定的腐蚀性。CO_2 腐蚀与管输压力、温度、湿度等有关，随着系统压力的增加，会导致腐蚀速度的加快。

3. 管道建设施工隐患

材料缺陷或焊口缺陷这类事故，多因焊缝或管道母材中的缺陷在带压输送中引起管道破裂。长输管道施工中如组对不够精细、焊接工艺欠佳，会使焊口质量难以达到预想的目标；如焊缝内部应力较大，材质不够密实、均匀等，会使其性能潜力得不到充分发挥（甚至未达到设计的使用年限）。管道运行中，受到频繁的温度波动、振动等作用，其焊缝处稍有细微之缺陷，便会引发裂纹。

另外，管道的施工温度与输气温度之间存在一定的温度差，造成管道沿其轴向产生热应力，这一热应力因约束力变小从而产生热变形，弯头内弧向里凹，形成折皱，外弧曲率变大，管壁因拉伸变薄，也会形成破裂。

由于管道建设呈现出施工区域广、地形复杂等特点，所经地区有平原、水网、沙漠、沼泽地及山地等。从施工角度来讲，地形越复杂，焊接施工的难度越大，因此也更容易出现各类焊缝缺陷。常见焊缝缺陷类型有未熔合、夹渣、未焊透、裂纹和气孔等。

（1）未熔合

未熔合是指焊道与母材之间或焊道与焊道之间，未能完全熔化结合的部分。分为根部未熔合、层间未熔合、坡口未熔合三种，其中根部未熔合出现概率较大。未熔合属于面状缺陷，易造成应力集中，危害性仅次于焊接裂纹。未熔合产生的主要原因是焊接电流过小、焊速过快、热量不够或者焊条偏离坡口一侧，使母材或先焊的焊道未得到充分熔化金属覆盖而造成；此外，母材坡口或先焊焊道表面有锈，氧化铁、熔渣及污物等未清除干净，焊接时温度不够，未能将其熔化就盖上了熔化金属亦可造成未熔合；起焊温度低导致先焊焊道的开始端未熔化；焊条摆动幅度太窄等，都可成为导致未熔合缺陷的原因。

（2）夹渣

夹渣是指焊接熔渣残留于焊缝金属中的现象，是较为常见的缺陷之一，产生位置具有不确定性。夹渣产生的原因主要是操作技术不良，使熔池中熔渣在熔池冷却凝固前未能及时浮出而存在于焊缝中。层间清渣不彻底、焊接电流过小是产生夹渣的主要原因。

（3）未焊透

未焊透是指焊接时，接头根部未完全熔透的现象，通常长度较长。未焊透产生的原因主要是组对时局部对口间隙过小，焊接电流又过小，造成输入热量不足，电弧未能完全穿透；此外，个别位置错边量较大，电弧只熔合了较高一侧的母材，较低一侧因电弧吹不到也易产生未焊透缺陷。

（4）裂纹

裂纹是指在焊接应力及其他致脆因素共同作用下，金属材料的原子结合遭到破坏，形成新界面而产生的缝隙。裂纹是焊接接头中最危险的缺陷，也是长输管道焊接中经常遇到的问题。裂纹不仅返修困难，而且直接给管线正常运行带来严重隐患。对于 X65、X70 等一些强度级别较高的管线钢，焊接裂纹缺陷出现的概率大大增加，特别是在山地施工以及连头等应力集中的焊接处，焊接裂纹时有发生。

2.6.4 燃气管道的第三方破坏因素分析

主要是指因外在原因、第三方的责任事故、不可抗拒的外力而诱发的管道事故。

主要表现是：

（1）重型车辆在通过管线时对管线上部的碾压，使管道产生变形并导致破坏。

（2）市政工程施工或沿线居民在管道附近乱挖、乱掘，导致管道损坏泄漏或者露空并发生轴向弯曲破坏。

（3）违章建筑占压管道。

（4）人为在管道上打孔偷盗导致管道的破坏。

第三方破坏属于不可控制风险，无法预计管道何时何地发生何种事故，与管道所在区域的人有直接关系。要避免外力破坏，管道运行单位要适当增加埋深，设置明显标志，加强对管道的安全实时巡检，并对管道周围的人群进行天然气管道的安全宣传，普及法律知识。

2.7 燃气应急预案的编制

随社会经济的发展，城镇燃气应用越来越广泛，燃气事故的种类也呈现出多样化，又以燃气泄漏而引发火灾、爆炸和中毒事故多发，尤其这些事故都具有普遍性、突发性、不可预见性、影响范围大、后果严重和次生灾害严重等特点，对人的生命和财产安全带来了直接威胁，严重的还会危及社会公共安全。因此，正确编制燃气应急预案，采用应急救援技术、装备及自动化控制和完善应急联动预案，显得尤其突出且迫在眉睫。

2.7.1 燃气应急预案的组成要素

应急救援预案是根据预测危险源，危险目标可能发生事故的类别、危害程度，而制定的事故应急救援方案。一般的应急预案，其基本结构可采用"1 + 4"的结构模式，即一个基本预案加上功能（职能）设置、特殊风险管理、应急标准化操作程序和保障支持系统等4个分预案。同时，还应结合各地自身特点、企业自身特点，有针对性地从不同层面编制相应的应急预案，如城市突发燃气事故预案、燃气企业突发事故应急预案、各类场站应急子预案、供应保障预案等。

1. 基本预案

基本预案也称"领导预案"，是应急反应组织结构和政策方针的综述，还包括应急行动的总体思路和法律依据，指定和确认各部门在应急预案中的责任与行动内容。其主要内容包括领导承诺、发布令、基本方针政策、主要分工职责、任务与目标、基本应急程序等。基本预案一般是对公众发布的文件

2. 应急功能设置

该预案应紧紧围绕应急工作中主要功能而编制，明确执行该预案的各部门和负责人的具体任务。

应急功能设置分预案中要明确从应急准备到应急结束全过程的每一个应急活动中，各相关部门应承担的责任和目标，每个单位的应急功能要以分类条目和单位用功能矩阵表来表示，还要以部门之间签署的协议书来具体落实。

一般依风险的水平和可能导致的事故类型而不同，但作为一般意义上，应具有一些基本应急功能，其核心的功能包括：接警与通知、指挥与控制、警报与紧急公告、通信、事态监测与评估、警戒与管制、人群疏散、人群安置、医疗与卫生、公共关系、应急人员安全、消防与抢险、泄漏物控制、现场恢复等。

3. 特殊风险管理

特殊风险管理是基于重大突发公共安全事件风险辨识、评价和分析的基础上，针对每一特殊风险中的应急活动，明确其相应的主要负责部门、有支持部门及其相应承担的职责和功能，并为该类风险的专项应急预案的制订提出特殊风险管理要求和指导。

4. 应急标准化操作程序

应急标准化操作程序是按照在基本预案中的应急功能设置，各应急功能的主要责任部门必须制定相应的标准操作程序为组织或者个人履行应急预案中规定的职责和任务提供详细指导。

5. 保障支持系统

保障支持系统主要包括应急救援的有关支持保障系统的描述及有关的附图表，如危险分析附件、通信联络附件、法律法规附件等。

2.7.2 燃气应急预案编制的基本要点

燃气专项应急救援预案是针对可能发生的紧急事件所需的应急准备和应急响应应当而制定的指导性文件，其核心内容主要如下。

1. 事故风险分析

（1）不利因素分析

按照发生的原因，事故分为随机事故、人为事故、自然事故 3 大类，引发燃气管线及站场事故的不利因素主要有以下几个方面：

1）管道防腐层破损导致外壁被腐蚀穿孔，引起天然气泄漏。

2）安全附件未定期检验，阀门失修，发生内漏或外漏情况；设备本身损坏导致大量泄漏，引发火灾或爆炸。

3）偷盗等违法犯罪行为或其他施工对高压管线及站场设备造成破坏。

4）站内生产设备集中，压力容器多，在生产过程中可能发生误操作。

5）自然灾害（台风、山体滑坡、潮汛、雷击、地震等）造成燃气设施损坏。

（2）事故危害

天然气管线或站场发生事故后，若不能及时、妥善地处理，可能造成以下危害：

1）引起火灾或爆炸，造成人员伤亡和财产损失，甚至可能次生、衍生其他重大公共危害事件，具有连锁性、复杂性和放大性的特点。

2）大范围居民和工商用户供气中断。若天然气发生严重泄漏，可能受周围地形影响，不能被迅速稀释，而在泄漏点周围区域积聚，导致该区域的含氧量降低，造成人员缺氧窒息。

3）若发生严重事故，必须马上封锁交通，紧急疏散居民，影响城市交通的正常秩序，扰乱居民的正常生活。

4）事故地点附近产生巨大噪声，影响城市环境及居民居住的舒适度。

2. 事故分级

（1）事故的等级

事故的等级可划分为一般、较大、重大和特别重大 4 个等级。燃气企业应按照这 4 个事故等级，根据燃气事故的具体情况（有无伤亡、有无财产损失、是否影响供气等）制定相应的应急处理预案。

（2）事故响应等级

按照分级管理、分级响应、基层先行、逐级抬升的处理模式，各级单位应根据职责范围，正确处理突发事故。

1）基本响应程序

突发事故发生地所在基层单位作为第一响应责任单位。首先以基层班组或生产管理部门为主体，在保证人员安全的前提下，按照事故处置措施和办法立即展开处置工作，同时还要展开警戒、疏散、控制现场以及救护等工作，并在极短的时间内（要求在20min内）向上级领导或相关部门报告事故情况。

上级部门接到报告后，应立即作出分析，按照事故的级别，组织有关人员赶赴事故现场。现场指挥部考虑事故紧急救援的需要，可启动应急救援行动小组。

2）分级响应程序

一般事故由基层单位按照有关的事故应急处理分项或专项预案处置，并按照事故上报和处理规定上报备案。较大事故由基层单位按照相应的分项预案处理，并报公司主管部门及政府应急中心协调处理。重大事故、特别重大事故由主管单位报总公司，经总公司领导批准后启动突发事故总预案，上报市级相关部门。

3）扩大应急响应程序

因突发事故进一步扩大，或者突发事故次生或衍生出其他事故，仅依靠事故企业的应急救援能力很难控制事态的发展，则有必要向市应急中心报告或联系相关单位协助开展救援工作。对事故的控制，应充分利用两个资源。第一，企业资源，充分利用企业的专业技术和经验；第二，社会资源，一旦事故升级或较难控制，就是要依靠公共设施、公安消防等力量与企业联合行动进行救援，要注意的是预案中的联系方式应包括以上有关单位及联系人的信息。

3. 应急指挥机构及职责

应急救援组织机构负责组织协调应急救援的工作，总指挥由公司负责人担任，负责应急救援的全面工作。

（1）应急指挥部

应急指挥部指挥应急抢险和救援，发布和解除应急救援命令、信号，向上级汇报和分析事故发展趋势，组织事故调查和事后恢复与重建等工作。

1）综合协调与评估组：组织紧急抢修，保持与现场的联络获取险情的第一手资料，预估事态的发展，提供相关咨询。

2）物资保障组：提供抢修所需的设备材料，负责抢修人员供给的调拨管理。

3）其他相关部门：组织本单位员工参加重大应急救援工作。

（2）现场指挥部

现场指挥部负责组织指挥抢险队伍实施具体抢险行动。现场指挥部负责人由公司负责人担任或临时委派，其主要职责：根据现场情况，制定事故现场处理的具体措施，组织协调各专业组工作，及时向总指挥汇报现场情况，全面指挥救援人员实施行动。为了确保抢修人员有效开展工作，各级指挥及抢修人员须佩戴相应的标志。

1）抢险组：关闭相关设备或有关阀门，对泄漏进行控制，取应急措施，对发生事故的管段、设备进行抢修维护作业。

2）警戒组：在相关范围内设立警戒线，维持现场秩序，疏散车辆，引导救援车辆和人员到达指定位置。

3）报警组：负责事故现场的对外联系，通知联防单位，防止险情向周边地区扩展。

4）消防组：准备灭火器，熄灭警戒区内一切火源，负责消防水补给。

5）抢救疏散组：负责现场人员和物资的抢救和人员疏散，组织抢救伤员。

6）后勤组：组织车辆和人员将所需物资运抵现场，确保现场通信畅通，保证抢修所需物资发放到有关人员手中。

（3）应急指挥中心

应急指挥中心应设置在燃气企业，所有天然气管线、站场的报警信息应传递至应急指挥中心。指挥中心在接警后，及相关的人员须向指挥中心报告，确认事故等级，等级确认后立即进入"前期处置"阶段。前期处置由发生事故单位与指挥中心进行，相关人员应赶赴现场处置。指挥中心可通过企业的调度中心控制事故管道、站场相应阀门的启闭，调整气量平衡和停止事故管线供气。发生事故单位应根据指挥中心的指令负责控制阀门启闭、降压放散、现场疏散警戒工作，并尽快投入事故抢险救援工作。若无法做到气量平衡而导致影响部分区域供气，指挥中心应立即通知受影响区域的供气单位。

指挥中心总指挥应根据现场指挥部提供的事故资料开展工作，评估事故的严重性，启动公司的应急预案并向上级主管部门、公安消防部门及其他相关部门请求支援；调派公司内部的资源应对事故；若事故升级，启动高级别的事故预案，并考虑向媒体提供相关信息；确定对事故造成停气的解决方案，作出事后恢复与重建的安排；保持与现场指挥的联系，评估是否需要执法部门的协助。

4. 处置程序

（1）处置流程

燃气企业的相关人员应根据抢险小组的职责范围执行事故应急处理程序，应急处置流程见图2-3。

图 2-3　应急处置流程

1）接警：自接到报警信息起至完成应急预案启动记录单止。

2）初步确认：自完成应急预案启动记录单起至完成事故现场报告止。

3）前期处置：自事故确认起至应急抢修方案批准实施止。

4）应急处理、应急抢修：自应急抢修方案批准实施起至应急处理完毕止。

5）后期处置：自应急处理完毕后现场清理起至完成事故调查报告止。

（2）后期处置

1）现场清理

在应急预案中明确规定公司职能部门应认真履行职责，对现场清理登记，清理登记报告中应包括事故造成的人员伤亡、财产损失、用户停气损失、输配管线设施损坏的情况。

2）撤警

确认现场无隐患、无天然气泄漏的情况下，经应急指挥中心同意后方可撤警。

3）事故调查、上报

应根据国家、地方政府有关规定，结合企业的实际情况，制定事故报告和处理程序的安全管理制度。在燃气事故应急预案的编制工作中，也应参照该制度，对企业各类燃气事故进行等级划分或分类。事故处理完毕后，公司应组织调查小组对事故进行调查，内容包括事故发生的主要原因、类别、性质、责任、教训、防范措施以及抢险工作的成效等。

4）公共信息的发布

① 在预案中规定对外公布事故信息的负责人作为新闻发言人负责接受媒体的采访，新闻发言人应解释事发经过及相关问题等。

② 事故发生后，通过公司网站或客户服务电话，向受影响的用户解释停气原因。

③ 事故信息公布后，企业负责人还应及时与政府主管部门政府应急抢险中心联系，解释事件经过、处理进展情况以及采取的应急措施。

④ 经过事故调查，上报后，须根据事故发生原因对员工进行安全教育，对工作程序进行改进，修改、完善有关规定，整理总结报告。

2.7.3 燃气应急预案编制的基本步骤

1. 成立应急预案编制工作组

企业可结合本单位部门职能和分工，成立以单位主要负责人（或分管负责人）为组长，单位相关部门人员参加的应急预案编制工作组，明确工作职责和任务分工，制定工作计划，组织开展应急预案编制工作。

2. 收集资料

应急预案编制工作组应收集与预案编制工作相关的法律法规、技术标准、应急预案、国内外同行业企业事故资料，同时收集本单位安全生产相关技术资料、周边环境影响、应急资源等有关资料。

3. 风险评估

主要内容包括：

（1）分析生产经营单位存在的危险因素，确定事故危险源。

（2）分析可能发生的事故类型及后果，并指出可能产生的次生、衍生事故。

（3）评估事故的危害程度和影响范围，提出风险防控措施。

4. 应急能力评估

在全面调查和客观分析生产经营单位应急队伍、装备、物资等应急资源状况基础上开展应急能力评估，并依据评估结果，完善应急保障措施。

5. 应急预案编制

针对可能发生的事故，按照有关规定和要求编制应急预案。应急预案编制过程中，应注重全体人员的参与和培训，使所有与事故有关人员均掌握危险源的危险性、应急处置方案和技能。应急预案应充分利用社会应急资源，与地方政府预案、上级主管单位以及相关部门的预案相衔接。

6. 应急预案评审

应急预案编制完成后，生产经营单位应组织评审。评审分为内部评审和外部评审，内部评审由生产经营单位主要负责人组织有关部门和人员进行。外部评审由生产经营单位组织外部有关专家和人员进行评审。应急预案评审合格后，由生产经营单位主要负责人（或分管负责人）签发实施，并备案管理。

2.7.4 燃气应急预案的管理、演练和更新

1. 保障措施

（1）统筹应急处理需要的物资、人员、资金，在人员安排中，除应有一定数量的抢险救援队伍外，还应成立专家组，建立决策专家信息数据库。

（2）建立通信和信息保障，筹建信息报警平台，确保通信畅通。

（3）建立工程抢险装备保障。建立工程抢险装备数据库，明确装备的类型、数量、功能和储存地点，以及仓库保管人员的联系电话，并建立相应的维护、保养制度。

（4）建立应急保障队伍，组建各类事故应急队伍，根据需要提高配置装备的水平并组织教育培训工作，提升应急队伍的实战能力。

2. 预案管理

（1）所有负责执行事故应急预案的人员必须接受相关内容的培训。

（2）在应急预案中承担应急职能的人员应与岗位职位相当，熟悉相关应急程序的实施内容和方式，发生燃气事故时，可迅速、妥当地应对。

（3）预案应发放至所涉及的人员，建立预案的发放制度。

3. 预案的演练

（1）预案演习可考虑联合演习的模式，参与演习的人员包括公安消防人员、邻近油气库的人员、居民等，加强各方面沟通合作的意识。在完成预案的演习后，有关部门须填写演习记录，并对演习进行评估。

（2）演练评估主要包括以下几个方面：

① 预案的整体效能和对生产范围的覆盖面；

② 报警中心信息传递的速度，当值人员的应变反应能力；

③ 修正预案的不足之处，确保能够应对重大，特别重大的事故，尽力将事故损失减低至最小，并以最快速度恢复供气；

④ 通过定期演习，提高全体员工面对突发事故的能力和自信心及专业水平。

（3）预案的演习频率按事故的等级确定，重大和特别重大事故的演习每年一次，一般事故每季度一次。事故类别包括：火警、停气、泄漏等。

4. 预案的修正更新

应急预案和相关实施程序要每年审查，以保证符合法律法规和实际工作的需要，至少每年修正一次。各级单位对预案涉及人员的工作岗位、联系方式的变动要及时更新，预案的修正更新由公司的安全技术部负责。一个完整的预案还应包括以下内容：天然气高压输配系统示意图、中压天然气地下管网分布示意图、应急通信录、事故现场报告单、应急预案启动记录单、抢险应急设备清单、紧急事件评定标准、抢险车辆清单等。

3 能源应用与环境保护

3.1 城镇燃气应用领域

3.1.1 城镇燃气的用途

在居民生活、公共建筑和商业企业中，燃气用于热水和食品制备、烘干、供暖、制冷和空气调节等方面。在冶金、机械、化工、轻工和纺织等工业中，燃气可满足多种工艺的用热需要。例如，热加工、熔化、焙烧和烘干等工艺，利用燃气燃烧产生的热能来加热物料；金属焊接和玻璃制品工艺，利用燃气火焰的局部高温来熔化工件上的特定部位；热处理工艺利用燃气燃烧产生的气体，作保护性气氛来控制工艺过程。

3.1.2 城镇燃气市场发展前景

我国政府已经确定将天然气的开发利用作为能源发展的一项重要决策，天然气在能源结构中的比重，今后还将进一步提高。在国家规定的八个重点专项规划中，能源发展规划是其中之一。我国在能源总量基本满足国民经济和社会发展需要的前提下，在能源结构调整上取得了明显进展；能源效率、效益进一步提高；初步建立了与社会主义市场经济体制相适应的能源管理体制；逐步形成了具有国际竞争能力的能源设计、装备制造、建设和运营体系，中西部能源开发取得了明显进展。

（1）天然气探明储量和可开采量的增加为燃气事业的发展提供了可能

我国天然气资源较丰富，据全国油气资源评估和预测，天然气主要分布在中、西部地区和近海地区，80%以上的资源集中分布在塔里木盆地、四川盆地、陕甘宁盆地、准噶尔盆地、柴达木盆地和松辽盆地等地及东榕城、莺歌海和琼东南地区。

四川盆地是我国较大的已开发天然气产区。陕甘宁盆地中部气田是目前我国探明储量最大的气田。塔里木盆地油气资源十分丰富，其中天然气探明储量为 2200 亿 m^3，成为全国四大气区之一，这里天然气储层条件好，储量规模大，单井产量高，天然气的开采成本比较低。

从 1980 年起，东海海域陆架盆地中部已勘探发现了平湖、春晓、天外天、残雪等 8 个油气田群和一批含油气构造。东海成为我国海域中油气资源前景最好的地区之一。东海海域接近经济发达的上海、浙江等地，市场应用前景广阔。东海天然气将与"西气东输"工程同步开发建设，以调整华东地区能源结构，保护环境，发展区域经济，扩大天然气利用市场。

我国将进一步加大天然气资源的勘探开发力度，满足不断增长的能源需要。

（2）能源结构调整与环保要求为燃气事业提供了发展空间

我国城镇发展对环境保护的要求越来越高，大气质量与城镇使用的能源有直接关系；

中央和地方政府对发展城镇优质能源越来越重视，正在采取积极措施使城镇能源向清洁、高效的方向发展，以优质能源供应城镇已成为共识。燃气是城镇优质能源的重要组成部分，其中，天然气更是城镇燃气的理想气源。提高城镇燃气利用水平，对改善大气环境质量具有重要意义。

（3）城镇燃气规划发展目标

城镇燃气规划发展目标是以提高居民生活质量、改善大气环境、节约能源为目的，在国家政策的支持下，积极发展城镇燃气。积极利用天然气，加强沿线城市天然气利用工程建设，改善沿线城市大气环境质量，加快燃气管网改造，提高燃气供应系统的安全性。

气源的扩充使燃气用户迅速增加，用气方式由过去的以民用炊事和热水为主，转向工业、交通、供暖、发电和化工等多种用途共同发展的局面。天然气开发利用的基本思路将以市场为导向，依据整体规划，加强天然气资源的勘探开发，积极参与周边国家的天然气贸易；以国内资源为主，开拓并扩大天然气的用量和用气范围，辅以进口天然气，以满足沿海发达地区对天然气的需求；协调好国内、外两种天然气资源，实现资源多元互补；分期分批配套建设干线管网和城镇区域的输气、储气、调峰设施及事故状态下的应急设施等，确保燃气的安全使用。

3.2 环境保护、节能减排基础知识

3.2.1 能源

能源是指能够转换为机械能、热能、电磁能、化学能等各种能量的资源，是人类赖以生存的重要物质基础。能源的分类方法有很多种，常用的有：

1. 按能源的存在形式分类

（1）一次能源（即天然能源）

在自然界以天然的形式存在的可直接利用的能量资源，称为一次能源或天然能源。

一次能源还可分为再生能源与非再生能源。再生能源是指能重复产生的天然能源。非再生能源是指不能重复产生的天然能源。

（2）二次能源（即人工能源）

由一次能源经过加工、转换，以其他种类或形式存在的能量资源，称为二次能源或人工能源。

2. 按能源的使用性质分类

（1）燃料能源

包括矿物燃料、生物燃料和核燃料三大类。人类在使用这类能源时，主要是靠燃烧它们获取所需要的能量。

（2）非燃料能源

人类在使用这类能源时，一般是直接利用其提供的机械能、热能、光能等，有时也会利用其转化形式。

3. 按能源的利用技术状况分类

按能源的利用技术状况可分为常规能源和新能源两类。

（1）常规能源是指在现有的技术条件下，已经广泛使用，而且技术比较成熟的能源。

（2）新能源一般是指有待开发和完善其利用技术的能源。

当然，常规能源和新能源是相对而言的。因为任何一种能源从发现到被广泛利用，都有一个或慢或快的过程。我们今天已经广泛使用的煤炭、石油、天然气等都有被视为"新能源"的历史。此外，还有一些能源形式虽然开发、利用时间比较长，但其应用的广泛性还不够，使用技术也有待于完善、提高，因此，这些能源也应视为新能源，给予足够的重视，加以研究。

表 3-1 列出了能源分类。

能源分类 表 3-1

按利用技术状况分类	按使用性质分类	按存在形式分类	
		一次能源	二次能源
常规能源	燃料能源	泥煤	人工燃气
		褐煤	焦炭
		烟煤	汽油
		无烟煤	煤油
		石煤	柴油
		油页岩	重油
		油砂	液化石油气
		石油	甲醇
		天然气	酒精
		植物秸秆	苯胶
	非燃料能源	水能	电力
			蒸汽
			热水
新能源	燃料能源	核燃料	人工沼气
			氢能
	非燃料能源	太阳能	激光
		风能	
		潮汐能	
		地热能	
		海洋能	

能源的分类方式还有很多种，比如按照其物理状态分为固体能源、液体能源和气体能源三类；按其利用过程的污染程度分为清洁能源和非清洁能源等。

3.2.2 可再生能源与非再生能源

1. 可再生能源

（1）定义

根据国际能源署可再生能源工作小组的定义，可再生能源是指从持续不断地补充的自然过程中得到的能量来源。可再生能源不包含现时有限的能源，如化石燃料和核能。大部分的可再生能源其实都是太阳能的储存。

以往的研究认为，到 2050 年，可再生能源可以满足全世界能源需求的 40%。为进一步实现我国碳达峰碳中和目标，可再生能源的开发和利用应更加广泛。

（2）分类

除了核能、潮汐能、地热能之外，人类活动的基本能源主要来自太阳光。像生物质能和煤炭、石油、天然气，主要通过植物的光合作用吸收太阳能储存起来。其他像风力、水力、海洋潮流等，也都是由于太阳光加热地球上的空气和水所致。

1）木材

柴是最早使用的典型的生物质能源，烧柴在煮食和提供热力方面很重要，它可让人们在寒冷的环境下仍能舒适地生存。

2）役用动物

传统的农家动物如牛、马和骡子除了会运输货物之外，亦可以拉磨、推动一些机械以产生能源。

3）水能

磨坊就是采用水能的好例子。而水力发电更是现代的重要能源，尤其是中国、加拿大等均是河流的国家。

4）风能

人类使用风能已有几百年了，如风车、帆船等。

5）太阳能

自古人类就懂得以阳光晒干物件，并作为保存食物的方法，如制盐和晒咸鱼等。

6）地热能

人类很早以前就开始利用地热能，例如利用温泉沐浴、医疗，利用地下热水取暖、建造农作物温室、水产养殖及烘干谷物等。

7）海洋能

海洋能是利用海洋运动过程来生产的能源，海洋能包括潮汐能、波浪能、海流能、海洋温差能和海水盐差能等，一些沿海国家的海岸线就很适合用来作潮汐发电。

8）生物质能

生物质能是指能够当作燃料或者工业原料，活着或刚死去的有机物。生物质能最常见于种植植物所制造的生物质燃料，或者用来生产纤维、化学制品和热能的动物或植物。许多的植物都被用来生产生物质能，包括芒草、柳枝稷、麻、玉米、杨树、柳树、甘蔗和沼气（甲烷）、牛粪等。

2. 非再生能源

（1）定义

经过亿万年形成的、短期内无法恢复的能源，称之为非再生能源。如煤炭、石油、天然气、核能等。它们随着大规模地开采利用，其储量越来越少，总有枯竭之时。

（2）分类

非再生能源主要有：煤炭、石油、天然气、化学能、核燃料等。

1）煤

煤是近代工业最重要的燃料之一。煤是由生长在沼泽或河流三角洲的植物残骸分解而成。现今世界各主要地区煤炭蕴藏量，以非欧洲、亚洲及大洋洲、北美洲三个地区所占的比例最高，整体而言，煤炭之蕴藏量估计可供人类使用200年。

2）石油

石油一般认为是由地层中的有机物质"油母质"，经地温长时间的熬炼，一点一滴地生成而浮游于地层中。由于浮力的关系，石油在水中每年缓慢地沿着地层或断层向上移动，直到受不透油的封闭地层阻挡而停留下来。此封闭地层内的石油越聚越多。

3）天然气

天然气是一种碳氢化合物，多是在矿区开采原油时伴随而出。

过去因无法越洋运送，所以只能供当地使用，如果有剩余只好燃烧报废，十分可惜。若以人工建筑设施存放天然气，在遭到外力破坏如地震、火灾等时，极易产生危险。

4）化学能

化学反应所产生的能量称为化学能，除了燃烧煤、木材、石油及其制品产生的燃烧热外，还有电解化发电。

5）核燃料

核能也称原子能，是一种高效率持久的能源。核能发电是利用铀235的核分裂连锁反应释放出大量热能，将水变成水蒸气，利用这些水蒸气来推动发电机发电。核能发电的方法有许多种，台湾地区使用的是沸水式核能发电与压水式核能发电。核能除了用于发电外，在农业、医学、工业科技等各方面也有广泛的用途。如在农业上利用它使蔬菜水果保持新鲜、改良品种、防止病虫害等；在医学上用它来杀伤癌细胞治疗癌症等。核电厂存在投资金额庞大、施工耗时、适宜兴建的厂址难求等缺点，其中以放射性核废料处置与安全问题最为突出。优点是核燃料取得较容易、原料的运输与储存方便、需要量不多且安全存量的开支少。

3.2.3 常规能源与新能源

1. 常规能源

常规能源也叫传统能源，是指已经大规模生产和广泛利用的能源。煤炭、石油、天然气、核能等都属于一次性非再生的常规能源。而水电则属于再生能源，如葛洲坝水电站和三峡水电站，只要长江水不干涸，发电也就不会停止。煤炭、石油、天然气等常规能源则不然，它们在地壳中是经过千百万年形成的，储藏量是有限的，这些能源短期内不可能再生，因而人们对此有危机感是很正常的。

常规能源与新能源的划分是相对的。以核裂变能为例，自20世纪50年代初开始，人们把它用来生产电力和作为动力使用时，被认为是一种新能源。到20世纪80年代世界上不少国家已把它列为常规能源。太阳能和风能被利用的历史比核裂变能要早许多世纪，由于还需要通过系统研究和开发才能提高利用效率，扩大使用范围，所以还是把它们列入新能源。

2. 新能源

新能源又称非常规能源。是指传统能源之外的各种能源形式。指刚开始开发利用或正在积极研究、有待推广的能源，如太阳能、地热能、风能、海洋能、生物质能和核聚变能等。1980 年联合国召开的"联合国新能源和可再生能源会议"对新能源的定义为：以新技术和新材料为基础，使传统的可再生能源得到现代化的开发和利用，用取之不尽、周而复始的可再生能源取代资源有限、对环境有污染的化石能源，重点开发太阳能、风能、生物质能、潮汐能、地热能、氢能和核能（原子能）。新能源具有以下特点：

（1）资源丰富，普遍具备可再生特性，可供人类永续利用。

（2）能量密度低，开发利用需要较大空间。

（3）不含碳或含碳量很少，对环境影响小。

（4）分布广，有利于小规模分散利用。

（5）间断式供应，波动性大，对持续供能不利。

（6）除水电外，可再生能源的开发利用成本较化石能源高。

3.2.4 环境保护

1. 定义

环境保护一般是指人类为解决现实或潜在的环境问题，协调人类与环境的关系，保护人类的生存环境、保障经济社会的可持续发展而采取的各种行动的总称。其方法和手段有工程技术的、行政管理的，也有经济的、宣传教育的等。

党的十八届五中全会会议提出：加大环境治理力度，以提高环境质量为核心，实行最严格的环境保护制度，深入实施大气、水、土壤污染防治行动计划，实行省以下环保机构监测监察执法垂直管理制度。

2. 基本内容

环境保护涉及的范围广、综合性强，它涉及自然科学和社会科学的许多领域等，还有其独特的研究对象。环境保护方式包括：采取行政、法律、经济、科学技术、民间自发环保组织等措施，合理利用自然资源，防止环境的污染和破坏，以求自然环境同人文环境、经济环境共同平衡可持续发展，扩大有用资源的再生产，保证社会的发展。

（1）自然环境

为了防止自然环境的恶化，对山脉、绿水、蓝天、大海、丛林的保护就显得非常重要。这里就涉及不能私自采矿或滥伐树木、尽量减少乱排（污水）乱放（污气）、不能过度放牧、不能过度开荒、不能过度开发自然资源、不能破坏自然界的生态平衡等。这个层面属于宏观的，主要依靠各级政府行使职能、进行调控才能够解决。

（2）地球生物

包括物种的保全，植物植被的养护，动物的回归，生物多样性的维护，转基因的合理性研究，濒临灭绝生物的特殊保护，灭绝物种的恢复，栖息地的扩大，人类与生物的和谐共处，不欺负其他物种等。

（3）人类环境

使环境更适合人类工作和劳动的需要。这就涉及人们的衣、食、住、行、玩的方方面面，都要符合科学、卫生、健康、绿色的要求。这个层面属于微观的，既要依靠公民的自觉行动，又要依靠政府的政策法规作保障，依靠社区的宣传教育来引导，要工、学、兵、商各行各业齐抓共管，才能解决。地球上每一个人都有义务保护地球，也有权力享有地球上的一切。海洋、高山、森林这些都是自然，也是每一个人应该去爱护的。

作为公民我们对于居住生活环境的保护，就是间接或直接地保护了自然环境；我们破坏了居住生活环境，就会间接或直接地破坏自然环境。

作为政府既要着眼于宏观的保护，又要从微观入手，发动群众、教育群众，使环境保护成为公民的自觉行动。

（4）生态环境

1）物种灭绝。我国是世界上生物多样性最丰富的国家之一，高等植物和野生动物物种均占世界的10%左右，约有200个特有属。然而，环境污染和生态破坏导致了动植物生境的破坏，物种数量急剧减少，有的物种已经灭绝。据统计，我国高等植物大约有4600种处于濒危或受威胁状态，占高等植物的15%以上，近50年来约有200种高等植物灭绝，平均每年灭绝4种；野生动物中约有400种处于濒危或受威胁状态，非法捕猎、经营、倒卖、食用野生动物的现象屡禁不止。

2）植被破坏。森林是生态系统的重要支柱。一个良性的生态系统要求森林覆盖率仅13.9%。尽管中华人民共和国成立后开展了大规模植树造林活动，但森林破坏现象仍很严重，特别是用材林中可供采伐的成熟林和过熟林蓄积量已大幅度减少。同时，大量林地被侵占，1984~1991年全国年均侵占林地达837万亩，并呈逐年上升趋势，在很大程度上抵消了植树造林的成效。草原面临严重退化、沙化和碱化，加剧了草地水土流失和风沙危害。

3）土地退化。我国是世界上土地沙漠化较为严重的国家，土地沙漠化急剧发展，20世纪50~70年代年均沙化面积为$1560km^2$，70~80年代年均扩大到$2100km^2$。40年来初步治理了50多km^2，而水土流失面积已达179万km^2。我国的耕地退化问题也十分突出。如原来土地肥沃的北大荒地带，土壤的有机质已从原来的5%~8%下降到1%~2%（理想值应不小于3%）。同时，由于农业生态系统失调，全国每年因灾害损毁的耕地约200万亩。

3. 意义

（1）有利于建设节约型社会，实现可持续发展。

（2）有利于增强节约资源和保护环境的意识。

（3）有利于增强投资吸引力和经济竞争力，实现转型跨越。

（4）有利于中华民族的伟大复兴，是既利于民又利于国，关系到千秋万代的政策。

3.2.5 节能减排

1. 定义

节能减排有广义和狭义之分，广义而言，节能减排是指节约物质资源和能量资源，减少废弃物和环境有害物（包括"三废"和噪声等）排放；狭义而言，节能减排是指节约能源和减少环境有害物排放。

节能减排包括节能和减排两大技术领域，二者有联系，又有区别。《中华人民共和国节约能源法》所称节约能源（简称节能），是指加强用能管理，采取技术上可行、经济上合理以及环境和社会可以承受的措施，从能源生产到消费的各个环节，降低消耗、减少损失和污染物排放、制止浪费，有效、合理地利用能源。

2. 现实意义

我国经济快速增长，各项建设取得了巨大成就，但也付出了资源和环境被破坏的巨大代价，这两者之间的矛盾日趋尖锐，群众对环境污染问题反应强烈。这种状况与经济结构不合理、增长方式不合理有直接相关。若不加快调整经济结构、转变增长方式，资源将支撑不住，环境容纳不下，社会承受不起，经济发展难以为继。只有坚持节约发展、清洁发展、安全发展，才能实现经济又好又快发展。同时，温室气体排放引起全球气候变暖，备受国际社会广泛关注。进一步加强节能减排工作，实现碳达峰、碳中和目标，是应对全球气候变化的迫切需要。

《中华人民共和国节约能源法》指山："节约资源是我国的基本国策。国家实施节约与开发并举、把节约放在首位的能源发展战略。"

3.3 环境与职业健康的基本知识

3.3.1 职业健康与职业健康安全管理体系

1. 职业健康的定义

职业健康应以促进并维持各行业职工的生理、心理及社交处在最好状态为目的；并防止职工的健康受工作环境影响；保护职工不受健康危害因素伤害；并将职工安排在适合他们的生理和心理的工作环境中。

2. 职业健康安全管理体系

（1）职业健康安全管理体系标准产生的背景

20 世纪 90 年代中期以来，在全球经济一体化潮流的推动下，随着 ISO 9000 和 ISO 14000 系列标准的广泛推广，英、美等工业发达国家率先开展了实施职业健康安全管理体系的活动，自 1996 年英国颁布了《职业健康安全管理体系——指南》BS8800 国家标准以来，目前已有几十个国家和组织颁布了 30 多个关于职业健康安全体系的标准、规范和指南，我国在吸收国外先进标准的基础上，于 1999 年 10 月由国家经贸委颁布了《职业健康安全管理体系试行标准》。我国现行的国家标准为《职业健康安全管理体系 要求及使用指南》GB/T 45001—2020。

（2）职业健康安全管理体系的基本思想

职业健康安全管理体系是全部管理体系的一个组成部分，包括为制定实施、实现、评审和保持职业健康安全方针所需的机构、规划、活动、职责、制度、程序过程和资源，它的基本思想是实现体系持续改进，通过周而复始地进行"计划、实施、监测、评审"活动，使体系功能不断加强，它要求组织在实施职业健康安全管理体系时始终保持持续改进意识，对体系不断修正和完善，最终实现预防和控制工伤事故、职业病及其他损失的目标。

（3）实施职业健康安全管理体系的作用

1）为企业提高职业健康安全绩效提供了一个科学、有效的管理手段。

2）有助于推动职业健康安全法规和制度的贯彻执行。

3）使组织的职业健康安全管理由被动强制行为转变为主动自愿行为，提高职业健康安全管理水平。

4）有助于消除贸易壁垒。

5）对企业产生直接和间接的经济效益。

6）在社会上树立企业良好的品质和形象。

3. 职业健康安全管理体系的特点和运行基础

（1）职业健康安全管理体系的特点

职业健康安全管理体系的内容由五大功能块组成，即方针、计划、实施与运行、检查与纠正措施和管理评审，每一功能块又由若干要素组成，这些要素之间不是孤立的，而是相互有联系的。只有当体系或系统的所有要素组成一个有机的整体，相互依存、相互作用，才能使所建立的体系完成特定的功能。

1）系统性

职业健康安全管理体系标准强调结构化、程序化、文件化的管理手段。

① 强调组织机构方面的系统性——要求在组织的职业健康安全管理中，不仅要有从基层岗位到组织最高管理层之间的运作系统，还要有一个监控系统。组织最高管理层依靠这两个系统，来确保职业健康安全管理系统的有效运行。

② 要求组织实行程序化管理，从而实现对管理过程全面的系统控制。

③ 文件化的管理依据本身就是一个系统。同时，职业健康安全管理体系标准又对这些文件的控制提出要求，从而使这一文件系统更加科学化。

④ 职业健康安全管理体系标准的逻辑结构为编写职业健康安全管理手册提供了一个系统的结构基础。

2）先进性

按职业健康安全管理体系标准所建立的职业健康安全管理体系，是改善组织的职业健康安全管理体系的一种先进、有效的管理手段。

3）持续改进

职业健康安全管理体系标准明确要求组织的最高管理者在组织所制定的职业健康安全管理体系方针中应包含对持续改进的承诺，对遵守有关法律、法规和其他要求的承诺，并制定切实可行的目标、指标和管理方案，配备相应的各种资源。

4）预防性

危害辨识、危险评价与控制是职业健康安全管理体系的精髓所在，充分体现了"预防为主"的方针。

5）全过程控制

职业健康安全管理体系标准要求实施全过程控制。

（2）职业健康安全管理体系的运行基础

PDCA 模型是管理体系的运行基础。一个组织活动可分为计划（Plan）、行动（Do）、检查（Check）、改进（Act）四个相互联系的环节。

1）计划环节是对管理体系的总体规划，以文件的形式来反映，称为"文件的管理系统"。包括方针、目标、活动及活动方式等。它是管理体系中最重要的环节。

行动环节是按计划规定的程序（如组织机构、程序、作用方法等）加以实施。

检查环节是对计划效果进行的检查衡量，并纠正行为偏差。

改进环节是针对管理活动的缺陷、不足或发生变化的条件，进行调整、完善。

3.3.2 环境管理体系

1. 环境管理体系标准产生的背景

（1）人类在 21 世纪面临的八大挑战：

1）森林面积锐减。2）土地严重沙化。3）自然灾害频发。4）淡水资源枯竭。5）"温室效应"严重。6）臭氧层破坏。7）酸雨危害频繁。8）化学废物剧增。

（2）各国纷纷制定环境管理法规、标准。面对八大挑战，世界各国相继制定了一些法规、标准来规范本国的环境行为。如：英国 1992 年颁发了《环境管理体系规则》BS7750；法国 1993 年立法规定上市的消费品 50% 的包装必须回收利用；欧共体 1995 年正式公布《环境管理审核规则》（EMAS）；德国 1995 年依据《环境管理审核规则》（EMAS）制定了《环境审核法》三个条例；日本早在 1967 年就颁发了《公害对策基本法》；美国针对水、气、噪声、有毒物制定了 121 种法规。

（3）成立 ISO/TC207 环境管理技术委员会，制定 ISO 14000 环境管理系列标准，由于各国制定的环境法规标准不统一，审核办法不一致，为一些国家制造新的"保护主义"和"技术壁垒"提供了条件，但也必然会对国际贸易产生不良影响。为此，国际标准化组织（ISO）认识到自己的责任和机会，为响应联合国《里约热内卢宣言》的号召。1990 年，国际标准化组织（ISO）和国际电工委员会（IEC）出版了《展望未来——高新技术对标准化的需求》一书，其中"环境与安全"问题被认为是目前标准化工作最紧迫的四个课题之一。1992 年 ISO 与 IEC 成立了"环境问题特别咨询组（SAGE）"，研究、制定和实施环境管理方面的国际标准，确定 ISO 14000 作为环境管理系列标准代号。同年 12 月，SAGE 向 ISO 技术委员会建议：制定一个与质量管理特别相类似的环境管理标准，帮助企业改善环境行为，并消除贸易壁垒，促进贸易发展。在此基础上于 1993 年 6 月正式成立了其序列编号 ISO/TC207 的环境管理技术委员会，正式开展环境管理国际通用标准的制定工作。ISO 为 TC207 分配了从 14001 到了 14100 共 100 个标准号，统称为 ISO 14000 系列标准。

2. 环境管理体系的定义

环境管理体系（EMS，Environmental Management System）根据 ISO 14001 的 3.5 定义：环境管理体系是一个组织内全面管理体系的组成部分，它包括为制定、实施、实现、评审和保持环境方针所需的组织机构、规划活动、机构职责、惯例、程序、过程和资源，还包括组织的环境方针、目标和指标等管理方面的内容。

环境管理体系在实施过程中有三项管理活动贯穿于环境管理体系过程，那就是预防、控制、监督与监测。预防是环境管理体系的核心；控制是环境管理体系实施的手段；监督与监测是环境管理体系的关键活动。

3. 实施环境管理体系标准的作用

（1）保护人类生存和发展的需要。

（2）国民经济可持续发展的需要。

（3）建立社会主义市场经济体制，实现两个根本转变的需要。

（4）国内外贸易发展的需要。

（5）环境管理现代化的需要。

4. 环境管理体系标准的特点

《环境管理体系认证标准》ISO 14001 是 ISO 14000 系列标准的核心标准，旨在促使企业内确立环境管理系统，通过 PDCA 循环管理，谋求持续的改善（降低环境负荷）。

环境管理体系标准的特点：

（1）自愿原则——自愿采用，自主承诺。

（2）普遍适应——适应于各行各业不同规模、不同类型、不同文化、不同环境状况的组织。

（3）持续改进原则——通过不断改进环境管理体系（EMS），达到改善环境行为的目的。

（4）预防原则——变被动的事后处理为积极的主动预防。

（5）寿命周期思想——贯彻到产品开发、经营管理、市场营销、售后服务各项业务中。

（6）全过程控制。

3.3.3 燃气施工现场环境保护

施工现场环境保护是为了保护和改善环境质量，从而保护人民的身心健康，防止人体在环境污染影响下产生遗传突变和退化；合理开发和利用自然资源，减少或消除有害物质进入环境，加强生物多样性的保护，维护生物资源的生产能力，使之得以恢复。

施工现场环境影响因素包括噪声，粉尘排放，运输遗撒，化学危险品、油品泄漏或挥发，有毒有害废弃物排放，生产、生活污水排放，办公用纸消耗，光污染，离子辐射，混凝土防冻剂的排放等。应当采取相应的组织措施和技术措施消除或减轻施工过程中的环境污染与危害。施工现场环境污染的处理包括大气污染的处理、水污染的处理、噪声污染的处理、固体废物污染的处理以及光污染的处理。

1. 环境保护的组织措施

（1）建立施工现场环境管理体系，落实项目经理第一责任人管理制。

（2）加强施工现场环境的综合治理。

2. 环境保护的技术措施

（1）施工现场必须做到封闭施工，围墙应结构坚固、造型美观，高度不低于 2.5m，外墙墙面应书写文明施工及公益性标语或宣传画。

（2）运输散体、流体材料，清运余土和建筑垃圾，要捆扎封闭严密，防止遗撒飞扬；出入现场的各种车辆应保持车体整洁，并在场地进出口设置车辆清洗设施，防止车辆将泥沙带出场外。

（3）妥善处理泥浆水，未经处理不得直接排入城市排水设施和河流。

（4）除设有符合规定的装置外，不得在现场熔融沥青或者焚烧油毡、油漆以及其他会产生有毒有害烟尘和恶臭气体的物质。

（5）禁止将有毒有害废弃物用做土方回填。

（6）建筑物立面采用合格的密目网全封闭防护，张挂整齐，无破损、无污染，物料升降机架体外侧使用立网防护。

（7）围墙外做到无建筑垃圾，不堆放建筑材料。

（8）施工现场各种临时设施必须做到结构坚固，室内宽敞明亮，通风良好；现场办公室、仓库、宿舍、厨房、厕所必须做到内墙粉底刷白，地面硬化，且室内净高不得低于2.4m。

（9）现场办公区、生活区内应做到整洁有序，要有绿化措施。

（10）施工现场建筑材料、构件、料具应按照施工总平面图划定的区域堆放，堆放要整齐，要挂定型化的标牌。

（11）施工现场严禁使用旱厕，现场厕所必须设专人管理，管理制度及责任人上墙明确。厕所周围及时打扫，地面无积水、污垢，厕所无异味。

3.4　分布式能源的基本知识

分布式能源具有利用效率高、环境负面影响小、提高能源供应可靠性和经济效益好等特点，已成为世界能源技术重要发展方向。随着我国持续推进能源供给侧结构性改革，推动能源发展方式由粗放式向提质增效转变，天然气、光伏、风电、生物质能、地热能等分布式能源，已成为我国应对气候变化、保障能源安全的重要内容，我国分布式能源发展迎来"黄金时期"。

3.4.1　分布式能源概述

分布式能源系统是相对传统的集中式供能的能源系统而言的，传统的集中式供能系统采用大容量设备、集中生产，然后通过专门的输送设施（大电网、大热网等）将各种能量输送给较大范围内的众多用户；而分布式能源系统则是直接面向用户，按用户的需求就地生产并供应能量，具有多种功能，可满足多重目标的中、小型能量转换利用系统。

作为新一代供能模式，分布式能源系统是集中式供能系统的有力补充。它有以下4个主要特征：

1. 作为服务于当地的能量供应中心，它直接面向当地用户的需求，布置在用户的附近，可以简化系统提供用户能量的输送环节，进而减少能量输送过程的能量损失与输送成本，同时增加用户能量供应的安全性。

2. 由于它不采用大规模、远距离输出能量的模式，而主要针对局部用户的能量需求，系统的规模将受用户需求的制约，相对传统的集中式供能系统而言均为中、小容量。

3. 随着经济、技术的发展，特别是可再生能源的积极推广应用，用户的能量需求开始多元化；同时伴随不同能源技术的发展和成熟，可供选择的技术也日益增多。分布式能源系统作为一种开放性的能源系统，开始呈现出多功能的趋势，既包含多种能源输入，又可同时满足用户的多种能量需求。

4. 人们的观念在不断转变，对能源系统不断提出新的要求（高效、可靠、经济、环保、可持续性发展等），新型的分布式能源系统通过选用合适的技术，经过系统优化和整合，可以更好地同时满足这些要求，实现多个功能目标。

3.4.2 分布式能源的优缺点

1. 分布式能源系统的优点

分布式能源系统的最主要优点是用在冷热电联产中。联产符合总能系统的"梯级利用"的准则，会得到很好的能源利用率，具有很大的发展前景。大型（热）电厂虽然电可远距离输送，但需建设电网、变电站和配电站并有输电损耗，而对于热，尤其是冷，就不像电能那样可以较长距离有效地输送。所以，除非事先特殊设计、安排好，否则，难以达到输送冷、热能的目的。因为，大电厂选址有其自身的要求，一般附近难以有足够大量的、合适的冷、热能用户，无法有效的联产。分布式能源系统却正好相反，按需就近设置，可以尽可能与用户配合好，也没有远距离输送冷、热能的问题，大电网的输电损失问题也不存在了。所以，虽然分布式能源系统纯动力装置本身效率低、价钱贵，但可以充分发挥其联产的优点，体现出它的优越之处。

分布式能源系统还可以让使用单位本身有较大的调节、控制与保证能力，保证使用单位的各种二次能源能够充分供应，非常适合对发展中区域及商业区和居民区、乡村、牧区及山区提供电力、供热及供冷，大量减少环保压力。总之，分布式能源系统可满足特殊场合的需求，为能源的综合梯级利用提供了可能，为可再生能源的利用开辟了新的方向，并可为提高能源利用率、改善安全性与解决环境污染方面做出突出贡献。这也是一个很重要的优点。

2. 分布式能源系统的缺点

分布式能源系统的主要不足在于，由于它是分散供能，单机功率很小，比起最大电厂单机功率有百万千瓦以上、电厂功率近千万千瓦而言，发电效率显然比不上后者。这是因为现有动力设备都是机组越大，效率越高。40万kW的，以燃气轮机为主的联合循环装置效率比40kW回热燃气轮机的效率要高1倍。"麻雀虽小，五脏俱全"。因此，大机组单位功率的售价相比小机组要低得多，相差近几倍。大机组集中在一起，有专门高级技工运行维护，安全性、工作寿命都应该更有保证。所以，要对纯发电成本和单位千瓦初投资作比较，分布式能源系统的经费投入肯定要大大高于大电力系统。另外，分布式能源系统对当地使用单位的技术要求要比简单使用大电网供电高，要有相应的技术人员与适合的文化环境。

3.4.3 分布式能源的应用

由于分布式能源系统的初投资大，要用优质燃料；同时要有比较稳定的冷、热、电用户，主要是第三产业和住宅用户；要求具有环保性能较好的特点等，所以，它在我国比较适合应用的地区显然是经济比较发达的地区。从地域分布来说，主要是珠江三角洲、长江三角洲、环渤海地区等。这些地方是我国经济高速发展的黄金宝地，也是应该"先环保起来"的地区，而且经济上也确实有可能适宜使用分布式能源系统的地方。另外，分布式能源系统既然是"分布"，也就是说与大电厂、大电网不一样，不是由一小批经验丰富的技术人员集中运行管理，而是分散式运行管理，这就要求使用区域的总体科技文化水平和素质较高。

3.4.4 分布式能源的类型

1. 太阳能发电

包括太阳光伏发电和太阳能－蒸汽循环发电。

太阳光伏发电是一种利用固体（半导体）的光生伏打效应，把光能直接变为电能的发电方式。太阳光伏发电系统由太阳电池板、蓄电池和控制器三部分组成。随着太阳能电池成本的不断降低（到 2020 年，造价约为每千瓦 4000 美元），太阳光伏发电将呈现出良好的发展前景。太阳能－蒸汽循环发电系统由集热器、蓄热器和汽轮发电机组所组成。太阳辐射能被定日镜反射后被集热器（锅炉）所吸收。集热器中传热介质（水或有机介质、金属钠）吸热而汽化，蒸汽进入汽轮机组做功发电并将电能输入电网。为保证电站工作稳定，还需设有蓄热器，以供阴云蔽日或阳光不足的傍晚使用。这类太阳能热动力发电系统的总效率可达 15%～20%，最高工作温度 500℃（水，有机介质）或 1000℃（液态钠）。

2. 燃料电池和微型燃气轮机复合系统

燃气轮机作为能源利用的前置级，其排气用来加热进入燃料电池的空气和燃料。燃料电池是固体氧化物，工作温度 700～1000℃，用天然气或甲烷作燃料。该燃料电池和微型燃气轮机复合供电系统具有下列优点：可以在无电力供应的地区使用；系统可保持自稳定运行；启动方便、快捷；SO_2 和 NO_2 的排放量很小，是一种很有发展前景的分布式能源系统。

3. 地热发电

地热发电是高温地热利用最重要的方式。根据地热流体的热量参数和性状，可以有两种不同的发电形式。

（1）蒸汽型地热发电站

蒸汽型地热发电站是把高温地热蒸汽田中的干蒸汽直接引入汽轮发电机组发电。在引入之前，先要把地热蒸汽中的水滴、砂粒与岩屑分离和清除干净。

近年来，另一类也是未来地热能的主体——干热岩发电正在试验之中。在这类地热电站中，人为地将水灌入地下深层的高温热岩层中加热蒸发，再将产生的蒸汽引向地面的蒸汽轮机组。由于深层地热开采的技术难度很大，这种发电方式近期内还无法进入使用阶段，但前景很好。

（2）热水型地热发电

热水型地热发电是当前地热发电的主要方式。高压热水从地热井中抽至地面闪蒸锅炉内，由于压力突然降低，热水会发生沸腾，闪蒸出蒸汽。蒸汽进入汽轮发电机组做功发电。闪蒸后剩下的热水以及汽轮机中的凝结水可以供给其他热用户使用。利用后的热水再回灌到地层内。这种系统适合于地热水质较好且不凝气体含量较少的地热资源。

（3）双循环地热发电系统

地热水经换热器（锅炉），加热低沸点的工作介质（如氟利昂），使之产生蒸汽，蒸汽进入汽轮发电机组做功发电，凝结水再回到换热器循环使用。经过换热器的地热水再回流到地层。这种系统适合于含盐量大，腐蚀性强和不凝气体含量较高的地热资源。

我国的地热资源主要集中在西藏、云南、福建等地区。

（4）生物质能

据测算，地球上每年由光合作用而生成的生物质能达到 3×10^{21}J，它在分布式能源中占有重要的份额。

生物质能的利用与转换，除了效率较低的直接燃烧提供热能以外，主要是通过生物转换（微生物发酵）和化学转换（热解与气化）将生物质变成液体燃料（甲醇、乙醇）、气体燃料（甲烷）或固体燃料（焦炭）。醇类液体燃料和甲烷气既可以作为发电厂的燃料，又可以作为燃料电池的燃料，从而实现生物质能的动力利用。由于生物质能量多面广且各地都存在，所以生物质能的开发利用对分布式能源系统的发展有重大意义。

（5）风力发电

风是太阳辐射引起的大气对流运动。地球上可利用的风能为 2×10^7MW，特别是在临海地区和内陆山口地区，风力资源十分集中。

发电是风能利用的主要形式。风力发电机既可单独供电，也可与其他发电方式（如柴油机发电、微型燃气轮机等）复合，向一个单位或一个地区供电，或者将电力并入常规电网运行。我国西部地区风力资源丰富，例如新疆达坂城已建成的风力发电站，装机容量为 3300kW，是地区性分布式能源系统的重要组成之一，将在我国西部大开发中发挥重要作用。

总的说来，以可再生能源为主体且灵活多样化的分布式能源系统是 21 世纪正在大力发展的能源优化供应模式。各种新的分布式能源系统正在不断地推出，且随着科学技术的进步和高性能新材料的研制，分布式能源在社会能源结构中将占有越来越大的比重，将对社会发展产生举足轻重的影响。

4 城镇燃气智慧化和信息化管理

4.1 燃气企业计算机安全和信息安全管理知识

4.1.1 燃气企业计算机安全管理知识

1. 计算机安全的概念

对于计算机安全，国际标准化委员会给出的解释是：为数据处理系统所建立和采取的技术以及管理的安全保护，保护计算机硬件、软件、数据不因偶然的或恶意的原因而遭到破坏、更改、泄露。我国公安部计算机管理监察司的定义是：计算机安全是指计算机资产安全，即计算机信息系统资源和信息资源不受自然和人为有害因素的威胁和危害。

2. 计算机安全所涵盖的内容

从技术上讲，计算机安全主要包括以下几个方面：

（1）实体安全

实体安全又称物理安全，主要指主机、计算机网络的硬件设备、各种通信线路和信息存储设备等物理介质的安全。

（2）系统安全

系统安全是指主机操作系统本身的安全，如系统中用户账号和口令设置、文件和目录存取权限设置、系统安全管理设置、服务程序使用管理以及计算机安全运行等保障安全的措施。

（3）信息安全

这里的信息仅指经由计算机存储、处理、传送的信息，而不是广义上泛指的所有信息。实体安全和系统安全的最终目的是实现信息安全。所以，从狭义上讲，计算机安全的本质就是信息安全。信息安全要保障信息不会被非法阅读、修改和泄露。它主要包括软件安全和数据安全。

3. 影响计算机安全的主要因素

影响计算机安全的因素有很多，它既包含人为的恶意攻击，也包含天灾人祸和用户偶发性的操作失误。概括起来主要有：

（1）影响实体安全的因素：电磁干扰、盗用、偷窃、硬件故障、超负荷、火灾、灰尘、静电、强磁场、自然灾害以及某些恶性病毒等。

（2）影响系统安全的因素：操作系统存在的漏洞；用户的误操作或设置不当；网络的通信协议存在的漏洞；作为承担处理数据的数据库管理系统本身安全级别不高等。

（3）对信息安全的威胁有两种：信息泄露和信息破坏。

4. 计算机安全等级标准

TCSEC（可信计算机安全评价标准）系统评价准则是美国国防部于 1985 年发布的计

算机系统安全评估的第一个正式标准，现有的其他标准大多参照该标准来制定。TCSEC 标准根据对计算机提供的安全保护的程度不同，从低到高分为四等八级：最低保护等级 D 类（D1）、自主保护等级 C 类（C1 和 C2）、强制保护等级 B 类（B1、B2 和 B3）和验证保护等级 A 类（A1 和超 A1），TCSEC 为信息安全产品的测评提供准则和方法，指导信息安全产品的制造和应用。

5. 计算机存储数据的安全

计算机安全中最重要的是存储数据的安全，其面临的主要威胁包括：计算机病毒、非法访问、计算机电磁辐射、硬件损坏等。计算机病毒是附在计算机软件中的隐蔽的小程序，它和计算机其他工作程序一样，但会破坏正常的程序和数据文件。恶性病毒可使整个计算机软件系统崩溃，数据全毁。要防止病毒侵袭主要是加强管理，不访问不安全的数据，使用杀毒软件并及时升级更新。非法访问是指盗用者盗用或伪造合法身份，进入计算机系统，私自提取计算机中的数据或进行修改、转移、复制等。防止的办法：一是增设软件系统安全机制，使盗窃者不能以合法身份进入系统。如增加合法用户的标志识别，增加口令，给用户规定不同的权限，使其不能自由访问不该访问的数据区等。二是对数据进行加密处理，即使盗窃者进入系统，没有密钥，也无法读懂数据。三是在计算机内设置操作日志，对重要数据的读、写、修改进行自动记录。

计算机存储器硬件损坏，使计算机存储数据读不出来也是常见的事。防止这类事故的发生有几种办法：一是将有用数据定期复制出来保存，一旦机器有故障，可在修复后把有用数据复制回去。二是在计算机中使用 RAID 技术，同时将数据存在多个硬盘上；在安全性要求高的特殊场合还可以使用双主机，一台主机出问题，另外一台主机照样运行。

6. 计算机硬件安全

计算机在使用过程中对外部环境有一定的要求，即计算机周围的环境应尽量保持清洁、温度和湿度应合适、电压稳定，以保证计算机硬件可靠运行。计算机安全的另外一项技术就是加固技术，经过加固技术生产的计算机防震、防水、防化学腐蚀，可以使计算机在野外全天候运行。从系统安全的角度来看，计算机的芯片和硬件设备也会对系统安全构成威胁。

7. 常用防护策略

（1）安装杀毒软件。

（2）安装个人防火墙。

（3）分类设置密码并使密码尽可能复杂。

（4）不下载不明软件及程序。

（5）防范流氓软件。

（6）仅在必要时共享。

（7）定期备份。

8. 计算机安全管理制度

为加强组织及企事业单位计算机安全管理，保障计算机系统的正常运行，发挥办公自动化的效益，保证工作正常实施，确保涉密信息安全，一般需要指定专人负责机房管理，并结合本单位实际情况，制定计算机安全管理制度，提供参考如下：

（1）计算机管理实行"谁使用谁负责"的制度。爱护机器，了解并熟悉机器性能，及时检查或清洁计算机及相关外部设备。

（2）掌握工作软件、办公软件和网络使用的一般知识。

（3）无特殊工作要求，各项工作须在内网进行。存储在存储介质（优盘、光盘、硬盘、移动硬盘）上的工作内容管理、销毁要符合保密要求，严防外泄。

（4）不得在外网或互联网、内网上处理涉密信息，涉密信息只能在单独的计算机上操作。

（5）涉及计算机用户名、口令密码、硬件加密的要注意保密，严禁外泄，密码设置要合理。

（6）有无线互联功能的计算机不得接入内网，不得操作、存储机密文件、工作秘密文件。

（7）非内部计算机不得接入内网。

（8）遵守国家颁布的有关互联网使用的管理规定，严禁登录非法网站；严禁在上班时间上网聊天、玩游戏、看电影、炒股等。

（9）坚持"安全第一、预防为主"的方针，加强计算机安全教育，增强员工的安全意识和自觉性。计算机进行经常性的病毒检查，计算机操作人员发现计算机感染病毒，应立即中断运行，并及时消除。确保计算机的安全管理工作。

（10）下班后及时关机，并切断电源。

4.1.2　燃气企业信息安全管理知识

如今，信息已成为企业生产和发展的重要资源之一。它以多种形式存在，如被打印或写在纸上；以电子方式存储；用邮寄或电子手段传送；呈现在胶片上或用语言表达。无论信息以什么形式存在，用哪种方法存储或共享，都应对它进行适当地保护。否则，企业将面临较大的信息安全风险，甚至给企业带来不良的影响和后果。

1. 燃气企业管理存在的信息安全问题

信息安全问题是企业的共性问题，企业规模越大，其有价值的信息量就越大；企业经营性质越特殊，受保护的信息量就越多。燃气企业是高危服务性行业，应当把燃气运营安全放在首位，但是也不能忽视了企业的信息安全。信息安全问题在燃气企业普遍存在。

（1）缺乏系统的信息安全管理

网络安全领域有一句至理名言"三分技术，七分管理"，这句话对于信息安全领域也同样适用。安全与管理常常是密不可分的，很多企业对信息安全的认识仅仅是依靠信息防护技术，比如安装防火墙，反病毒软件等。但信息防护技术只是信息安全的一部分，即便在安全设备与系统上做了很大的投入，缺乏完整、系统的安全管理方法及制度并贯彻实施，信息仍然得不到很好的保护，尤其是那些对于黑客攻击还显得相对脆弱的企业网络，一旦遭遇恶意入侵，马上便显得不堪一击，信息安全当然也就谈不上。而现实情况是，许多燃气企业因为缺乏信息安全管理制度、方法和应急预案，对于这种情况全然没有有效的防备和事后补救措施，这样灾难自然难免。

（2）信息安全意识有待提高

当前，企业的信息载体日益电子化，信息系统、办公电脑、移动存储设备的不规范使用增加了电子信息泄露的发生率。在网络上稍加搜索就可以轻易地获得某家燃气集团或公司的重要文件。这些重要信息资料被暴露在公众面前，正是由于燃气企业以及员工信息安全意识不强所造成的。而不少企业的领导者对于重要信息的保护意识不强，尤其是企业员工，从思想上不重视企业的信息安全，信息传递和交接都带有很大的随意性，更有些"大嘴巴"事件，使得企业许多重要信息外流，如客户信息、企业内部信息，更有甚者，商业机密也轻易外泄，如燃气危险源信息或燃气成本等。

（3）缺乏信息安全技术人才

在燃气企业，由于对企业信息安全的重要性认识不足，普遍缺乏信息安全管理人员和信息系统安全技术人员。虽然近年来燃气企业各类信息系统不断增多，如地理信息系统、客户服务系统、数据采集与监视控制系统等，涌现出了一批信息化技术人才，但是从安全角度出发，能够进行综合信息安全管理的技术型人才在整个燃气企业员工中的比例仍然相当低。燃气企业在信息安全人才和信息技术人才培养方面与企业快速发展带来的信息化需求和信息安全需求显然不能同步，这样一来，对于信息外泄，信息安全防不胜防，便会出现"领导干瞪眼，群众干着急"的局面。

2. 信息安全的基本内容和信息安全建设的主要任务

（1）信息的安全风险主要来自于信息的保密性、完整性和可用性。在企业中，信息可能会通过口头、网络、打印机、复印机、存储设备等途径不经意地泄露。要避免重要信息的泄露，首先，在信息的传递和保管过程中要把好关；其次，要防止信息被误变更或被恶意变更，做到保护信息的完整性；最后，要做好信息源头的安全保障，即要保障信息处理设备和信息传递渠道的高可用性。制定清晰的信息处理流程，建立满足服务的运行维护保障体系，以及设法保持业务连续性管理都是保证信息高可用性的重要措施。正是信息的这3个属性结合才形成了信息的安全性。

（2）信息安全建设的主要工作任务应由以下几方面构成：体系化的企业信息建设，信息安全风险控制，确保企业信息的机密性、完整性和可用性。对于不少燃气企业来说，常常只重视了第一点，而忽略第二和第三点。因此，有计划地解决企业存在的信息安全风险，可持续提高管理的有效性和不断提高自身的信息安全管理水平是企业的当务之急。

3. 采用PDCA循环的方法建设企业信息安全

作为一项安全管理活动，信息安全建设应该是符合一般管理活动的规律的。所以，用PDCA管理模式，即计划（Plan）—行动（Do）—检查（Check）—改进（Act）的循环管理模式来指导燃气企业信息安全建设十分必要也非常合适。PDCA的概念最早由美国质量管理专家戴明提出来，起初用于质量管理，后逐渐应用于各行各业。通过PDCA方法管理能使信息安全建设有效地按照一种合乎逻辑的工作程序进行。

（1）P阶段

1）分析公司信息管理中存在的不安全因素，采用合理的风险评估方法确定风险并对风险进行分级。

2）找出不安全因素产生的原因，特别是在企业管理层面上存在的原因和需要企业高层处理的问题。

3）针对存在的问题，根据风险等级对存在的隐患制定措施计划和解决方案，制定的措施计划和解决方案要有较强的可操作性，便于执行，并能收到较好的效果。对于整改资金必须从安全与生产发展的总体考虑，结合实际，因地制宜，合理投入。

（2）D阶段

1）对风险整改计划进行宣贯和指导，让企业员工认识到存在的安全现状和不安全因素，以及怎样去改进。计划要落实到人，整改的人要清楚地理解为什么要改进和怎样改进。

2）层层细化风险改进计划，并与员工的工作实际相结合。计划可以从企业管理层开始细化直至岗位上的每一个操作环节。如果细化不彻底，那么企业的总计划中的方案措施再有可操作性，相对于班组、岗位都存在不同程度的粗放性，很难与基层实际吻合。

（3）C阶段

1）开展企业各层各级员工对自己工作进展情况的自查，查找问题，分析原因，及时整改。

2）开展信息安全专项检查，定期和不定期检查风险改进的执行情况，阶段性地总结和考评执行效果。检查最好能通过量化式检查得出定性结论。这一方法的最大优点就是对每一个PDCA循环层进行横向比较时，能得到较为准确的评价，找准薄弱点和工作漏洞。

3）对检查结果和现存信息风险重新总结和评估，并根据评估结果调整风险级别和风险值，找出重点关注环节。

（4）A阶段

1）统计汇总信息安全风险控制的成果，去除已经解决的问题，制定对新问题的改进计划。

2）查清计划未完成的原因并确立相关责任人，依据有关规定严考核硬兑现。

3）把遗留和新发现的问题转入下一个PDCA管理循环。

4. 重点解决信息安全建设中的几个关键问题

（1）把握风险评估尺寸，正确处理存在的风险

风险评估的实施方法有许多种，在做信息安全风险评估时，应从企业整体出发，从企业需求出发。通过《信息安全技术信息安全风险评估规范》GB/T 20984—2007给出的风险评估实施流程可以较为全面地评估出企业存在的信息安全风险。

信息安全风险识别出后，采用合理的处置办法也非常重要。采用的处理方式主要有：

1）风险减缓，即采用适当的控制措施来降低风险。如对重要信息处理设备采用冗余配置措施以避免单点故障的发生。

2）风险接受，在明显满足组织方针策略和接受风险准则的条件下，有意识地、客观地接受风险。特别是适当接受那些"风险级别低的风险"，以确保高级别风险能及时而有效地处置。

3）风险规避，在可能的情况下，避免某些特殊风险，如将重要信息文件进行加密来避免未授权人获得。

4）风险转移，将相关业务风险转移到其他地方，如将网站业务的维护托管到第三方专业维保单位管理，并与其签订信息安全保密协议等。

（2）重视人在燃气企业信息安全管理中的作用

在企业管理中，所有的管理活动都离不开"人"。"人"是信息安全活动中最复杂、最难控制的对象，许多信息安全事件的发生是因人而起。要对企业中人的行为进行约束，明确人的信息安全管理角色和管理职责；加强人的思想认识，进行信息安全的教育和培训，才能构建良好的信息安全文化。公司在信息安全管理中，首先成立了信息安全小组，把企

业的"一把手"作为推动信息安全的组长，把企业内不同部门的人作为参与信息安全管理的对象，其中经理层和关键岗位人员是安全小组组员，明确了组长和组员的信息安全责任和义务；然后把信息安全责任制落实到企业安全责任状中，要求层层签订层层落实，通过与经理层、关键岗位人员签订保密承诺书来进一步保障企业信息安全；最后注重培育企业自己的信息安全文化，特别是通过报纸、宣传栏、企业 OA 系统向员工宣传日常信息安全做法，从小事出发，将注重信息安全形成习惯。例如，对电子文件进行简单加密，离开电脑时进行锁屏保护，给电脑打开设定密码保护，重要文件不被设为共享，不把公司的文件传送给第三方（其他公司、网上文库），及时粉碎重要纸质文件，及时做好重要数据备份，及时更新杀毒软件病毒库等。

（3）做好信息资产分类，把资产管理好

信息是一种对燃气企业具有价值的资产，但是要想把这种资产管好，必须做到以下几点：第一，它有两种存在形式，即有形和无形，要建立信息资产清单来管理，这样在管理中才能做到"心中有数"。第二，不同信息有着不同的保护要求，要进行信息分类管理，根据不同分类等级采取不同的保护措施。信息保护等级可分为绝密、机密、秘密、受限、内部公开、公开。在分类时特别要注意的是考虑共享或限制信息的业务需求以及与这种需求相关的业务影响，避免信息保护等级被设定过高，实际操作时影响到业务的开展。第三，信息的处理过程很难控制，需要对信息做好标记，标记的内容要包括安全处理、存储、传输、删除、销毁的处理程序，标记的程序要涵盖物理和电子格式的信息资产，不能有遗漏。特别是对报废的存储介质处理，应确保销毁，以目前的数据恢复技术而言，采用格式化的方法来处理数据存储的物理介质很容易被恢复。因此，最好的办法是物理销毁、数据覆盖或者利用不可逆专门工具处理。

（4）合理规划信息安全区域，做好信息处理设备的安全管理

在燃气安全生产建设中分清防爆区域非常重要，其实在信息安全管理中也要分清信息安全区域，通常在实际应用中将总经理室、财务部门、人力资源部门、档案部门、图纸设计部门、信息化部门、信息系统机房等具有敏感信息的部门划定在安全区域内，并在物理边界上加以防护，防止未授权的人员进入损坏、盗窃、截取。如在财务部门、信息化机房入口安装门禁、视频监控、红外报警器等。此外，还要考虑安全区域内的信息安全。日常工作中设备故障所造成的信息处理过程不安全最为常见。因此，对提供信息处理支持性设施要格外关注，要加强设施的运行维护管理，建立运行维护管理制度，安排专人定期巡检设备运行情况。在条件允许的情况下，还可以配置冗余的硬件设备、双路供电电源、应急电源等。

（5）加强信息安全事件管理，预防信息安全事件发生

根据燃气企业发生的各种信息安全事件的统计结果，最典型的有有害程序、网络攻击事件、信息破坏事件、信息内容安全事件、设备设施故障、灾害性事件等。其中，带来的损失最严重的是有害程序、网络攻击事件。针对这些事件，可以采取相应的技术防范措施，如安装反病毒产品、防火墙产品、入侵检测与入侵防御产品，对系统和网络进行脆弱性扫描等，同时做好定期的设备巡查，及时更换失效的产品。另一方面，根据企业自身情况建立信息安全应急预案，搭建应急组织机构，对信息安全事件分级，并制定应急响应机制、应急处置流程（即事故上报流程）以及恢复程序。每年开展一次应急演练，提高信息安全

应急预案的可操作性以及相关人员对信息安全事件响应的熟练程度，可以提高信息安全事件的预防和处置能力。

5. 未来持续性做好信息安全工作的几点探索

"发展"和"变化"始终是未来信息安全的重要特征，只有紧紧抓住这个特征才能正确地处理和对待信息安全问题。

（1）正确面对新技术的应用

随着无线技术、物联网技术、"云"技术等新技术在企业中应用，企业在信息应用上取得了很大突破，新的信息技术为企业发展带来了新的机遇。但是不断革新的技术就像一把"双刃剑"，一方面促成了企业的新发展，而另一方面也会为企业带来新的信息安全问题。因此，企业应正确地面对新技术，在新技术应用的同时，重视加强入侵检测技术、RFID（射频识别）技术、数字认证加密技术、灾难备份技术等安全防护技术的应用，以保障企业在新形势下的信息安全。与此同时，通过实践我们也应该提高防范意识，谨防别有用心之人利用信息新技术来造成信息破坏或信息安全事故。

（2）大力发挥人才的优势

信息安全管理离不开人，信息技术的应用和维护更离不开人。持续性做好信息安全管理的另一突破点在人才管理上。燃气企业应着力培养一批懂信息技术、懂安全、懂燃气的综合性人才，大力发挥人才优势，才能使得信息安全保护持续性得到有力支撑。

4.2 燃气运行调度系统

随着信息技术的发展和普及，信息系统在企业经营管理和社会经济生活中所起的作用越来越重要，信息技术已被认为是支持企业发展的关键性技术，掌握了信息资源也就意味着掌握了最先进的生产工具，从而也就在激烈的竞争中掌握了主动。近几十年来，企业的信息化已成为一种非常普遍的现象，随着计算机技术、自动控制技术等相关应用技术在各行各业中的广泛应用，信息化、数字化的概念也不断深入到燃气行业的技术应用中。它不但体现在具体的业务应用、过程控制领域，同时也体现在一个企业的管理领域和决策领域。

燃气行业同其他行业一样，要不断推进信息化系统在燃气行业的应用与发展，以信息化的技术来促进生产管理效率的提高和生产管理手段的变革，从而推进企业运作模式的变化，对人力、设备、材料以及各项资源进行计划和控制，使生产管理、采购计划和材料管理等得以优化。

燃气行业信息化系统的内容有：生产调度自动化系统、营业收费自动化系统、决策支持系统、其他业务系统等。

4.2.1 生产调度自动化系统

1. 监控和数据采集系统

监控和数据采集系统（Supervisory Control and Data Acquisition，简称 SCADA）是以计算机为基础的生产过程控制与调度自动化系统。SCADA 系统是指对现场的生产状况进行监控，并将采集的数据通过远传的方式集中到调度中心进行处理，并根据一定的策略进行远程的自动控制，以实现数据采集、设备控制、测量、参数调节以及各类信号报警等各项功能，即实现基本的四遥功能：遥信、遥监、遥调和遥控。

2. 地理信息系统（Geographic Information System，简称 GIS）

地理信息系统是采集、存储、管理、分析和显示有关地理现象信息的计算机综合系统。GIS 以地理空间信息数据库为基础，提供多种动态的地理信息，利用各种地理信息分析方法，为地理研究提供所必需的地理数据和决策支持。与其他传统意义上的信息系统相比，GIS 的特点在于，它不仅能够存储、分析和表达现实世界中各种对象的属性信息，而且能够处理其空间定位特征，能将其空间和属性信息有机地结合起来，从空间和属性两个方面对现实对象查询、检索和分析，并将结果以各种形式形象而不失精确地表达出来。因此，从对现实世界对象表达和分析手段的丰富性和有效性来看，GIS 是较传统意义上的信息系统更为高级的系统。

3. 用户管理系统

作为服务性行业，在生产调度上很重要的一项任务就是如何为用户服务，对用户资料的管理是基础工作，建立健全的用户管理系统是建立其他业务及管理系统的基础数据平台。

4.2.2 营业收费自动化系统

1. 远程抄表系统

通过无线或有线的通信方式，将气量数据通过远传的方式集中到数据中心处理。同时，也能为气表的维护管理提供一定的帮助。

2. 与银行联网，实现代理收费系统

将收费功能交于银行管理，可以方便用户，同时减少企业在收费上投入的人力和物力，使企业将更多的精力集中到主要的生产管理工作上。

3. 手机端小程序实现无线充值

4.2.3 决策支持系统

决策支持系统（Decision Support System，简称 DSS）往往和专家系统相结合，根据企业的基本生产数据、经营管理基础数据综合统计与分析，为领导层的人工决策提供一定的决策支持与帮助职能。它作为另一类信息系统，涉及范围较广，已经构成了一个相对独立的研究领域。

4.2.4 其他业务系统

（1）计算机辅助设计系统；
（2）工程管理系统；
（3）财务、审计、劳资管理系统；
（4）办公自动化系统（Office Automation，简称 OA）。

4.3 瓶装液化石油气信息化管理

瓶装液化石油气信息管理系统是指瓶装液化石油气经营企业用于采集、存储、管理液化气相关管理要素信息，并提供检索和应用的信息系统。

瓶装液化石油气信息管理系统应覆盖液化气气瓶建档、用户实名制登记及瓶装液化石油气的充装、运输、储存、配送、使用和安检等环节，满足瓶装液化石油气的安全管理要求，应满足液化气气瓶流转的实时追踪、信息统计和分析决策等需求。

4.3.1 瓶装液化石油气信息化管理的基本规定

瓶装液化石油气经营企业应用信息管理系统时应符合下列规定：

1. 建立科学有效的瓶装液化石油气信息管理系统的整体方案，制定明确的目标，有完善的管理制度并严格执行。

2. 建立健全信息管理系统的工作规范、服务标准和管理制度，并按规定做好数据处理、集成、整合、管理、维护等相关工作。

3. 通过气瓶产权置换、用户实名制登记、电子标签和视频监控等手段，建立气瓶流转全过程的信息管理系统，并实现与监管部门的实时数据交互。

4. 利用广播、电视、网络和报刊等媒体，对瓶装液化石油气用户实名制登记、固定充装和自有产权置换等信息管理工作开展广泛宣传。

4.3.2 瓶装液化石油气信息化管理系统的总体要求

1. 瓶装液化石油气信息化管理系统应根据瓶装液化石油气管理的需要，提供数据交换共享接口，具有灵活支持多级管理部门共享应用的能力；应基于物联网信息技术，宜采用图、文、表一体化集成模式构建开发。

2. 信息化管理的架构（图4-1）

图4-1 瓶装液化石油气信息管理结构图

3. 瓶装液化石油气信息化管理系统的建设应遵循先进、可靠、便于管理、经济便利的原则

4. 瓶装液化石油气经营企业的气瓶、员工、车辆和用户等信息应实时上传更新至信息管理系统。

5. 信息管理系统宜设置下列功能模块：

（1）基础信息：对充装站、供应站、从业人员、危化车辆、气瓶档案、客户及监控视频等信息的录入及查看；

（2）数据查询：气瓶的充装记录、检修记录、流转轨迹、实时位置、入户安检等记录；

（3）统计分析：统计主要运营数据，包括充装站、送气工、配送车辆、客户信息、气瓶销售数量、气瓶库存记录；

（4）内部管理：用于划分系统管理人员的信息、权限等。

6. 液化石油气钢瓶电子标签应绑定气瓶档案信息，包括注册登记信息、检验记录、流转信息和末次充装信息等。固定在钢瓶瓶体上的电子标签，应安装牢固。若标签被剥离，不能转移到其他气瓶上重复使用。

4.3.3 瓶装液化石油气管理信息系统的数据应用

管理人员可通过下列条件进行信息查询：

1. 管理人员可通过行政区域、企业名称、气瓶规格、登记时间段、气瓶状态、条形码等条件查询气瓶的详细信息，包括气瓶出厂编号、条码号、型号、规格、瓶体重量、生产单位、生产日期、报废日期、所属企业名称、登记人姓名、登记时间、末次检验单位名称、末次检验日期、下次检验日期、末次充装时间、充装工、配送时间、配送工、配送地址、气瓶使用状况、气瓶流转状态、气瓶库位、当前流转环节起始时间等信息。

2. 管理人员可通过系统查看液化气经营企业的企业行政区域、企业名称、法定代表人、是否获得经营许可、经营类别、登记时间、许可时间、许可人员、许可证到期时间等信息，并可查看、生成液化气经营企业的许可证文件。

3. 管理人员可通过系统查看液化气从业人员的所属行政区域、所属企业、所属站点、员工代码、员工姓名、岗位、性别、照片等信息。

4. 管理人员可通过系统查看液化气运输车辆的所属行政区域、所属企业、所属危化品公司、车辆代码、车牌号码、照片、登记时间、许可时间、许可人员、许可证到期时间等信息。

5. 管理人员可通过系统查看已购买瓶装液化石油气客户的详细信息，主要包括所属行政区域、所属企业、所属站点、客户代码、客户姓名、地址、客户类别、身份证号、联系电话、登记时间等。

4.4 智 慧 燃 气

随着我国城市化的不断加快，人民生活消费水平的不断提高以及国家"十三五"优化能源结构的规划，燃气市场将迎来爆发式增长，这给燃气行业带来机遇。同时，燃气行业也面临来自其他行业如电力、煤、石油的强力竞争和巨大挑战。燃气企业为在竞争中保持稳定、高效的发展，提高技术性和安全性至关重要。在互联网技术、无线通信技术、物联网技术、卫星通信技术、大数据、云计算技术飞速发展的今天，"智慧城市"概念应运而生，包括智慧燃气、智慧交通、智慧水务等多个领域。

智慧燃气是以城市输气管网为基础，各终端用户协调发展，以最新信息通信平台技术为支撑，具有信息化、自动化、互动化的特征，包含城市燃气各环节，实现"燃气流、信息流、业务流"的高度一体化的现代燃气系统，其最终目标是实现燃气行业在客户服务、管网管理、工程施工、应急抢险、领导决策等领域工作的智能化。

4.4.1 实现智慧燃气的技术基础

1. 基于 NB-IOT 的物联网技术

基于 NB-IOT（Narrow Band Internet of Things）的物联网技术，目前正在我国开始得到应用。NB-IOT 无线网络使物物相联成为可能，大大降低了联网成本。相比以往通过 GPRS 网络传输数据，NB-IOT 具有功耗更低、网络覆盖更广、成本低、速率低的特点，更加适合于物联网应用。目前我国不少企业都开始研制基于 NB-IOT 技术的物联网设备，在燃气行业，基于 NB-IOT 的远传气表、RTU 等都已经开始得到应用。相信在不远的将来越来越多的燃气远程监控设备都会采用 NB-IOT 技术。

2. 云技术

目前越来越多的燃气公司，特别是集团型燃气公司，开始建设基于云技术的智慧燃气云平台（图 4-2），通过 SAAS（软件及服务）方式向成员公司提供信息化服务。云平台的建设，为燃气公司节省了大量投资，成员公司无需要建设自己的机房，无需要重复购买同样的软件，无需要设置 IT 维护人员。云平台的建设，也为燃气公司对成员公司的管理提供了有效的手段。

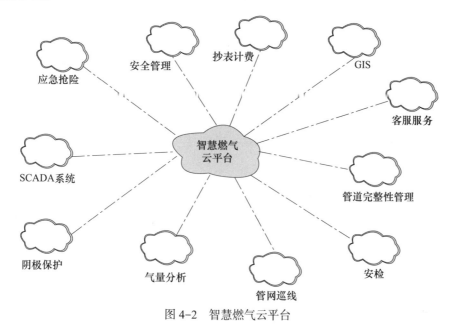

图 4-2　智慧燃气云平台

3. 互联网＋燃气

在燃气行业，基于互联网＋技术的应用越来越多。互联网＋就是将互联网技术进一步扩展，利用信息通信技术以及互联网平台，让互联网与传统行业进行深度融合，创造新的发展生态。互联网＋燃气目前应用在客户服务、管网管理、工程施工、抢险维修等领域发挥着重要的作用。

4. 移动支付

基于手机的移动支付技术目前在燃气行业也得到了应用，一些燃气公司已经开始采用支付宝或微信方式收取客户气费及工程费用。

4.4.2　客户服务智慧化

客户服务智慧化是指采用各种新技术、新理念，为客户提供更加方便的服务，提高用户的满意度。客户服务智慧化的宗旨就是尽量方便客户办理各种业务，让客户可以随时了解与自己相关的业务的状态，并为客户提供周到的服务。从当前的发展情况来看，智慧化服务主要表现如下：

（1）气表二维码。在气表上张贴二维码，将气表与客户关联起来。厂家可以通过二维码追踪气表去向。燃气公司在安装气表时扫描气表二维码，将客户与气表关联起来。客户也可通过扫描二维码可下载燃气公司的 APP，获取燃气公司提供的各种服务。

（2）通过无线终端为客户提供服务。无线终端提供的服务包括 APP、QQ、微信等方式，为客户提供用气数据查询、交费、报装、工程施工信息查询等服务。一旦客户报装或维修申请被受理，工程施工人员到达现场后，可以通过 APP 或微信等方式，向客户提供实时的报价信息，并能够让客户通过支付宝或微信现场支付安装或维修费。客户也可以通过 APP 或微信查询报装申请的状态。

（3）通过一体化终端为客户提供服务。一体化终端是触摸屏交互式系统，可安装在小区、公共场所、燃气公司营业厅等地方。客户可在一体化终端上完成用气及施工信息查询、交费等业务。同时，一体化终端还能够提供商业广告、公益广告、用气安全知识宣传等服务，为燃气公司带来额外的经济效益和社会效益。

（4）客户用气行为的大数据分析。通过大数据分析技术，对客户，尤其是工商业等大客户使用燃气的历史数据分析，发现其用气规律。在客户用气行为异常的情况下，及时派人到现场检查，对发现偷气漏气行为、燃气表具量程规格是否合理等非常有帮助，能够为燃气公司减少输差、保证公平计量提供帮助，并能为科学调度提供依据。

4.4.3 管网管理智慧化

1. 管网仿真技术

现阶段大部分燃气公司都能够通过 GIS 系统、SCADA 系统，实现对管网信息查询及管网状态的实时监控，并能够通过 SCADA 系统实现远程开关阀门。随着智慧燃气的发展，采用管网仿真系统、SCADA 系统、GIS 系统等相结合的方式，更能够实现管网管理的智慧化，如图 4-3 所示。

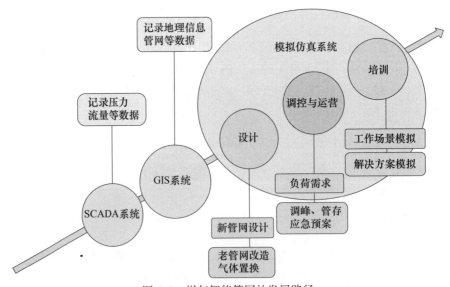

图 4-3　燃气智能管网的发展路径

管网仿真技术在智慧燃气运营方面有很多应用，包括：管网改造与新管网建设、管网压力平衡模拟、管网输差分析、气源预测、GIS 及 SCADA 数据修正、管网完整性管理等。

以前只有设计部门运用仿真技术进行管网设计，目前在设计和管网运行时都采用管网仿真技术来管理，才能真正实现管网管理的智慧化。国外很多燃气公司都采用仿真技术来管理管网，国内目前只有少数燃气公司采用仿真技术来管理管网业务，管网管理智慧化目前还在起步阶段。仿真技术对管网的管理与静态的 GIS 系统相比，在智慧化方面将有很大提高。GIS 数据的不准确性、SCADA 系统的错误等也可以通过仿真技术的模拟来发现。我们认为，只有采用管网仿真技术来管理管网业务，才能真正实现管网管理的智慧化。

2. 管网及设备的全面 SCADA 系统监控

实现智慧管网，SCADA 系统扩展其监控范围也是非常必要的。传统的 SCADA 系统一般只监控场站、管网末端、重要客户等。要真正实现管网的智能化管理，密闭空间、阀井阀门、第三方破坏、管道地质沉降、管网重要设备等，都应当纳入 SCADA 系统监控范围，实现对管网的全方位监控。

3. 管道完整性管理的智慧化

管道完整性管理一直是燃气公司重点关注的工作之一，涉及燃气公司的管网运行安全。自动获取管网运行数据，并对管网运行状态作出及时的分析判断，是实现完整性管理智慧化的重要任务。完整性管理需要的数据，比如阴极保护数据、巡线数据、工程施工数据、GIS 数据、安全隐患数据、管道修复数据都可以通过计算机系统集成技术集成到一起，形成一个完整性管理数据平台。在采用一定的风险评价模型后，完整性管理系统自动对搜集到的数据进行分析，给出管网的风险指数。燃气公司的工作人员可通过完整性管理系统随时了解管网的各种信息及运行风险。管道完整性系统通过智能化的数据搜集及风险评价，实时展示燃气管道的风险状态，实现对管道完整性的智慧化管理。

4.4.4 工程施工智慧化

燃气工程施工过程的管理是非常重要的。在传统的施工过程，由于缺乏信息化管理手段，施工数据、管道位置无法实时采集，工程进展状态也只能通过施工单位的汇报或亲自派人到现场来了解。实现对工程施工过程的监管及施工数据的现场采集，是燃气公司非常希望解决的工程管理问题。近年来，一些燃气公司开发的工程施工管理系统，通过无线终端技术及卫星定位技术，工程施工人员可在施工现场录入施工数据、照片，并现场定位施工位置及管道位置。施工数据可以自动汇聚生成竣工报告，实现工程文档的电子化。通过查看现场填写的施工数据、现场拍摄的音像资料等，燃气公司就能够了解工程的真实进展情况，而不是仅仅依靠施工单位的汇报。因此，通过工程施工管理系统，可以实现对工程施工过程的智能监管，对施工数据的实时采集，提高燃气公司管理水平。

4.4.5 抢险维修智慧化

燃气公司的抢险维修工作，过去多是通过电话通知相关人员到现场，通过手机拍照报告现场情况。现场施工人员与公司管理层之间的信息传输通过电话或者微信、QQ 来实现。这样的工作方式，能够解决一定的问题，但是还是不够的。传统抢修工作存在的主要问题如图 4-4 所示。

如何构建多元的险情来源体系？如何确保信息传递的准确性？如何确保抢险过程的合规高效可靠？这是智慧抢险所面临的问题。为解决上述问题，有必要建设智慧化的抢险维修系统，实现对整个抢险维修工作的智能管理。如图 4-5 所示。

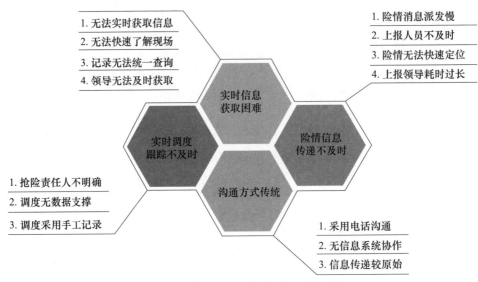

图 4-4　传统抢修工作存在的主要问题

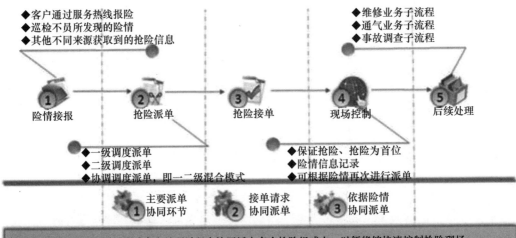

图 4-5　抢险流程说明

采用抢险维修系统后，抢险流程得到固化。险情通过各种渠道（呼叫中心、SCADA 系统、安检系统、巡线系统等）传递到调度中心，调度人员发出抢险指令。抢险维修人员通过抢险维修系统接受调度指令，在抢险维修系统上定位出险位置，并根据险情情况，通过系统了解抢险需要的物资、设备、车辆等情况，并获取这些资源。抢险人员到达现场后，对险情核实，通过无线终端以语音或文字报告险情，通过视频监控系统将现场情况传送回调度中心，根据作业指导书规定流程进行抢险作业，抢险维修系统将跟踪后续所有流程，监督抢险人员完成后续所有工作，系统管理人员根据实际情况丰富完善知识库，实现整个抢险维修工作的智慧化管理。

4.4.6 领导决策智能化

通过具有商业智能的决策分析系统为决策者提供决策依据，是实现领导决策智慧化的一种方式。商业智能系统从来自不同的业务系统的数据中提取出有用的数据并整理，以保证数据的正确性，然后经过抽取 ETL（Extract-Transform-Load 数据抽取－转换－加载）过程，合并到企业级的数据仓库里，从而得到企业数据的一个全局视图。在此基础上利用合适的查询和分析工具、数据挖掘工具、OLAP（在线分析处理）工具等对其分析和处理，最后将结论呈现给管理者，为管理者的最终决策提供数据支持。

商业智能系统可以为燃气公司领导层提供市场客服分析、安全分析、工程项目建设分析、物资采购分析等数据，为决策者了解公司运行状况，做出正确的决策提供帮助。

新技术的应用及管理理念的改变，正在带动燃气行业业务运行模式的改变。在客户服务、管网运行管理、工程施工、抢险维修、领导决策等方面，智慧化的工作方式正在形成。可以预见，随着技术的发展，燃气行业会朝着智慧化方面不断进步，以更加有效、方便、智能的方式为客户提供服务，管理燃气日常业务。

下 篇

专业知识

5 管道燃气经营企业

5.1 城镇燃气输配系统的构成、设施和压力级制的基础知识

5.1.1 城镇燃气输配系统的构成

城镇燃气输配系统一般由门站、储配站、输配管网、调压站以及运行管理操作和控制设施及监控系统等共同组成。如图 5-1 所示。

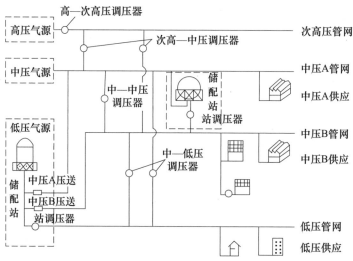

图 5-1 燃气输配系统示意图

5.1.2 燃气输配管网分类与管网系统压力级制

输配管网将门站（接收站）的燃气输送至各储气站、调压站、燃气用户，并保证沿途输气安全可靠。燃气输配管网可按燃气压力、用途、敷设方式、管网形状等加以分类。

1. 燃气输配管网分类

燃气输配系统的主要组成部分是燃气管道。管道可按燃气压力、用途和敷设方式分类。

（1）按燃气压力分类

1）高压燃气管道：　A　$2.5MPa < P \leqslant 4.0MPa$；

　　　　　　　　　B　$1.6MPa < P \leqslant 2.5MPa$。

2）次高压燃气管道：A　$0.8MPa < P \leqslant 1.6MPa$；

　　　　　　　　　B　$0.4MPa < P \leqslant 0.8MPa$。

3）中压燃气管道：　A　$0.2MPa < P \leqslant 0.4MPa$；

　　　　　　　　　B　$0.01MPa \leqslant P \leqslant 0.2MPa$。

4）低压燃气管道：$P < 0.01$MPa。

（2）按用途分类

城镇燃气输配管道按不同用途可以分为以下几类：

1）输气干管：在门站至配气管之间向城市配气管道输气的管道。

2）配气管：与输气干管连接，将燃气送给用户的管道。

3）用户引入管：将燃气从输配管道引到用户室内的管道。

4）室内燃气管：是建筑物内部的管道，通过用户管道引入口将燃气引向室内，并分配到每个燃气用具的管道。

（3）按敷设方式分类

按敷设方式分为地下燃气管道和架空燃气管道两类。城镇燃气管道为了安全运行，一般情况下均为埋地敷设，不允许架空敷设；当建筑物间距过小或地下管线和构筑物密集，管道埋地困难时才允许架空敷设。工厂厂区内的燃气管道常用架空敷设，以便于管理和维修，并减少燃气泄漏的危害性。

（4）按管网形状分类

1）环状管网：管道连成封闭的环状，它是城镇输配管网的基本形式，在同一环中，输气压力处于同一级制。

2）枝状管网：以干管为主管呈放射状由主管引出分配管而不成环状。在城镇管网中一般不单独使用。

3）环枝状管网：以环状与枝状混合使用的一种管网形式，是工程设计中常用的管网形式。

2. 城镇燃气管网压力级制

城镇燃气管网由燃气管道及其设备组成。由低压、中压和高压等各种不同压力级别的管道组合而成，城镇燃气管网系统的压力级制可分为以下几类：

一级制系统：仅由低压或中压一种压力级别的管网分配和供给燃气的管网系统。

二级制系统：由中压、低压或次高压两种压力级别的管网组成的管网系统。

三级制系统：由低压、中压和次高压三种压力级别的管网组成的管网系统。

多级制系统：采用三种以上压力等级输配燃气的燃气管网系统。

（1）低压供应方式和低压一级制管网系统

根据低压气源（燃气制造厂和储配站）压力的大小和城镇的范围，低压供应方式分为利用低压储气柜的压力供应和由低压压送机供应两种。低压供应原则上应充分利用储气柜的压力，只有当储气柜的压力不足，以致低压管道的管径过大而不合理时，才采用低压压送机供应。以低压供应方式、低压一级制管网系统供给燃气的输配方式，一般只适用于小城镇。

低压湿式储气柜的储气压力取决于储气柜的构造及其质量，并随钟罩和钢塔的升起层数而变化，表5-1所列数据可供参考。

湿式储气柜的储气压力 表5-1

湿式储气柜的升起层数	储气压力（Pa）	湿式储气柜的升起层数	储气压力（Pa）
1	1100～1300	2	1700～2100

续表

湿式储气柜的升起层数	储气压力（Pa）	湿式储气柜的升起层数	储气压力（Pa）
3	2500～2900	5	3600～3800
4	3100～3400		

低压干式储气柜的储气压力主要与其活塞的质量有关，储气压力是固定的，一般为2000～3000Pa。为了适当提高储气柜的供气压力，可在湿式储气柜的钟罩上或干式储气柜的活塞上加适量重块。低压供应方式和低压一级制管网系统的特点如下：

1）输配管网为单一的低压管网，系统简单，维护管理容易。

2）无须压送费用或只需少量的压送费用，当停电时或压送机发生故障时，基本不妨碍供气，供气可靠性好。

3）对供应区域大或供应量多的城镇，须敷设较大管径的管道而不经济。

（2）中压供应方式和中—低压二级制管网系统

中压燃气经中—低压调压器调至低压，由低压管网向用户供气；或由低压气源厂和储气柜供应的燃气经压送机加至中压，由中压管网输气，再通过区域调压器调至低压，由低压管道向用户供气。在系统中设置储配站以调节用气不均匀性。中—低压二级制管网系统如图5-2所示。

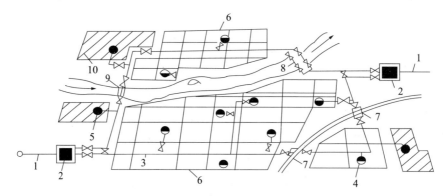

图5-2　中—低压二级制管网系统

1—长输管线；2—城镇燃气分配站；3—中压A管网；4—区域调压室；
5—工业专用调压室；6—低压管网；7—穿过铁路的套管敷设；
8—穿过河底的过河管；9—沿桥散设的过河管；10—工业企业

中压供应方式和中—低压二级制管网系统的特点如下：

1）因输气压力高于低压供应方式，输气能力较大，输送较多数量的燃气，以减少管网的投资费用。可用较小管径的管道。

2）只要合理设置中—低压调压器，就能维持比较稳定的供气压力。

3）输配管网系统有中压和低压两种压力级别，而且设有调压器（有时包括压送机），因而维护管理较复杂，运行费用较高。

4）由于压送机运转需要动力，一旦停电或发生其他事故，将会影响正常工作。

因此，中压供应方式及中—低压二级制管网系统适用于供应区域较大、供气量较大、采用低压供应方式不经济的中型城镇。

（3）高压供应方式和次高—中—低压三级制管网系统

高压燃气从城镇天然气接收站（天然气门站）或气源厂输出，由高压管网输气，经区域高—中压调压器调至中压，输入中压管网，再经区域中—低压调压器调成低压，由低压管网供应燃气用户，如图5-3所示。可在燃气供应区域内设置储气柜，用以调节不均匀性。但目前多采用管道储气调节用气的不均匀性。

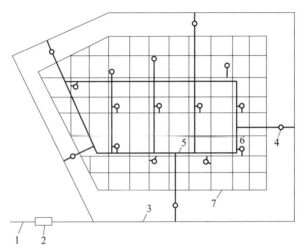

图 5-3　次高、中、低压三级管网系统

1—长输管线；2—门站；3—次高压管网；4—次高—中压调压站；
5—中压管网；6—中—低压调压站；7—低压管网

高压供应方式和次高—中—低压三级制管网系统的特点如下：

1）高压管道的输送能力较中压管道更大，须用管道的管径更小，如果有高压气源，管网系统的投资和运行费用均较经济。

2）因采用管道储气或高压储气柜（罐），可保证在短期停电等事故时供应燃气。

3）因三级制管网系统配置了多级管道和调压器，增加了系统运行维护的难度。如无高压气源，还需要设置高压压送机，压送费用高，维护管理较复杂。

因此，高压供应方式及次高—中—低压三级制管网系统适用于供应范围大、供气量大并需要较远距离输送燃气的场合，可节省管网系统的建设费用，用于天然气或高压制气等高压气源更为经济。

（4）多级制管网系统

来自长输干线的天然气进入城镇天然气远程干线门站，经外围高压环网送入高压燃气储配站，经过调压、计量后再送入低一级别的高压环网，再经高—中压调压器将天然气降至中压，进入中压管网，然后通过中—低压调压器进入低压管网分配入户，多级制管网系统如图5-4所示。

（5）混合管网系统

在一个城镇燃气管网系统中，同时存在上述两种以上管网系统的城镇配气管网系统。混合管网系统是天然气从输气干线进入城镇配气站，经调压、计量后进入中压（或次高压）输气管网，一些区域经中压（或次高压）配气管网送入箱式调压器，最后进入户内管道。

另一些区域则经中—低压（或次高—低压）调压器调压后，送入低压管网，最后送入庭院及户内管道。

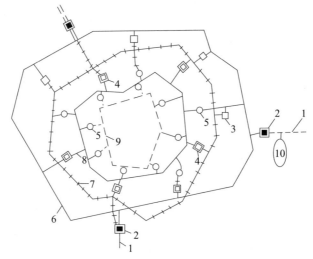

图 5-4 多级制管网系统

1—长输管线；2—城镇燃气分配站；3—调压计量站；4—储气罐站；5—高—中压调压站；
6—高压 B 管网；7—次高压 A 管网；8—中压 A 调压室；9—低压 B 管网；10—地下储气库

由于混合管网系统管道总长度较三级、多级管网系统要短，因此投资较省，此系统的投资介于一级和二级系统之间。该系统一般是在街道宽阔、安全距离可以保证的地区采用一级中压（或次高压）供气，而在人口稠密、街道狭窄的地区采用低压供气，因此，可以保证安全供气。此系统是我国目前广泛采用的城镇配气管网系统。

（6）采用不同压力级制的必要性

城镇配气管网系统采用不同的压力级制，其原因如下：

1）管网采用不同的压力级制是比较经济的。因为，大部分的燃气由较高压力的管道输送，为了充分利用能量，管道单位长度上的压力损失可选得大一些，这样管道的直径可选得小一些。因此，更节约管材。如由城镇的一个地区输送大量燃气到另一个地区，采用较高压力比较经济合理。当然，管网内燃气的压力增高后，输送燃气所消耗的能量可能也随之增加。

2）各类用户所需要的燃气压力不同。如居民用户和小型公共建筑用户需要低压燃气，应该直接与低压管网连接，而许多工业用户需要中压或高压燃气，就需要与中压或高压管网连接。

3）在城市中心的老区，建筑物陈旧，街道和人行道都很窄，人口密度大，从安全和便于管理考虑，不宜铺设高压或次高压燃气管道；而在新城区，由于街道宽阔，规划整齐、宽松，适合铺设中压或高压燃气管道，这样更经济节约。一般近期建造的管道的压力都比原来建造的老区燃气管道压力高。

5.1.3　城镇燃气管网的布置

1. 管网布置的一般原则

布置各种压力级别的燃气管网，应遵循下列原则：

（1）应结合城镇总体规划和有关专业规划，并在调查了解城镇各种地下设施的现状和规划基础上，布置燃气管网。

（2）管网规划布线应按城镇规划布局进行，贯彻远近结合、以近期为主的方针；在规划布线时，应提出分期建设的安排，以便于设计阶段开展工作。

（3）应尽量靠近用户，以保证用最短的线路长度达到最好的供气效果。

（4）应减少跨越河流、水域、铁路等工程，以减少投资。

（5）为确保供气可靠，一般各级管网应成环路布置。

2. 管网布置的依据

燃气管网在具体布置时，应考虑下列基本情况：

（1）管道中燃气的压力。

（2）地下管线及其他障碍物的密集程度与布置情况。

（3）道路交通量和路面结构情况，以及运输干线的分布情况。

（4）所输送燃气的含湿量，必要的管道坡度，街道地形变化情况。

（5）与该管道相连接的用户数量及用气量情况，以及该管道是主要管道还是次要管道。

（6）土壤性质、腐蚀性能和冰冻线深度。

（7）该管道在施工、运行和发生故障时，对交通、生产、生活等的影响。

3. 高、中压管网的平面布置

高、中压管网的主要功能是输气，中压管网还有向低压管网各环网配气的作用。两者既有共同点，也有不同点。一般按以下原则布置：

（1）高压（或次高压）管道宜布置在城市边缘或市内有足够埋管安全距离的地带，并应连接成环网，以提高高压供气的可靠性。

（2）中压管道应布置在城市用气区便于与低压环网连接的规划道路上，但应尽量避免沿车辆来往频繁或闹市区的主要交通干线敷设，否则会对管道施工和管理维修造成困难；中压管网一般也应布置成环网，以提高其输气和配气的安全可靠性。

（3）高、中压管道的布置，应考虑对大型用户直接供气的可能性，并应使管道通过这些地区时尽量靠近这类用户，以利于缩短连接支管的长度。

（4）高、中压管道的布置应考虑调压室的布点位置，尽量使管道靠近各调压室，以缩短连接支管的长度。

（5）从气源厂连接高压或中压管网的管道应采用双线敷设。

（6）长输高压管线不得与单个居民用户连接。

（7）由高、中压管道直接供气的大型用户，其用户支管末端必须考虑设置专用调压室的位置。

（8）高、中压管道应尽量避免穿越铁路或河流等大型障碍物，以减少工程量和投资。

（9）高、中压管道与建筑物、构筑物以及其他各种管道之间应保持必要的水平净距，见表5-2。如受地形限制布置有困难，而无法解决时，经与有关部门协商，采取行之有效的防护措施后，表中的净距可适当缩小，但次高压燃气管道距建筑物外墙面不应小于3.0m，中压管道距建筑物基础不应小于0.5m且距建筑物外墙面不应小于1m。其中当次高压A燃气管道采取有效的安全防护措施或当管道壁厚不小于9.5mm时，管道距建筑物外墙面不应小于6.5m，当管道壁厚不小于11.9mm时，管道距建筑物外墙面不应小于3.0m。

地下燃气管道与建筑物、构筑物或相邻管道间的水平净距（m）　　表 5-2

项目		地下燃气管道				
		低压	中压		高压	
			B	A	B	A
建筑物的	基础	0.7	1.0	1.5	—	—
	外墙面（出地面处）	—	—	—	4.5	6.5
给水管		0.5	0.5	0.5	1.0	1.5
污水、雨水排水管		1.0	1.2	1.2	1.5	2.0
电力电缆（含电车电缆）	直埋	0.5	0.5	0.5	1.0	1.5
	在导管内	1.0	1.0	1.0	1.0	1.5
通信电缆	直埋	0.5	0.5	0.5	1.0	1.5
	在导管内	1.0	1.0	1.0	1.0	1.5
其他燃气管道	$DN \leqslant 300mm$	0.4	0.4	0.4	0.4	0.4
	$DN > 300mm$	0.5	0.5	0.5	0.5	0.5
热力管	直埋	1.0	1.0	1.0	1.5	2.0
	在管沟内（至外壁）	1.0	1.5	1.5	2.0	4.0
电杆（塔）基础	$\leqslant 35kV$	1.0	1.0	1.0	1.0	1.0
	$> 35kV$	2.0	2.0	2.0	5.0	5.0
通信照明电杆（至电杆中心）		1.0	1.0	1.0	1.0	1.0
铁路路堤坡脚		5.0	5.0	5.0	5.0	5.0
有轨电车钢轨		2.0	2.0	2.0	2.0	2.0
街树（至树中心）		0.75	0.75	0.75	1.20	1.20

（10）高、中压管道是城镇输配系统的输气和配气主要干线，必须综合考虑近期建设与长期规划的关系，以延长已经敷设的管道的有效使用年限，尽量减少建成后改线、增大管径或增设双线的工程量。

（11）当高、中压管网初期建设的实际条件只允许布置成半环形，甚至为枝状管时，应根据发展规划使之与规划环网有机联系，防止出现不合理的管网布局。

4. 低压管网的平面布置

低压管网的主要功能是直接向各类用户配气，是城镇供气系统中最基本的管网。据此特点，低压管网的布置一般应考虑下列各点：

（1）低压管道的输气压力低，沿程压力降的允许值也较低，故低压管网的成环边长一般宜控制在 300～600m 之间。

（2）低压管道直接与用户相连，而用户数量随着城镇建设发展而逐步增加，故低压管道除以环状管网为主体布置外，也允许存在枝状管道。

（3）为保证和提高低压管网的供气稳定性，给低压管网供气的相邻调压室之间的连通管道的管径应大于相邻管网的低压管道管径。

（4）有条件时，低压管道宜尽可能布置在街坊内兼作庭院管道，以节省投资。

（5）低压管道可以沿街道的一侧敷设，也可以沿街道双侧敷设。在有轨电车通行的街道上，当街道宽度大于 20m、横穿街道的支管过多或输配气量大，而又限于条件不允许敷设大口径管道时，低压管道可采用双侧敷设。

（6）低压管道应按规划道路布线，并应与道路轴线或建筑物的前沿相平行，尽可能避免在高级路面的街道下敷设。

（7）低压管道与建筑物、构筑物以及其他各种管道之间也应保持必要的水平净距，见表 5-2。如受地形限制布置有困难，而又无法解决时，经与有关部门协商，采取行之有效的防护措施后，表中规定的净距均可适当缩小。

5. 管道的纵断面布置

（1）地下燃气管道埋设深度，宜在土壤冰冻线以下，管顶覆土最小厚度（路面至管顶）还应满足下列要求：

1）埋设在车行道下时，不得小于 0.9m。

2）埋设在非车行道（含人行道）下时，不得小于 0.6m。

3）埋设在庭院（指绿化地及载货汽车不能进入之地）内时，不得小于 0.3m。

4）埋设在水田下时，不得小于 0.8m。

当然，如果采取了行之有效的防护措施并经技术论证后，上述规定均可适当降低。

（2）输送湿燃气的管道，不论是干管还是支管，其坡度一般不应小于 0.003。布线时，最好能使管道的坡度和地形相适应。在管道的最低点应设排水器。两相邻排水器之间的距离一般不应大于 500m。在道路中间、交叉路口以及操作困难的地方，排水器应设置在附近合适的地点。

（3）燃气管道不得从建筑物和大型构筑物（架空的建筑物和构筑物除外）下面穿过，也不得从堆积易燃、易爆材料和具有腐蚀性液体的场地下面穿越。

（4）燃气管道不宜与其他管道或电缆同沟敷设；当需要同沟敷设时，必须采取相应的防护措施。

（5）燃气管道与其他各种构筑物以及管道相交时，应保持的最小垂直净距列于表 5-3。在距相交构筑物或管道外壁 2m 以内的燃气管道上不应有接头、管件和附件。

（6）地下燃气管道不宜穿过其他管道或沟槽本身，当必须穿过排水管、热力管沟、联合地沟、隧道及其他各种用途的沟槽时，应将燃气管道敷设于套管内。套管伸出构筑物外壁的长度不应小于表 5-3 中燃气管道与该构筑物的垂直净距。套管两端应采用柔性的防腐、防水材料密封。

地下燃气管道与构筑物或相邻管道之间的垂直净距（m）　　　　表 5-3

项目		地下燃气管道（当有套管时，以套管计）
给水管、排水管或其他燃气管道		0.15
热力管的管沟底（或顶）		0.15
电缆	直埋	0.50
	在导管内	0.15
铁路轨底		1.20
有轨电车轨底		1.00

6. 架空燃气管道的布置

城镇燃气管道一般为埋地敷设，当在工厂区内、特殊地段或通过某些障碍物时，方采用架空敷设。室外架空的燃气管道，可沿建筑物外墙或支柱敷设，并应遵守下列规定：

（1）中压和低压燃气管道，可沿耐火等级不低于二级的住宅或公共建筑的外墙敷设；次高压B、中压和低压燃气管道，可沿耐火等级不低于二级的生产厂房的外墙敷设。

（2）沿建筑物外墙敷设的燃气管道距住宅或公共建筑门、窗洞口的净距：中压管道不应小于0.5m，低压管道不应小于0.3m。燃气管道距生产厂房建筑物门、窗洞口的净距不限。

（3）输送湿燃气的管道应采取排水措施，在寒冷地区还应采取保温措施。燃气管道坡向凝水罐的坡度不宜小于0.003。

（4）架空燃气管道与铁路、道路及其他管线交叉时的垂直净距不应小于表5-4的规定。对于厂区内部的架空燃气管道，在保证安全的情况下，管底至道路路面的垂直净距可降至4.5m；管底至铁路轨顶的垂直净距可降至5.5m；另外，架空电力线与燃气管道的交叉垂直净距尚应考虑导线的最大垂度。

（5）在车行道和人行道以外的地区，可在从地面到管底高度不小于0.35m的低支架上敷设燃气管道。

（6）厂区内部的燃气管道沿支架敷设时，除遵守前述规定外，尚应符合现行国家标准《工业企业煤气安全规程》GB 6222—2005的规定。

架空燃气管道与铁路、道路、其他管线交叉时的垂直净距（m）　　　　表5-4

建筑物和管线名称		最小垂直净距	
		燃气管道下	燃气管道上
铁路轨顶		6.0	—
城市道路路面		5.5	—
厂区道路路面		5.0	—
人行道路路面		2.2	—
架空电力线	3kV以下	—	1.5
	3～10kV	—	3.0
	35～66kV	—	4.0
其他管道	$DN \leq 300mm$	同管道直径，但不小于0.1	同管道直径，但不小于0.1
	$DN > 300mm$	0.3	0.3

7. 燃气管道穿越铁路、河流等大型障碍物时的敷设要求

（1）燃气管道穿越铁路和高速公路

燃气管道不应与铁路和高速公路平行敷设，宜垂直穿越。穿越时，燃气管道外应加套管，套管的做法和要求如下：

1）套管宜采用钢管或钢筋混凝土管。

2）套管内径应比燃气管道外径大100mm以上。

3）套管埋设深度：穿越铁路时，铁路轨底至套管顶不应小于1.2m，并应符合铁路管理部门的要求；穿越高速公路时，不应小于0.9m。

4）套管两端与燃气管的间隙应采用柔性的防腐、防水材料密封，其端部应装设检漏管，如图5-5所示。

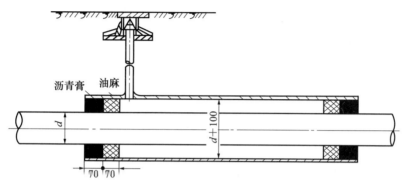

图5-5 套管及检漏管安装示意图

5）套管端部距铁路路堤坡脚外距离不应小于2.0m，距高速公路边缘不应小于1.0m。

（2）燃气管道穿越电车轨道和城镇主要干道

燃气管道宜垂直穿越电车轨道和城镇主要干道，并敷设在套管内，套管的做法和要求与前相同。也可敷设在地沟（也称过街沟）内，地沟的具体做法参见图5-6。地沟两端应密封，重要地段的地沟端部还应装设检漏管。

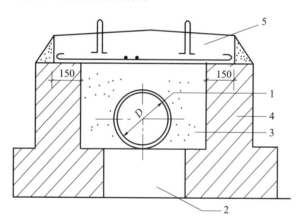

图5-6 燃气管道地沟示意图

1—燃气管道；2—原土夯实；3—填砂；4—砖墙沟壁；5—盖板

（3）燃气管道穿越河流

燃气管道通过河流时，可采用河底穿越、管桥跨越和沿桥敷设三种形式。

1）河底穿越

燃气管道穿越河底时，应符合下列要求：

① 燃气管道宜采用钢管；

② 应尽可能从直线河段穿越，并与水流轴向垂直，从河床两岸有缓坡而又未受冲刷、河滩宽度最小的地方经过；

③ 宜采用双管敷设，在环形管网可由另侧保证供气，或以枝状管道供气的工业用户在过河管检修期间，可用其他燃料代替的情况下，允许采用单管敷设；

④ 穿越重要河流的燃气管道，应在两岸设置阀门；

⑤ 燃气管道至规划河底的覆土厚度，应根据水流冲刷条件确定，对不通航河流应大于0.5m，对通航河流应大于1.0m，还应考虑疏浚和投锚的深度；

⑥ 对水下部分的燃气管道应采取稳管措施，并经计算确定；

⑦ 输送湿燃气的管道，应有不小于0.003的坡度，坡向河岸一侧，并在最低点处设排水器；

⑧ 在埋设燃气管道位置的河流两岸上、下游应设立标志。

河底穿越的优点是不需保温与经常维修，缺点是施工费用高、损坏时修理困难。这种方式主要适用于气温较低的北方地区，且水流速度较小、河床和河岸较稳定的水域。

2）管桥跨越

当燃气管道通过水流速度大于2m/s，而河床和河岸又不稳定的水域时，一般采用管桥跨越方式。常采用的管桥形式有：桁架式、拱式、悬索式、栈桥式等。管桥跨越时，除应符合架空燃气管道敷设的一般要求外，还须采取如下的安全防护措施：

① 燃气管道应采用加厚的无缝钢管或焊接钢管，尽量减少焊缝，并对焊缝进行100%无损探伤；

② 燃气管道的支架（座）应采用不燃材料制作；

③ 燃气管道应设置必要的补偿和减震措施；

④ 跨越通航河流的燃气管道标高，应符合通航净空的要求，管架外侧应设置护桩；

⑤ 过河架空的燃气管道向下弯曲时，向下弯曲部分与水平管夹角宜采用45°形式；

⑥ 对管道应做较高等级的防腐保护。

3）沿桥敷设

沿桥敷设，即将燃气管道敷设于已有的道路桥梁之上而跨越河流。当条件许可，并经技术经济比较后，可采用这种方式。

沿桥敷设时，应遵守架空燃气管道敷设的相关规定及管桥跨越时应采取的安全防护措施，同时还须符合下列要求：

① 管道内燃气的输送压力不应大于0.4MPa；

② 在确定管道位置时，应与沿桥敷设的其他可燃的管道保持一定的间距；

③ 对于采用阴极保护的埋地钢管与沿桥管道之间应设置绝缘装置。

沿桥敷设的特点是工程费用低，便于检查和维修；但安全性差，易受破坏，气温低时还需保温。因此，这种方式在我国南方地区较多采用。

5.1.4 埋地管道地表警示标志与警示带

1. 警示标志

《中华人民共和国石油天然气管道保护法》规定，管道企业应当按照国家技术规范的强制性要求在管道沿线设置管道标志。管道标志毁损或者安全警示不清的，管道企业应当及时修复或者更新。

输送石油、天然气、化学危险品的管道，一旦发生泄漏，不但会造成输送介质的直接损失，还会造成环境污染，甚至引发爆炸危及管道周围人民的生命财产安全，从而引起经济索赔等间接费用。将管道位置探测准确，提高管道地表标志的精度，是法律法规的要求，是安全、环保的要求，是提高管道运输企业综合经济效益的要求。正确的地表标志方法，可以减少管道管理过程中探测管道的次数，减少添置贵重探测仪器的费用，尤其是难以探测的非金属管道，可以做到一次性投资终身受益。

（1）标志物种类与设置方法

标志物材料有许多种，有管状的金属检测桩，有水泥预制方桩，有工厂预制的 PVC 圆柱形标志桩，有贴地不锈钢金属标志牌，有水泥、铸铁材料的地标，还有贴在墙上、柱子上的不干胶薄膜标记、喷漆标记。

管道经过的路线地表可以是水泥沥青路面，也可以是绿化带、农田、草地、荒漠、湖泊、河流，还有可能穿越公路、铁路等不同的地段，长输管线甚至还有穿越峡谷隧道地段的，应根据不同的地表状况设置不同的标志。

1）水泥沥青路面铺设地砖的地表：已经铺好的地表可用不锈钢金属牌，上面印有拐点、三通、箭头方向等特殊标记，再用膨胀螺栓固定在管道上方投影的地表。箭头方向表示管内介质的流动方向。铺有地砖的人行道上预埋铸铁标志和混凝土方砖标志，标志上留有燃气公司服务电话，埋入后应与路面平齐，以免行人走路时绊倒。

2）农田及荒草水塘地段：采用预制钢筋混凝土水泥方桩，标志桩埋入的深度应使回填后不遮挡字体，其高度以标志段的常规作物高度而定，一般在标志桩规定间距的范围内，从一处标志桩能够观察到另一处标志桩为准。混凝土标记和钢筋混凝土标志桩埋入后，应采用红漆将字体描红。

3）鱼池、大型河流、湖泊等比较宽阔的水面地段：水面中间一般不设置标志桩，只在岸边设置，因此适宜用比较实用的钢桩，高度在 2.0m 左右，暴露在地表的高度也应该在 1.5m 以上，这样在水面的对岸就可以看到。

4）经过树林地段：在树林中可以参照农耕地的方法，对灌木丛林可以加密设桩。

5）铁路、公路、人行道地段：在铁路、公路的两边设立标志桩，比较小的公路可以只在一边设桩，比较宽的高速公路除两边设置标志桩以外，还可在中间隔离带边上的沥青路面上打金属地标牌或者喷漆标记。

6）穿越围墙、建（构）筑物地段：可以在墙壁、建（构）筑物的竖直位置喷漆标记管位。

（2）管道标志的间距

1）管道特征点：管道特征点包括拐点、三通、分支、管道末端、深度变化、材质变化、管径变化、阀门、凝水缸，以上的位置必须设置标志。

2）位于人口密集、交通繁忙的水泥沥青路口、地砖铺设地段，一般直线铺设的管道应以 20~50m 设置一个标志。

3）拐弯处的标志：要保证弯头处的标志在管道的上方，就必须采取多点连线法，需要设置许多标志才能做到，这在一定程度上浪费了标志资源。可以采取如下方法解决这一问题：当弯头弧度较小时，在两直线段的延长线交叉点设置一个标志；在图表中注明标志与管道的偏移距离及方向。当弯头弧度较大时，在直线段与弧度交汇点各设置一个标志，标志在管道的上方。一般认为当管道拐弯处的弧度曲率半径大于 5m 时可以设置两个标志。

4）位于农田、丘陵、山坡地段，当地表不受限制时，一般直管段以 50～100m 设置一个标志桩，当农耕地受限制时，宜选择在路边、沟边、渠边等位置设置标志桩。当农耕地的耕作田垄与管道走向平行距离很长时，最多不宜超过 200m 设置一个标志桩，超过时应在左侧或右侧比较靠近一边沟渠、道路或荒地处设置，然后注明该桩号，并在桩号上注明桩在管道左（右）侧的位置，同时要在表格与电子图中注明。不宜在农耕地中间埋设标志桩。避免在农耕地中间埋设标志桩有如下好处：

① 避免检测桩在水田中检测人员要赤脚下田检测形成不便与浪费工时的现象。

② 避免检测桩被农业机械操作时刮到。

③ 避免拖拉机避让检测桩所形成的检测桩周围未耕土地的荒芜。

④ 避免检测踩踏以及给农民机械化除草、施肥、治虫、收割等经常性作业带来的不便而引起的纠纷。

（3）标志桩的编号

标志桩、里程桩、检测桩可以统一编号，也可以将检测桩剔除单独编号，检测桩单独编号并以表格或单独列出，便于以后管位检测施加信号，管道阴极保护管的电位检测、电流检测都需要专门寻找检测桩位置。土壤腐蚀性、细菌腐蚀性以及杂散电流腐蚀性一般也都在该位置进行检测，因此检测桩位置需要单独列出。

（4）管道位置电子总图、分图与记录的检测表格内容

管道已有的阴极保护桩、阀门、里程桩等管道上的附属设施可以作为管道的标志记录在案。以检测桩作为标志桩时，因为在安装管道时，管道上方的泥土被挖成沟槽，焊接测试桩电缆线时管道上方还没有回填土方，有的即使当时回填了土方，管道上方泥土也比较疏松，不宜在此疏松的位置埋设检测桩，因此检测桩只能埋设在管道沟旁未曾开挖的结实泥土中，一般要求按照介质流向为人体方向，检测桩埋设在管道左侧 1.5m 的范围之内，因此当检测桩作为管位标志桩时，要在表格或电子图上注明桩在管道左（右）侧的位置。以里程桩、阀门作为标志的要以里程桩、阀门的中心作为管道偏移度的对比位置，偏移的距离也应在电子图与表格中注明。

表格栏目的内容设计：序号、标志桩编号、X 坐标、Y 坐标、检测段长度（m）、埋深（m）、桩在管位（m）、地表参照物。

（5）深度测量点选择

1）深度必测点：在标志桩、检测桩、阀门、拐点、分支等特征点位置，必须测量管道的埋深，并且以表格进行记录，将该处的深度标注在电子地图上。

2）深度选测点：深度选测点具有随机性，当管道经过地段地表上方有河流、沟渠、被动土开挖等对管道运营造成安全隐患的情况时，或者地面起伏、坡度较大使该处深度有可能不达标时，可以由检测人员在现场随机确定测量点，测量深度如果达标，就不记录，如果不达标，就记录出该处的位置、距离、X 坐标、Y 坐标、参照物。在某桩号至某桩号之间，也可以另用表单独列出，作为管道业主整改的依据。

（6）坐标与参照物标注

开阔地带以及乡村集镇，均可以 GPS 显示的数据作为管位标志桩的 X、Y 坐标，因为检测与管理管道时，其测量的深度主要是地表到管道中心的埋深，以防外单位开挖施工时，挖坏管道与防腐层，当防腐层存在大中破损点时需要进行开挖修补，如何确定需要开挖的

土方量，计算开挖土方与堆集土方的积压面积，从而确定经济索赔的多少，都需要测量从地表到管道中心的埋深。原先的施工图纸上的参照物有些已经不复存在，以黄海平面高度计算的管道深度也变得对管道管理意义不大。以 GPS 标定 X、Y 坐标时，应把 GPS 放在标志桩的正上方，延时等待数据稳定时记录，还要在列表中将标志桩周围的阀门、井盖、道路、电杆、沟渠、房屋、桥梁等建（构）筑物某点作为相对参照物记录在表中，经过乡村时地表的水田、旱田、山坡、渠道、农舍、电杆等均可作为参照物记录。因为农作物的轮番种植有利于土壤中各种营养的吸收，种植的作物品种会变更。因此，具体什么作物不宜作为参照物的选择。

（7）标志桩 GPS 与 GIS 的更新

新建管道的增加扩建，老管道的替换、报废都需要 GPS 与 GIS 的更新，增加的管道要在电子图上予以增补，拆除的管道也要在电子图上去掉，管道规格变化、腐蚀等级变化、防腐层等级变化等情况电子图与现场的实际情况应相符。

通过地表标志物的正确标志，不仅使管道业主方清楚管道的位置、走向，还应使社会公众及准备在管道周围一定距离范围内施工的单位及其人员明白管道位置。如果能够选择在管道安全范围以外动土、不在管道上方新建建筑物、避免重型汽车等重载承压，则管道第三方破坏引起的事故就会大为减少，正确的地表标志加上各方面有效的管理措施都能落到实处，管道的安全运营就有了保证。

2. 警示带

埋设燃气管道的沿线应连续敷设警示带。警示带敷设前应将敷设面压实，并平整地铺设在管道的上方，距管顶的距离宜为 0.3～0.5m，但不得敷设于路基和路面里。警示带宜采用黄色聚乙烯等不易分解的材料，并印有明显、牢固的警示语，字体不宜小于 100mm×100mm。

警示带平面布置可按表 5-5 的规定执行。

警示带平面布置

表 5-5

管道公称直径（mm）	警示带数量（条）	警示带间距（mm）
≤ 400	1	—
> 400	2	150

5.1.5　燃气门站及储配站

1. 燃气门站

（1）燃气门站的主要作用

燃气门站负责接收长输管线输入城镇使用的天然气，进行计量、质量检测，按城镇供气的输配质量要求，控制与调节向城镇供应的燃气流量与压力，必要时尚需对燃气净化、加臭。根据实际需要门站中可建有储气罐，也可不建（未建有储气罐的门站又称为配气站）。

（2）燃气门站站址的选择

燃气门站站址的选择应符合下列要求：

1）门站站址应符合城镇规划的要求。

2）门站站址应具有适宜的地形、工程地质、供电、给水排水和通信等条件。

3）门站和储配站应少占农田、节约用地，并应注意与城镇景观等协调，还应避开油库、铁路枢纽站、飞机场等重要目标。

4）门站站址应结合长输管线的位置确定。

5）根据输配系统具体情况，储配站与门站可合建。

6）站内的储气罐与站外的建筑物、构筑物的防火间距应符合现行国家标准《建筑设计防火规范》GB 50016 的规定。

（3）燃气门站的工艺设计及计量仪表设置

燃气门站的工艺设计及计量仪表设置应符合下列要求：

1）门站功能应满足输配系统输气调峰的要求。

2）站内应根据输配系统调度要求分组设置计量和调压装置，装置前应设过滤器；门站进站总管上宜设置分离器。

3）调压装置应根据燃气流量、压力降等工艺条件确定设置加热装置。

4）站内计量和调压装置应根据工作环境要求露天或在厂房内布置，在寒冷或风沙地区宜采用全封闭式厂房。

5）进出站管线应设置切断阀门和绝缘法兰。

6）当长输管道采用清管工艺时，其清管器的接收装置宜设置在门站内。

7）站内管道上应根据系统要求设置安全保护及放散装置。

8）站内设备、仪表和管道等安装的水平间距和标高均应便于观察、操作和维修。

9）站内宜设置自然化控制系统，并宜作为输配系统中数据采集监控系统的始端站。

图 5-7 所示是以天然气为气源的门站，它比一般的燃气高压储配站多一个接收清管球的装置。在用气低峰时，由燃气高压干线来的天然气一部分经过一级调压进入高压球罐，另一部分经过二级调压进入城镇管网；在用气高峰时，高压球罐和经过一级调压后的高压干管来气汇合经过二级调压送入城镇。为了保证引射器的正常工作，球阀 7（a）、（b）、（c）、（d）必须能迅速开启和关闭，因此应设电动阀门。引射器工作时，7（b）、（d）开启，7（a）、（c）关闭。引射器除了能提高高压球罐的利用系数之外，当需要开罐检查时，它可以把准备检查的罐内压力降到最低，减少开罐时所必须放散到大气中的燃气量，提高经济效益，减少大气污染。

2. 燃气储配站

（1）燃气储配站的主要作用

燃气储配站的主要作用如下：

1）接收气源来气。

2）储存燃气，以调节燃气生产与使用之间的不平衡。

3）控制输配系统供气压力。

4）进行气量分配。

5）测定燃气流量。

6）检测燃气气质。

此外，当气源为天然气等无气味的可燃气体时，还需设置加臭装置。

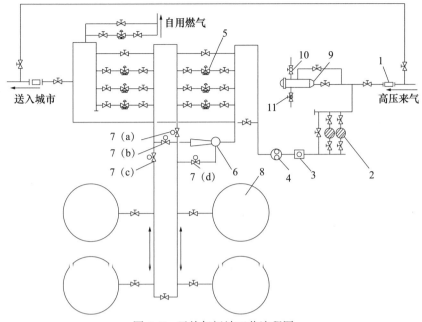

图 5-7 天然气门站工艺流程图

1—绝缘法兰；2—除尘装置；3—加臭装置；4—流量计；5—调压器；
6—引射器；7—电动球阀；8—储气罐；9—收球装置；10—放散；11—排污
（a）（b）（c）（d）球阀

（2）燃气储配站的主要任务

燃气储配站的主要任务是燃气储存、调压，以及向城镇燃气输配管网输送燃气。

（3）燃气储配站站址的选择

燃气储配站站址的选择应符合下列要求：

1）储配站与周围建筑物、构筑物的防火距离，必须符合现行国家标准《建筑设计防火规范》GB 50016—2014 的规定，并应远离居民稠密区、大型商业用户、重要物资仓库以及通信和交通枢纽等重要设施。

2）储配站站址应具有适宜的地形、工程地质、供电和给水排水等条件。

3）储配站应少占农田、节约用地，并应注意与城镇景观等协调。

4）储配站站址应符合城镇总体规划和燃气规划的要求。

当城镇燃气供应系统中只设一个储配站时，该储配站应设在气源厂附近，称为集中设置。当设置两个储配站时，一个设在气源厂附近，另一个设在管网系统的末端，称为对置设置。根据需要，城镇燃气供应系统可能有几个储配站，除了一个设在气源厂附近外，其余均分散设置在城镇其他合适的位置，称为分散设置。

储配站的集中设置可以减少占地面积，节省储配站投资和运行费用，便于管理。分散设置可以节省管网投资、增加系统的可靠性，但由于部分气体需要二次加压。因此，需多消耗一些电能。

（4）燃气储配站的生产工艺流程

燃气储配站的生产工艺流程一般按燃气的储存压力分类，可分为高压储配站工艺流程和低压储配站工艺流程两大类。随调压级数和输出压力的不同，可再分成几种类型。

1）高压储配站工艺流程

① 高压储存一级调压、中压或高压输送储配站工艺流程，如图 5-8 所示。

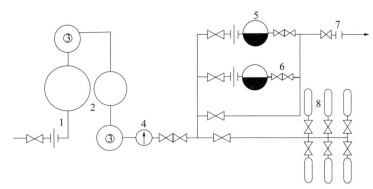

图 5-8　高压储存一级调压、中压或高压输送储配站工艺流程图
1—进口过滤器；2—压缩机；3—冷却器；4—油分离器；5—调压器；
6—止回阀；7—出口计量器；8—高压储气罐

燃气自气源经过滤器进入压缩机加压，然后经冷却器冷却后通过油气分离器，经油气分离的燃气进入调压器，使出口燃气压力符合城镇输气管网输气起点压力的要求，计量后输入管网。

当城镇供气量低于低峰负荷时，气源来的燃气经油气分离器分离后直接进入储气罐；当城镇用气量处于高峰负荷时，储气罐中的燃气则利用罐内压力输出，经调压器调压并经计量后送入城镇输配管网。

② 高压储存二级调压、高压或中压输送储配站工艺流程，如图 5-9 所示。来自气源的燃气过滤后，经计量器计量，进入压缩机加压，再经冷却器和油气分离器冷却分离后进入一级调压器调压，调压后的燃气进入储气罐，或者经二级调压器并通过计量器计量后直接送往城镇输配管网。当城镇用气量处于高峰负荷时，储气罐中的燃气以自身压力输入二级调压器调压，并经计量器计量后送入管网。高压储配站调压工艺流程如图 5-10 所示。

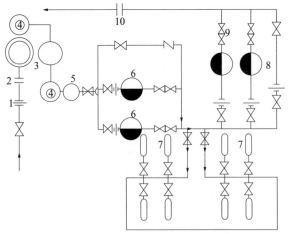

图 5-9　高压储存二级调压、高压或中压输送储配站工艺流程图
1—过滤器；2—进口计量器；3—压缩机；4—冷却器；5—油气分离器；6—一级调压器；
7—高压储气罐；8—二级调压器；9—止回阀；10—出口计量器

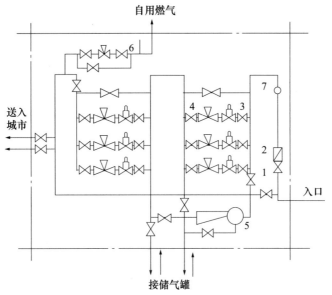

图 5-10 高压储配站调压工艺流程图
1—阀门；2—止回阀；3—安全阀；4—调压器；
5—引射器；6—安全水封；7—流量孔板

　　高压储配站只需调压工艺，而不需经压缩机加压。在燃气进入储配站的入口处需装设阀门和止回阀，止回阀的作用是防止在燃气干管停止供气时燃气从储气罐中倒流回去。储配站调压室应有足够数量的旁通管，以便检修时使用。在入口处的直管段上安装流量孔板以测定流量。

　　2）低压储配站工艺流程

　　① 低压储存、中压输送储配站工艺流程，如图 5-11 所示。

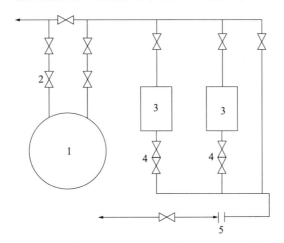

图 5-11 低压储存、中压输送储配站工艺流程图
1—低压湿式储气罐；2—水封阀门；3—压缩机；4—止回阀；5—出口计量器

　　来自人工煤气气源厂的燃气首先进入低压湿式储气罐，再自储气罐引出至压缩机加压至中压，经计量器计量后送入城镇中压管网。

② 低压储存、低压和中压分路输送储配站工艺流程，如图 5-12 所示。

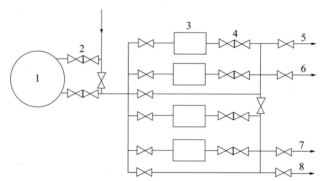

图 5-12　低压储存、低压和中压分路输送储配站工艺流程图
1—低压湿式储气罐；2—水封阀门；3—压缩机；
4—止回阀；5～8—分路输送管道

来自人工煤气气源厂的低压燃气首先在低压湿式储气罐中储存，再由储气罐引出至压缩机加压至中压，送入中压管网。当需要低压供气时，则可不经加压直接由储气罐向低压管网供气。当城镇需要低压、中压同时供气时，可采用此流程。

5.1.6　燃气储气罐

燃气储气罐是燃气输配系统中经常采用的储气设施之一。合理确定储气罐在输配系统中的位置，使输配管网的供气点分布合理，可以改善管网的运行工况，优化输配管网的技术经济指标，解决气源供气均匀性与用户用气不均匀性之间的矛盾。

燃气储气罐按照工作压力可分为低压储气罐和高压储气罐。低压储气罐的工作压力一般在 5kPa 以下，储气压力基本稳定，储气量的变化使储气罐容积相应变化；高压储气罐的几何容积是固定的，储气量变化时，储气压力相应变化。

1. 低压储气罐

（1）湿式储气罐

图 5-13 所示为螺旋导轨式储气罐，简称螺旋罐。其罐体靠导轨（安装在内节钟罩上）与导轮（安装在外节钟罩的水槽平台上）的相对滑动而螺旋升降。

（2）干式储气罐

干式储气罐主要由外壳、沿上壳壁上下运动的活塞、底板及顶板组成。

燃气储存在活塞以下部分，随活塞上下移动而增减其储气量。它不像湿式储气罐那样设有水封槽，故可大大减少罐的基础荷载，这对于大容积储气罐的建造是非常有利的。干式储气罐的最大问题是密封，也就是如何防止固定的外壳与上下活动的活塞之间发生漏气。根据密封方法不同，目前使用较多的三种形式的干式储气罐是曼型储气罐、可隆型储气罐和威金斯型储气罐。

曼型储气罐由钢制正多边形外壳、活塞、密封机构、底板、罐顶（包括通风换气装置）、密封油循环系统、进出口燃气管道、安全放散管、外部电梯、内部吊笼等组成，如图 5-14 所示。活塞随燃气的进入与排出在壳体内上升或下降。支承在活塞外缘的密封机构紧贴壳体侧板内壁同时上升或下降，其中的密封油借助于自动控制系统始终保持一定的液位，形成油封，使燃气不会逸出。燃气压力由活塞自重与在活塞上面增加的配重所决定。

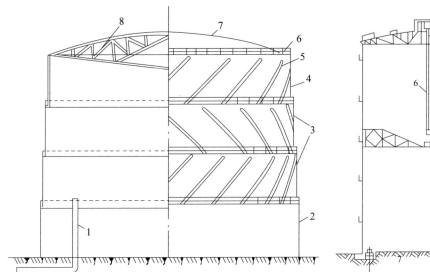

图5-13 螺旋导轨式储气罐示意图

1—进（出）气管；2—水槽；3—塔节；4—钟罩；5—导轨；
6—平台；7—顶板；8—顶架

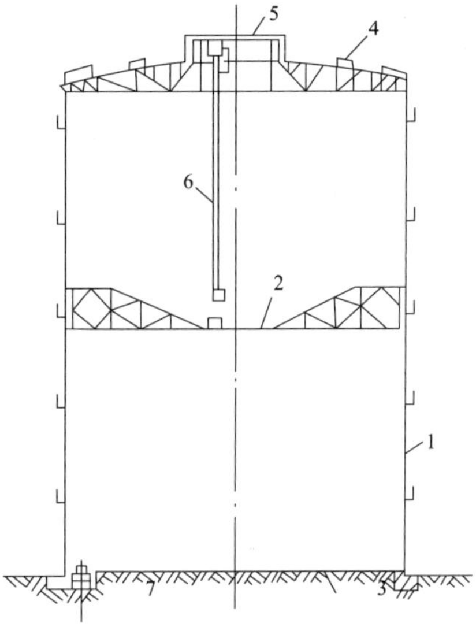

图5-14 曼型储气罐的构造

1—外筒；2—活塞；3—底板；4—顶板；
5—天窗；6—梯子；7—燃气入口

（3）湿式储气罐与干式储气罐比较

低压湿式螺旋罐与曼型储气罐的比较见表5-6。

低压湿式螺旋罐与曼型储气罐比较　　　　　　　　　　表5-6

项目	低压湿式螺旋罐	曼型储气罐
罐内燃气压力	随储气罐塔节的增减而改变，燃气压力是波动的	储气压力稳定
罐内燃气湿度	罐内湿度大，出口燃气含水分高	储存气体干燥
保温蒸汽用量	寒冷地区冬季需保温，除水槽加保护墙外，所有水封部位加引射器喷射蒸汽保温	冬季气温低于5℃时，罐底部油槽由蒸汽管加热，但耗热量少
占地	高径比一般小于1，钟罩顶落在水槽上部，空间利用降低，占地面积较大	高径比一般为1.2～1.7，活塞落下与底板间距为60mm左右，储气空间大，占地面积小
使用寿命	一般约30年	一般约50年
抗震等性能	由于水槽底部细菌繁殖，使水中硫酸盐生化还原成H_2S，燃气中含有H_2S，易使罐体内壁腐蚀；由于水槽上部塔节为浮动结构，在发生强地震和强风时易造成塔体倾斜，产生导轮错动、脱轨、卡住等现象	由于内壁表面经常保持一层厚0.5mm的油膜，保护钢板不产生腐蚀；活塞不受强风和冰雪影响
基础	水槽内水量大，在软土地基上建罐需进行基础处理，对地基要求高	自重轻，地基处理简单
罐体耗钢量	低	高（干/湿＝1.35～1.5）
罐体造价	低	高（干/湿＝1.5～2.0）
安装精度要求	低（安装不需要高空作业，操作高度为水槽高度）	高

从表 5-6 可以看出，低压干式罐与低压湿式罐相比有很多优点，所以干式罐是低压储气的发展方向。目前国内应用较多的低压干式罐是曼型储气罐，常用的公称容积有 1 万 m^3、5 万 m^3 和 10 万 m^3 等。

2. 高压储气罐

高压储气罐有固定的容积，依靠改变其中的压力储存燃气。按其形状可分为圆筒形和球形两种。

（1）圆筒形储气罐

圆筒形储气罐是两端为碟形、半球形或椭圆形封头的圆筒形容器。按安装方式可分为立式和卧式两种。前者占地面积小，但对防止罐体倾倒的支柱及基础要求较高。卧式罐的支座及基础做法较简单。圆筒形储气罐制作方便，但耗钢量比球罐大，一般用作小规模的高压储气设备。其附属装置有鞍式钢支座、进出气管道、压力表、安全阀、底部冷凝液排出管等。圆筒形储气罐如图 5-15 所示。

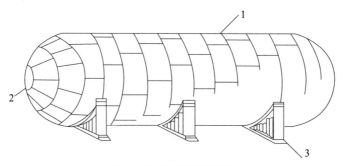

图 5-15　圆筒形储气罐
1—筒体；2—封头；3—鞍式钢支座

（2）球形储气罐

球形储气罐通常由分瓣压制成型的球片拼焊组装而成，罐的球片分布颇似地球仪，分为极板、南北极带、南北温带、赤道带等，如图 5-16（a）所示。罐的球片也有类似足球外形的，如图 5-16（b）所示。其附属装置有进出气管道、底部冷凝液排出管、就地压力表、远传指示仪、防雷防静电接地装置、安全阀、人孔、扶梯及走廊平台等。球形储气罐的支座一般采用赤道正切支座。

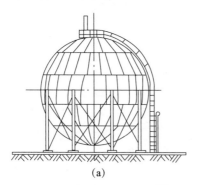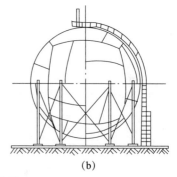

图 5-16　球形储气罐
（a）地球仪式；（b）足球式

球形储气罐受力性能好，省钢材，在世界各国应用广泛。

（3）高压储气罐储气量计算

高压储气罐的有效储气容积可按下式计算：

$$V = V_c \frac{P - P_c}{P_0} \tag{5-1}$$

式中　V——储气罐的有效储气容积，m^3；

　　　V_c——储气罐的几何容积，m^3；

　　　P——储气罐最高工作压力，$\times 10^5 Pa$；

　　　P_c——储气罐最低允许压力，$\times 10^5 Pa$；其值取决于罐出口处连接的调压器最低允许进口压力；

　　　P_0——大气压，$\times 10^5 Pa$。

储气罐的容积利用系数，可用下式表示：

$$\varphi = \frac{V_c - P_0}{V_c P} = \frac{V_c(P - P_c)}{V_c P} = \frac{P - P_c}{P} \tag{5-2}$$

通常储气罐的工作压力已定，欲使容积利用系数提高，只有降低储气罐的剩余压力，而后者又受到管网中燃气压力的限制。为了使储气罐的利用系数提高，可以在高压储气罐站内安装引射器，当储气罐内的燃气压力接近管网压力时，就开动引射器，利用进入储气罐站的高压燃气的能量把燃气从压力较低的罐中引射出来，这样可以提高整个储罐站的容积利用系数。但是利用引射器时，要安设自动开闭装置，如果管理不妥，会影响正常工作。

3. 燃气储气罐的置换

当储气罐竣工验收合格后，在投入运行前或在储气罐停运待修时，均需对罐内的气体进行置换。置换的目的在于排除在储气罐内形成爆炸性混合物的可能性。

储气罐的置换原理是很简单的，就是用一种性质上截然不同的气体替换或稀释容器中的空气或燃气，最终将容器内气体的性质完全改变过来。在实际操作中，置换气量要比被置换气量大得多，一般为被置换空间体积的 3 倍，并且必须取样分析验证置换效果。为了提高置换的效率，必须加强容器内气体的扰动，以促进替换作用，减少稀释作用，一般充入容器内的气体流速以 0.6～0.9m/s 为宜。应该指出的是，充气流速不能过快，尤其当容器内存在可燃气体时，可能由于容器内机械杂质扰动与金属器壁发生摩擦引起过量静电，导致爆炸事故。

燃气储气罐的置换介质可用惰性气体、水蒸气、烟气、水等。惰性气体既不可燃又不助燃，如氮气、二氧化碳等，其性质稳定，在城镇里可就地购买，但费用高。水蒸气是一般工厂必备的动力，对于允许在高温场合下操作的储气罐，也可以用水蒸气作为置换介质。另外，烟气的组分主要是氮和二氧化碳，而且可以从设备的排烟中取得，是比较经济的置换介质，但主要问题是其组成和发生量不稳定、杂质含量多、含有氧气，所以使用前应加以处理。选用上述介质有困难时，对于固定高压储气罐，也可以用水作为置换介质，但必须保证水温在任何时候都不能低于 5℃，所以在冬季是不适用的。当置换量很大时，宜用固、液、气体燃料在发生装置里制取烟气来作为置换介质。

取样化验是置换过程中必不可少的重要环节。取样点必须在储气罐的最高处，取样要准确而具有代表性并及时化验。在未经证实储气罐内已不存在可爆气体前，置换过程不得终止。化验合格标准应遵照有关技术规定执行。

5.1.7 燃气的压力调节与计量

调压器是燃气输配系统的重要设备，其作用是将较高的入口压力调至较低的出口压力，并随着燃气需用量的变化自动地保持其出口压力的稳定。

1. 调压器工作原理及构造

调压器一般均由感应装置和调节机构组成。感应装置的主要部分是敏感元件（薄膜、导压管等），出口压力的任何变化通过薄膜使节流阀移动。调节机构是各种形式的节流阀。敏感元件和调节机构之间用执行机构相连。图 5-17 为调压器工作原理图。图中 P_1 为调压器进口压力，P_2 为调压器设定的出口压力，则

$$N = P_2 F_a \tag{5-3}$$

式中　N——燃气作用在薄膜上的力，N；

$\quad\quad F_a$——薄膜的有效表面积，m^2。

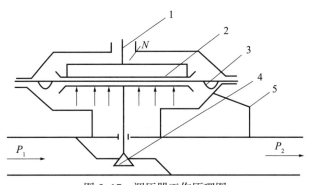

图 5-17　调压器工作原理图

1—气孔；2—重块；3—薄膜；4—阀；5—导压管

燃气作用在薄膜上的力与薄膜上方重块（或弹簧）向下的重力相等时，阀门开启度不变。

当出口处用气量增加或进口压力降低时，燃气出口压力下降，造成薄膜上、下压力不平衡，此时薄膜下降，使阀门开大，燃气流量增加，使压力恢复平衡状态。反之，当出口处用气量减少或进口压力增大时，燃气出口压力升高，此时薄膜上升，使阀门关小，燃气流量减少，又逐渐使出口压力恢复到原来状态。可见，无论出口处用气量和进口压力如何变化，调压器总能自动保持稳定的供气压力。

2. 调压器的种类

通常，调压器分为直接作用式和间接作用式两种。

（1）直接作用式调压器

直接作用式调压器只依靠敏感元件（薄膜）所感受的出口压力的变化移动阀门进行调节，不需要消耗外部能源。敏感元件就是传动装置的受力元件。直接作用式调压器具有结构简单，流通量大，调压精度高，反应速度快，关闭性能好，压力设定简单，可在线维修，当介质含有硫、苯等腐蚀性物质时，可选用抗腐蚀性材料的特点。

常用的直接作用式调压器有液化石油气调压器、用户调压器等。

1）液化石油气调压器

目前采用的液化石油气调压器安装在液化石油气钢瓶的角阀上，流量为 $0 \sim 0.6 m^3/h$。其构造如图 5-18 所示。

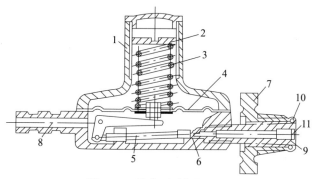

图 5-18 液化石油气调压器

1—壳体；2—调节螺钉；3—调节弹簧；4—薄膜；5—横轴；6—阀口；
7—手轮；8—出口；9—进口；10—胶圈；11—滤网

调压器的进口接头由手轮旋入角阀，压紧于钢瓶出口上，出口用胶管与燃具连接。当用户用气量增加时，调压器出口压力就会降低，作用在薄膜上的压力也就相应降低，横轴在调节弹簧与薄膜的作用下开大阀口，使进气量增加，经过一定时间，压力重新稳定在给定值。当用户用气量减少时，调压器薄膜及调节弹簧动作与上述相反。当需要改变出口压力设定值时，可调节调压器上部的调节螺钉。

这种弹簧薄膜结构的调压器，随着流量增加、弹簧增长、弹簧力减弱，给定值降低；同时，随着流量增加，薄膜挠度减小，有效面积增加。气流直接冲击在薄膜上，将抵消一部分弹簧力。所以，这些因素都会使调压器随着流量的增加而使出口压力降低。

液化石油气调压器是将高压的液化石油气调节至低压供用户使用，故为高 - 低压调压器。

2）用户调压器

用户调压器可以直接与中压管道相连，燃气减至低压后送入用户，可用于集体食堂、小型工业用户等。其构造如图 5-19 所示。

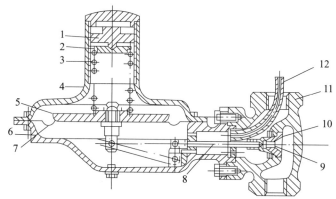

图 5-19 用户调压器

1—调节螺钉；2—定位压板；3—弹簧；4—上体；5—托盘；6—下体；
7—薄膜；8—横轴；9—阀垫；10—阀座；11—阀体；12—导压管

这种调压器具有体积小、质量轻、性能可靠和安装方便等优点。由于通过调节阀门的气流不直接冲击到薄膜上。因此，改善了由此引起的出口压力低于设计理论值的缺点。另外，由于增加了薄膜上托盘的质量。减小了弹簧力变化对出口压力的影响，导压管引入点置于调压器出口管流速最大处。当出口流量增加时，该处动压头增大而静压头减小，使阀门有进一步开大的趋势，能够抵消由于流量增大弹簧推力降低和薄膜有效面积增大而造成的出口压力降低的现象。

（2）间接作用式调压器

间接作用式调压器的敏感元件和传动装置的受力元件是分开的。当敏感元件感受到出口压力的变化后，使操纵机构（如指挥器）动作，接通外部能源或被调介质（压缩空气或燃气），使调压阀门动作。由于多数指挥器能将所受力放大，故出口压力的微小变化也可导致主调压器的调节阀门动作，因此，间接作用式调压器的灵敏度比直接作用式的要高。以轴流式调压器为例介绍间接作用式调压器的工作原理。间接作用式调压器具有调节精度高、响应速度快、在线维护简单的特点，广泛适用于各种高、中、低压无腐蚀性、预过滤气体的调压稳压。

这种调压器结构如图5-20所示。进口压力为P_1，出口压力为P_2，进出口流线是直线，故称为轴流式。轴流式调压器的优点为燃气通过阀口的阻力损失小，所以可以使调压器在进出口压力差较低的情况下通过较大的流量。调压器的出口压力由指挥器的调节螺丝8给定。稳压器13的作用是消除进口压力变化对调压的影响，使P_4始终保持在一个较小的变化范围内。校准孔的压力大小取决于弹簧7和出口压力P_2，通常比P_2大0.05MPa。稳压器内的过滤器主要作用是防止指挥器流孔阻塞，避免操作故障。

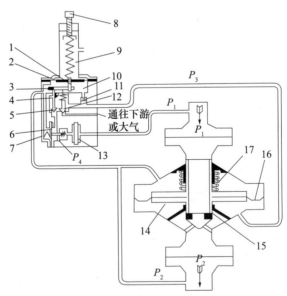

图5-20 轴流式调压器

1—阀柱；2—指挥器薄膜；3—阀杆；4、5—指挥器阀；6—皮膜；7—弹簧；8—调节螺丝；
9—指挥器弹簧；10—指挥器阀室；11—校准孔；12—排气阀；13—带过滤器的稳压器；
14—主调压器阀室；15—主调压器阀；16—主调压器薄膜；17—主调压器弹簧

在平衡状态下，主调压器弹簧17和出口压力P_2与调节压力平衡，因此$P_3 > P_2$，指挥器内由指挥器阀 5 流进的流量与指挥器阀 4 和校准孔 11 流出的流量相等。

当用气量减少，P_2 增加时，指挥器阀室 10 内的压力 P_2 增加，破坏了和指挥器弹簧的平衡，使指挥器薄膜 2 带动阀柱 1 上升。借助阀杆 3 的作用，指挥器阀 4 开大，指挥器阀 5 关小，使阀 5 流进的流量小于阀 4 和校准孔 11 流出的流量，使 P_3 降低，主调压器薄膜上、下压力失去平衡。主调压器阀向下移动，关小阀门，使通过调压器的流量减小，因此使 P_2 下降。当 P_2 增加较快时，指挥器薄膜上升速度也较快，使排气阀 12 打开，加快了 P_3 降低的速度，使主调压器阀尽快关小甚至完全关闭。当用气量增加，P_2 降低时，其各部分的动作与上述相反。

该系列调压器流量为 $160 \sim 15 \times 10^4 \mathrm{m^3/h}$，进口压力为 0.01MPa～1.6MPa，出口压力为 $500 \sim 8 \times 10^5 \mathrm{Pa}$。

3. 调压器的选择

（1）选择调压器应考虑的因素

1）流量

通过调压器的流量是选择调压器的重要参数之一，所选调压器的尺寸既要满足最大进口压力时通过最小流量，又要满足最小进口压力时通过最大流量。当出口压力超出工作范围时，调节阀应能自动关闭。若调压器尺寸选择过大，在最小流量下工作时，调节阀几乎处于关闭状态，则会产生颤动、脉动及不稳定的气流。实际上，为了保证调节阀出口压力的稳定，调节阀不应在小于最大流量 10% 的情况下工作，一般在最大流量的 20%～80% 之间使用为宜。

2）燃气种类

燃气的种类影响所选用调压器的类型与制造材料。

由于燃气中的杂质有一定的腐蚀作用，故选用调压器的阀体宜为灰铸铁等耐腐蚀材料，阀座宜为不锈钢，薄膜、阀垫及其他橡胶部件宜采用耐腐蚀的蜡基橡胶，并用合成纤维加强。

3）调压器进、出口压力

进口压力影响所选调压器的类型和尺寸。调压器必须承受压力的作用，并使高速燃气引起的磨损达到最小。要求的出口压力值决定了调压器薄膜的尺寸，薄膜越大对压力变化的反应越灵敏。

当进出口压力降太大时，可以采用串联两个调压器的方式调压。

4）调节精度

在选择调压器时，应采用满足所需调节精度的调压器。调节精度是以出口压力的稳压精度来衡量的，即调压器出口压力偏离额定值的偏差与额定出口压力的比值。稳压精度值一般为 ±（5～15）%。

5）阀座形式

在压差作用下，调节阀需经常启闭。当需要完全切断燃气流时，应选用柔性阀座。而在高压气流作用下，选用硬性阀座可以减少高速气流引起的磨损，但噪声较大。

6）连接方式

调压器与管道连接可以用标准螺纹或法兰连接。

（2）选择调压器的方法

在实际应用中，常按产品样本来选择调压器。产品样本中给出的调压器通过能力，是按某种气体（如空气）在一定进、出口压力降和气体密度下经试验得出的，在使用时要根据调压器给定的参数进行换算。

为保证调压器在最佳工况下工作，调压器的计算流量应按该调压器所承担的管网计算流量的1.2倍确定。调压器的压降，应根据调压器前燃气管道最低压力与调压器后燃气管道需要的压力差值确定。

4. 燃气调压站

调压站适用于规模较大、进口压力较高（$P \geqslant 0.4\text{MPa}$）且需要遥控调度的调压装置。一般高-次高压调压器、次高-中压调压器宜设在调压站内。流量大于$2000\text{m}^3/\text{h}$的中低压调压装置，当有建站条件时，经济技术比较后，可设调压站。

（1）调压站的选址

调压站应力求布置在燃气负荷中心或接近大型用户与大量用气区域，以减少输配管网的长度，并尽可能避开城市繁华地段及主要道路、密集的居民楼、重要建筑物及公共活动场所。

调压站与其他建筑物、构筑物的水平净距应符合表5-7的规定。

调压站（含调压柜）与其他建筑物、构筑物的水平净距（m） 表5-7

设置形式	调压装置入口燃气压力级制	建筑物外墙面	重要公共建筑物	铁路（中心线）	城镇道路	公共电力变配电柜
地上单独建筑	高压（A）	18.0	30.0	25.0	5.0	6.0
	高压（B）	13.0	25.0	20.0	4.0	6.0
	次高压（A）	9.0	18.0	15.0	3.0	4.0
	次高压（B）	6.0	12.0	10.0	3.0	4.0
	中压（A）	6.0	12.0	10.0	2.0	4.0
	中压（B）	6.0	12.0	10.0	2.0	4.0
调压柜	次高压（A）	7.0	14.0	12.0	2.0	4.0
	次高压（B）	4.0	8.0	8.0	2.0	4.0
	中压（A）	4.0	8.0	8.0	1.0	4.0
	中压（B）	4.0	8.0	8.0	1.0	4.0
地下单独建筑	中压（A）	3.0	6.0	6.0	—	3.0
	中压（B）	3.0	6.0	6.0	—	3.0
地下调压箱	中压（A）	3.0	6.0	6.0	—	3.0
	中压（B）	3.0	6.0	6.0	—	3.0

注：① 当调压器露天设置时，则指距离装置的边缘。
② 当建筑物（含重要公共建筑物）的某外墙为无门、窗洞口的实体墙，且建筑物耐火等级不低于二级时，入口燃气压力级制为中压（A）或中压（B）的调压柜一侧或两侧（非平行），可贴靠上述外墙设置。
③ 当达不到上表净距要求时，采取有效措施，可适当缩小净距。

（2）调压站的组成及工艺流程

1）调压站的组成

调压站通常由调压器、阀门、过滤器、安全装置、旁通管以及测量仪表等组成。有的调压站除了调压之外，还要对燃气进行计量，称为调压计量站。区域调压站平面、剖面如图 5-21 所示。

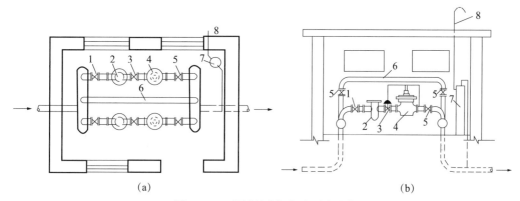

图 5-21　区域调压站平面、剖面图

（a）平面图；（b）剖面图

1—阀门；2—过滤器；3—安全切断阀；4—调压器；5—阀门；6—旁通管；7—安全水封；8—放散管

① 阀门：调压站进口及出口处必须设置阀门，为的是检修调压器、过滤器或停用调压器时切断气源。此外，高压调压器在距调压站 10m 以外的进出口管道上亦应设置阀门，此阀门处于常开状态。当调压站发生事故时，不必接近调压站即可关闭阀门，防止事故蔓延。

② 过滤器：在调压器入口处安装过滤器，以清除燃气中夹带的悬浮物，保证调压器正常运转。常用马鬃或玻璃丝作为过滤器的填料。在过滤器前后应设置压差计，在正常工作情况下，燃气通过过滤器的压降不得超过 10kPa，压降过大时应拆下清洗。

③ 安全装置：当调压器中薄膜破裂或调节系统失灵时，出口压力会突然增大，危及用户及公共设施安全，因此，调压站必须设置安全装置。调压站安全装置有安全阀和安全水封、监视器装置和调压器并联装置等。

安全阀有弹簧式与重块式，当压力上升超过弹簧或重块的作用力时，阀门即被打开，燃气通过放散管排入大气中。安全水封构造简单，当超压时，燃气冲破水封放散到大气中。采用安全水封必须随时注意液位的变化，在寒冷季节应防水封冰冻。

安全阀放散管应高出调压站屋顶 1.0m 以上，并注意周围建筑物的高度、距离及风向，应采取适当的措施防止燃气放散时发生危险。

④ 旁通管：凡不能间断供气的调压站，应设旁通管，旁通管的管径通常比调压器出口管的管径小 2～3 号。

⑤ 测量仪表：调压站的测量仪表主要是压力表。通常在调压器入口处安装指示型压力表，在调压器出口处安装自动记录式压力表，以便监视调压器的工作状况。

2）调压站的工艺流程

调压站的工艺流程如图 5-22 所示。系统正常运行时，燃气经入口阀门及过滤器进入调压器，调压后的燃气经流量计及出口阀门送到管网。当维修时燃气可由旁通管通过。因为进站前及出站后燃气管线采用埋地敷设，且通常采用电保护防腐措施，所以进、出站的管线应设置绝缘法兰。

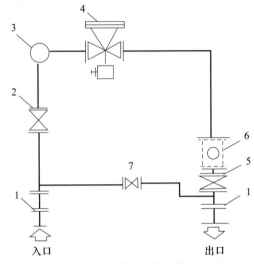

图 5-22　单通道调压站工艺流程图

1—绝缘法兰；2—入口阀门；3—过滤器；4—带安全阀的调压器；
5—出口阀门；6—流量计；7—旁通阀

5. 燃气调压箱

当燃气直接由中压管网（或次高压管网）经用户调压器降至燃具正常工作所需的额定压力时，常将用户调压器安装在金属箱中挂在墙上，故亦称为燃气调压箱。

采用单独的燃气调压箱对一栋建筑物（即楼栋调压）或一片区域供气，其特点是只有一段中压（或次高压）管网在市区沿街布置，各栋楼的低压室内管道通过燃气调压箱直接与管网相连，因而提高了管网的输气压力，节省燃气管道管材，节约基建投资，且占地省，便于施工，运行费用低，使用灵活。此外，由于用户调压器出口直接与户内管相连，故用户的灶前压力一般比由低压管网供气时稳定，有利于燃具正常燃烧。这种供气系统不会产生为保证区域调压站的建筑面积和安全距离而带来的选址困难。但设置燃气调压箱个数较多时，其维护管理工作量大。

区域性调压箱为地上落地式调压箱，与建筑物、构筑物的水平净距应符合表 5-7 的规定。落地式调压箱应单独设置在牢固的基础上，箱底距地坪高度宜为 0.3m。箱体体积大于 1.5m³ 时应有爆炸泄压口。箱体均应设自然通风口，调压箱四周宜设护栏。

悬挂式调压箱的箱底距地坪的高度宜为 1.0～1.2m，可安装在用气建筑物的外墙壁上或悬挂于专用的支架上。安装调压箱的墙体应为永久性的实体墙，其耐火等级不应低于二级。调压箱不应安装在建筑物门、窗的上、下方墙上及阳台的下方；不应安装在屋内通风口和进风口墙上。

6. 燃气的计量

燃气的生产、经营、管理和消费等活动，都必须依据计量仪表测量的量值进行经济核算或结算。燃气计量即燃气供需流动中流量和总量的测量，主要包括产量、供量、销量和购量的计量。以其量值的公正性维护销售与消费双方的合法经济利益。

燃气计量主要是流量测量。其单位以体积表示称为"体积计量";以质量表示称为"质量计量"。此外,还有与燃气性质相关的"热值计量"。具体表示如下:

（1）体积计量单位：m^3/h；体积总量计量单位：m^3。

（2）质量计量单位：kg/h；质量总量计量单位：kg 或 t。

（3）热值计量单位：kJ/m^3 或 kJ/kg。

常用的燃气计量仪表有容积式流量计、速度式流量计、差压式流量计和涡街式流量计等。

（1）容积式流量计

容积式流量计是依据流过流量计的液体或气体的体积来测定流量的。下面介绍居民用户中常用的膜式表。

膜式表的工作原理如图 5-23 所示。

被测量的燃气从表的入口进入,充满表内空间,经过开放的滑阀座孔进入计量室 2 和 4,依靠薄膜 9 两面的气体压力差推动计量室的薄膜运动,迫使计量室 1 和 3 内的气体通过滑阀及分配室从出口流出。当薄膜运动到尽头时,依靠传动机构的惯性作用使滑阀盖作相反运动。计量室 1、3 和入口相通,计量室 2、4 和出口相通,薄膜往返运动一次,完成一个回转,这时表的读数就应为表的一回转流量（即计量室的有效体积）,膜式表的累积流量值即为一回转流量与回转数的乘积。

目前膜式表的结构为装配式,便于维修。外壳多用优质钢板,采用粉末热固化涂层,耐腐蚀能力强。阀座及传动机构选用优质工程塑料,使用寿命长。铝合金压铸机芯,合成橡胶膜片,计量容积稳定。膜式表可以计量人工燃气,也可以计量天然气和液化石油气。该表的性能曲线如图 5-24 所示。膜式表除用于居民用户外,也适用于燃气用量不太大的商业用户和工业用户。为了便于收费和管理,配有智能卡的燃气表正在得到广泛的应用。

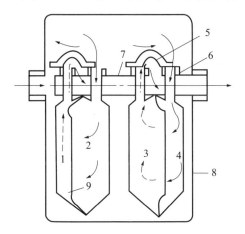

图 5-23 膜式表的工作原理图

1~4—计量室；5—滑阀盖；6—滑阀座；
7—分配室；8—外壳；9—薄膜

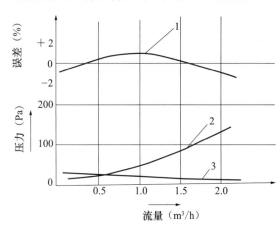

图 5-24 膜式表的性能曲线

1—计量误差曲线；2—压力损失曲线；3—压力跳动曲线

（2）速度式流量计

在燃气的计量中,速度式流量计得到了广泛应用。

速度式流量计按叶轮的形式可分为平叶轮式和螺旋叶轮式两种。平叶轮式的叶轮有径向的平直叶片，叶轮轴与介质流动方向垂直；而螺旋叶轮式的叶片是按螺旋形弯曲的，叶轮轴与介质流动方向平行。通常前者称为叶轮表，后者称为涡轮表。

速度式流量计的基本原理是当流体以某种速度流过仪表时，使叶轮旋转，在一定范围内叶轮的转速和流体的流速成正比。因此，也和流量成正比。转速和流量可以写成以下关系式：

$$n = cQ \qquad (5-4)$$

式中　n——叶轮每秒钟旋转次数，r/s；

　　　c——仪表常数；

　　　Q——流量，m^3/h。

对于每一种固定的速度式流量计，c 为固定值，通过试验确定。

通过公式（5-4）可知，如测出转速 n 即可将流量计算出来。测定转速的方法较多，国产 $0.2m^3/h$ 及 $2m^3/h$ 的叶轮表采用机械的方法（齿轮传动机构）测定转速。国产测量液体流量的 LW 流量计及测量较大气体流量的 LWQ 流量计是采用电磁法测定转速的。此外，测定转速的方法还有光电法和放射线法等。

速度式流量计有良好的计量性能，其测量范围较宽（$Q_{max}/Q_{min} = 10\sim15$），误差小，惰性小。但制造的精度和组装技术要求较高，所有的叶片必须仔细加以平衡，而且轴承的摩擦力必须很小。

（3）差压式流量计

差压式流量计又称为节流式流量计，其作用原理是基于流体通过突然缩小的管道断面时，流体的动能发生变化而产生一定的压力降，压力降的变化与流速有关，此压力降可借助于差压计测出。因此，差压式流量计包括两部分：一部分是与管道连接的节流件，此节流件可以是孔板、喷嘴和文丘里管三种，但在燃气流量的测量中，主要是用孔板；另一部分是差压计，它被用于测量孔板前、后的压力差。差压计与孔板上的测压点借助于两根导压管连接，差压计可以制成指示式的或自动记录式的。差压式流量计是目前工业上用得最广的一种测量流体流量的仪表，但它会使管道的局部阻力增大。

（4）涡街式流量计

涡街式流量计属于流体振荡型仪表，是漩涡流量计中的一种。涡街式流量计的原理如图 5-25 所示。

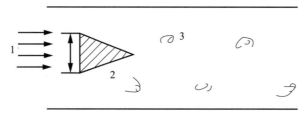

图 5-25　涡街式流量计原理图

1—流束；2—检测柱；3—漩涡

在一个二维流体场中，当流体绕流于一个断面为非流线型的物体时，在物体的两侧就将交替地产生漩涡，漩涡体长大到一定程度就被流体推动，离开物体向下游运动，这样就在尾流中产生两列错排的随流体运动的漩涡阵列，称为涡街。

试验和理论分析表明，只有当涡街中的漩涡是错排时，涡街才是稳定的。此时有：

$$f = S_t \frac{u}{d} \tag{5-5}$$

式中　f——物体单侧漩涡剥离频率，Hz；

u——流体场流速，m/s；

d——检测柱与流线垂直方向的尺寸，m；

S_t——无因次系数，称为斯特罗哈尔数，当 Re 数大于一定值时，S_t 为常数，且大小与柱形有关。

对于三角柱流量计，当仪表的几何尺寸确定后，有：

$$f = kQ \tag{5-6}$$

式中　k——流量常数，Hz/（$m^3 \cdot h$）；

Q——容积流量，m^3/h。

从公式（5-6）可以看出，当测出漩涡剥离频率 f 后，即可测出流速及流量。

涡街式流量计具有无运动部件、稳定性和再现性好、精度高、仪表常数与介质物性参数无关、适应性强以及信号便于远传等特点。

（5）超声波流量计

超声波流量计是通过检测流体流动对超声束（或超声脉冲）的作用测量流量的仪表。

超声波流量计由超声波换能器、电子线路及流量显示和累积系统三部分组成。换能器通常由压电元件、声模和能产生高频交变电压／电流的电源构成。压电元件一般均为圆形，沿厚度方向振动，其厚度与超声波频率成反比，其直径与扩散角成反比。声模起到固定压电元件，使超声波以合适的角度射入流体的作用，对声模的要求不仅是强度高、耐老化，而且要求超声波透过声模后能量损失小，一般希望透射系数尽可能接近 1。作为发射超声波的发射换能器是利用压电材料的逆压电效应（电致伸缩现象）制成的，即在压电材料切片（压电元件）上施加交变电压，使它产生电致伸缩振动而产生超声波。发射换能器所产生的超声波以某一角度射入流体中传播，被接收换能器接收。

超声波发射换能器将电能转换为超声波能量，并将其发射到被测流体中，接收换能器接收到的超声波信号经电子线路放大并转换为代表流量的电信号供给显示和累积系统进行显示和计算。这样就实现了流量的检测和显示。超声波流量计是近年来迅速发展的新型流量计，可不破坏流束的流量检测且适用于大口径管道。

超声波流量计采用时差式测量原理：一个探头发射信号穿过管壁、介质、另一侧管壁后，被另一个探头接收到，同时，第二个探头同样发射信号被第一个探头接收到，由于受到介质流速的影响，二者存在时间差 Δt，根据推算可以得出流速 V 和时间差 Δt 之间的换算关系，进而可以得到流量值 Q。

（6）质量流量计

质量流量计是一种较为准确、快速、可靠、高效、稳定、灵活的新一代流量测量仪表，在石油加工、化工等领域得到了广泛的应用。质量流量计可直接测量通过流量计的介质的质量流量，还可测量介质的密度及间接测量介质的温度。质量流量计是不能控制流量的，它只能检测液体或者气体的质量流量，通过模拟电压、电流或者串行通信输出流量值。

质量流量计采用感热式测量，通过气体分子带走的分子质量多少来测量流量，因为是用感热式测量，所以不会因为气体温度、压力的变化而影响到测量结果。质量流量计在传感器内部有两根平行的流量管，中部装有驱动线圈，两端装有检测线圈，变送器提供的激励电压加到驱动线圈上时，振动管作往复周期振动。质量流量控制器本身除了测量部分，还带有一个电磁调节阀或者压电阀，这样质量流量控制本身构成一个闭环系统，用于控制流体的质量流量。质量流量控制器的设定值可以通过模拟电压、模拟电流或者计算机、PLC 提供。

5.1.8 燃气的压送

1. 压缩机的种类

压缩机的种类很多，按其工作原理可分为两大类：容积型压缩机和速度型压缩机。在城镇燃气输配系统中，常见的容积型压缩机主要有活塞式、滑片式、罗茨式和螺杆式等；速度型压缩机主要有离心式。

（1）活塞式压缩机

活塞式压缩机使用得十分广泛，这种压缩机的吸气量随着活塞缸直径的增大而增加。但从制造、管理及操作的角度来看，吸气量 $250m^3/min$ 是最大的极限了。此外，其压力越大，压缩时引起的升温及功率消耗越大，所以高压排气的活塞式压缩机，多半为带有中间冷却器的多级压缩形式。

在活塞式压缩机中，气体是依靠在气缸内做往复运动的活塞进行加压的。图 5-26 是单级单作用活塞式压缩机的示意图。

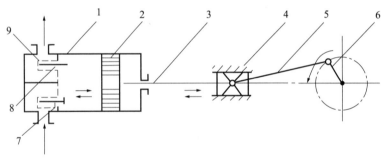

图 5-26 单级单作用活塞式压缩机示意图
1—气缸；2—活塞；3—活塞杆；4—十字头；5—连杆；
6—曲柄；7—吸气阀；8—排气阀；9—弹簧

其工作原理是：当活塞 2 向右移动时，气缸 1 中活塞左端的压力略低于低压燃气管道内的压力 P_1 时，吸气阀 7 被打开，燃气在 P_1 的作用下进入气缸 1 内，这个过程称为吸气过程；当活塞返行时，吸入的燃气在气缸内被活塞压缩，这个过程称为压缩过程；当气缸内燃气压力被压缩到略高于高压燃气管道内的压力 P_2 后，排气阀 8 即被打开，被压缩的燃气排入高压燃气管道内，这个过程称为排气过程。至此，压缩机完成了一个工作循环。活塞再继续运动，则上述工作循环在原动机的驱动下将周而复始地进行，连续不断地压缩燃气。

压缩机的排气量，通常是指单位时间内压缩机最后一级排出的气体量，换算成第一级进口状态时的气体体积值。常用单位为 m^3/min 或 m^3/h。

（2）滑片式气体压缩机

滑片式气体压缩机是一种没有曲轴、连杆、气阀等零件的单转子回转式压缩机，与同类活塞式压缩机相比，滑片式气体压缩机具有结构简单、体积小、质量轻、零部件少、排气温度适中、振动小、噪声低、运转平稳、易损件少和维护操作便利等特点。

这种压缩机的主机部分由气缸、转子和滑片等组成，如图5-27所示。气缸呈圆筒形，而转子偏心安装在气缸内，滑片呈径向或斜向对称地布置在转子上。当转子旋转时，滑片受离心力的作用而紧贴气缸内壁；相邻滑片之间与气缸及两端盖构成一基元容积，随着转子的旋转，这些容积周期性地变化，而在气缸圆周特定的位置上开设吸入和排出孔口，从而完成气体的吸入、压缩和排出过程。

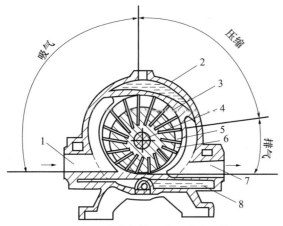

图5-27 滑片式气体压缩机的主机断面

1—吸气管；2—外壳；3—转子；4—转子轴；5—转子上的滑片；
6—气体压缩室；7—排气管；8—水套

滑片式气体压缩机的滑片有用自润滑材料和非自润滑材料制成的两种，前者可保证压缩气体洁净、干燥；后者则采用内喷油，起到冷却气体、润滑和密封作用。其性能参数为：输气量22～35m³/min；吸入压力0.01～0.05MPa；输出压力0.35MPa；单级压缩，水冷却，油泵压力润滑；采用电动机直联，转数1470r/min，功率72kW。

（3）罗茨式压缩机

罗茨式压缩机是旋转式转压缩机的一种。其特点是：在最高设计压力范围内，管网阻力变化时流量变化很小，工作适应性强，故在流量要求稳定而压力波动幅度较大的工作场合可自行调节。它的结构简单，主机由机壳、主动和从动转子组成，如图5-28所示。

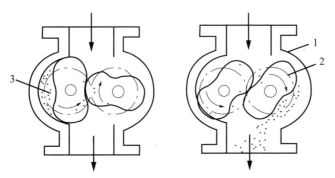

图5-28 罗茨式压缩机工作原理图

1—机壳；2—转子；3—压缩室

在椭圆形机壳内，有两个由高强度铸铁制成的二叶渐开线叶形转子，它们分别装在两个互相平行的主、从转轴上，并有滚动轴承作二支点支承。轴端装配了两个大小及式样完全相同的齿轮配合传动。当原动机带动两齿轮作相反的旋转时，则两个转子也作相反方向的转动。两转子之间、转子与机壳之间具有一定的间隙而不直接接触，使转子能自由地运转，而又不引起气体过多地泄漏。如图 5-28 所示，左边的转子作逆时针旋转，右边的转子作顺时针旋转，气体由上部吸入，从下部排出。利用下面压力较高的气体抵消了一部分转子与轴的重量，使轴承受的压力减少，因而减少了磨损。

罗茨式压缩机的转速一般是随着尺寸的加大而减小。小型压缩机转数可达 1450r/min，大型压缩机转数通常不超过 960r/min。它的壳体制成风冷式和水冷式两种结构，排气压力小于 0.05MPa 的产品多为风冷式，排气压力大于 0.05MPa 的产品多为水冷式。

根据两转子中心线的相对位置，将罗茨式压缩机区分为以下两种形式：

1）立式。即两转子中心线在垂直于地面的平面内，进、出气口分别在机壳两侧。一般转子直径在 50cm 以下者均为立式。

2）卧式。即两转子中心线在平行于地面的平面内，进气口在机壳的顶部，出气口在机壳下部一侧。转子直径在 50cm 以上者均为卧式。

（4）螺杆式压缩机

螺杆式压缩机的主要结构是由机壳（气缸和缸盖）与机壳内一对阳、阴转子所组成。原动机通过联轴器与压缩机的主动转子（阳转子）连接，当阳转子旋转时，阴转子亦随之旋转，如图 5-29 所示。转子采用对称型线和非对称型线两种，国产压缩机多用钝齿双边对称圆弧型线为转子的端面型线。阳转子有四种凸而宽的齿，为左旋向；阴转子有六个凹而窄的齿，为右旋向。阳转子和阴转子的转数比为 1.5：1。压缩机外壳的两端，设有进气口和排气口。由于两个具有不同齿数的螺旋齿相互啮合，旋转时使处于转子齿槽之间的气体不断产生周期性的容积变化，且沿着转子轴线由吸入侧输送至压出侧，这样就实现了螺杆式压缩机的吸气、压缩和排气的全部过程。

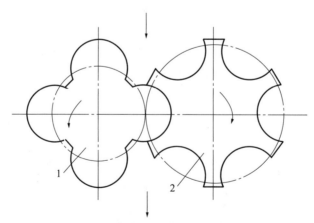

图 5-29　螺杆式压缩机转子端面型线
1—阳转子；2—阴转子

目前生产的螺杆式压缩机的优点是：质量轻，体积小，易损零部件少，输出气体无脉冲现象等；其缺点是：功率消耗大，噪声大，制造工艺要求高，不适用于高压。

使用这种压缩机时，应注意按规定方向旋转，不可使之反转。它有一级压缩和二级压缩两个机种。气体冷却方式包括直接向气体喷油及在机壳水套内用循环水冷却两种。油的冷却也分为水冷和风冷两种。

（5）离心式压缩机

离心式压缩机的工作原理及结构如图5-30所示。

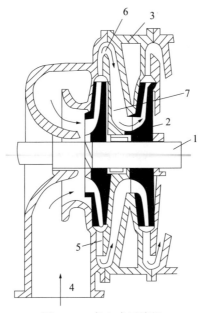

图 5-30　离心式压缩机

1—传动轴；2—叶轮；3—机壳；4—气体入口；
5—扩压器；6—弯道；7—回流器

当原动机传动轴带动叶轮旋转时，气体被吸入并以很高的速度被离心力甩出叶轮而进入扩压器中。由于扩压器的形状，使气流部分动能转变为压力能，速度随之降低而压力提高。这一过程相当于完成一级压缩。当气流接着通过弯道和回流器经第二道叶轮的离心力作用后，其压力进一步提高，又完成第二级压缩。这样，依次逐级压缩，直至达到额定压力。提高压力所需的动力大致与吸入气体的密度成正比。当输送空气时，每一级的压力比 P_2/P_1 最大值为 1.2，同轴上安装的叶轮最多不超过 12 级。由于材料极限强度的限制，普通碳素钢叶轮叶顶转速为 200～300m/s；高强度钢叶轮叶顶转速则为 300～450m/s。

离心式压缩机的优点是：排气量大、连续而平稳；机器外形小，占地少；设备轻，易损件少，维修费用低；机壳内不需要润滑；排出的气体不被污染；转速高，可直接和电动机或汽轮机连接，故传动效率高；排气侧完全关闭时，升压有限，可不设安全阀。其缺点是：高速旋转的叶轮表面与气体磨损较大，气体流经扩压器、弯道和回流器的局部阻力也较大，因此效率比活塞式压缩机低，对压力的适应范围较窄，有喘振现象。

离心式压缩机在使用中会发生异常现象。喘振又称为飞动，是离心式压缩机的一种特殊现象。任何离心式压缩机按其结构尺寸，在某一固定的转数下，都有一个最高的工作压力，在此压力下有一个相应的最低流量。当离心式压缩机出口的压力高于此数值时，就会产生喘振。

从图 5-31 可以看出，OB 为飞动线，A 点为正常工作时的操作点，此时通过压缩机的流量为 Q_1。

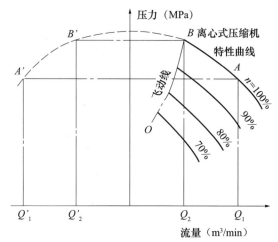

图 5-31　离心式压缩机的喘振原因分析

由于进口流量过小或出口压力过高等因素使工作点 A 沿操作曲线向左移动到超过 B 点时，则压力超过了离心式压缩机的最高允许工作压力，流量也小于最低的流量 Q_2，这时的工作点就开始移入压缩机的不稳定区域，即喘振范围。压缩机不能产生预先确定的压力，在短时间里发生了气体以相反方向通过压缩机的现象，这时压缩机的操作点将迅速移至左端操作线的 A' 点，使流量变成了负值。由于气体以相反方向流动，使排气端的压力迅速下降，而出口压力降低后，压缩机又可能恢复正常供气量。因此，操作点又由 A' 点迅速右移至右端正常工作点 A。如果操作状态不能迅速改变，操作点 A 又会左移，经过 B 点进入不稳定区域，这样的反复过程就是压缩机的喘振过程。

发生喘振时，机组开始强烈振动，伴随发生异常的吼叫声，这种振动和吼叫声是周期性发生的；与机壳相连接的进、出口管线也随之发生较大的振动；进口管线上的压力表和流量计发生大幅度的摆动。

喘振对压缩机的密封损坏较大，严重的喘振很容易造成转子轴向窜动，损坏止推轴瓦，叶轮有可能被打碎。极严重时，可使压缩机遭到破坏，损伤齿轮箱和电动机等，并会造成各种严重的事故。

为了避免喘振的发生，必须使压缩机的工作点离开喘振点，使系统的操作压力低于喘振点的压力。当生产上实际需要的气体流量低于喘振点的流量时，可以采用循环的方法，使压缩机出口的一部分气体经冷却后，返回压缩机入口，这条循环线称为反飞动线。由此可见，在选用离心式压缩机时，负荷选得过于富裕是无益的。

2. 压送机房的工艺流程

压送机房的工艺流程随选择的压缩机类型而异。

（1）活塞式压送机房的工艺流程

活塞式压送机房的工艺流程如图 5-32 所示。

低压燃气先进入过滤器，除去所带悬浮物及杂质后进入压缩机。在压缩机内经过一级压缩后进入中间冷却器，冷却到初温再进行二级压缩并进入最终冷却器冷却，经过油气分离器后进入储气罐或干管。

此外，压送机房的进、出口管道上，应安设阀门和旁通管。高压蒸汽主要用于清扫管道与设备。

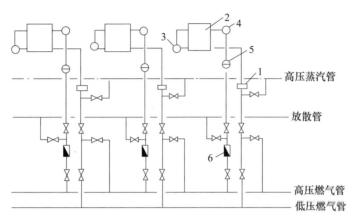

图 5-32 活塞式压送机房的工艺流程图

1—过滤器；2—压缩机；3—中间冷却器；4—最终冷却器；5—油气分离器；6—止回阀

工艺流程实例如图 5-33 所示。

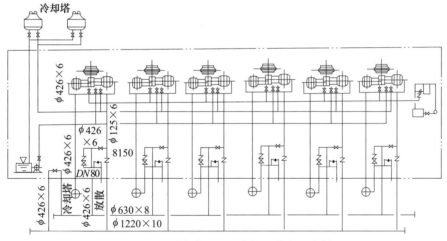

图 5-33 活塞式压送机房的工艺流程实例

（2）罗茨式压送机房的工艺流程

罗茨式压送机房工艺流程实例如图 5-34 所示。

（3）离心式压送机房的工艺流程

离心式压送机房无论驱动方式和压缩机级数如何，其工艺流程可概括为串联、并联和串并联三种形式，以适应不同的压缩比、流量和机组的选择条件。

3. 压缩机的选型

在燃气输配系统中，最常用的压缩机是活塞式压缩机和回转式罗茨压缩机，而在天然气远距离输气干管的压气站中离心式压缩机被广泛使用。

压缩机的排气量及排气压力必须与管网的负荷及压力相适应，同时考虑将来的发展。

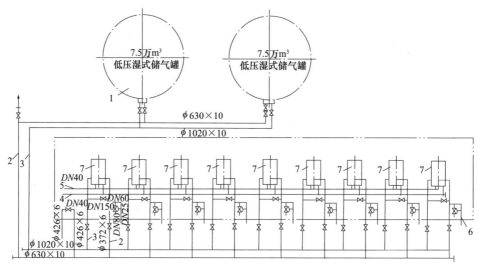

图 5-34　罗茨式压送机房的工艺流程实例

1—储气罐；2—中压燃气管道；3—低压燃气管道；4—出水管；5—进水管；6—蒸汽管；7—罗茨式压缩机

各类压缩机目前所能达到的排气压力及排气量的大致范围，如图 5-35 所示。

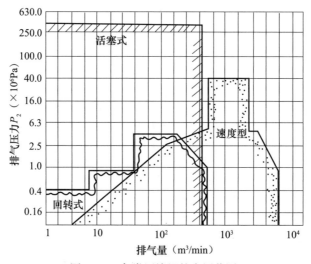

图 5-35　各类压缩机的应用范围

在燃气输配系统内，排气压力相近的各储配站宜选用同一类型的压缩机。当排气压力不大于 0.07MPa 时，一般选用罗茨式压缩机；当排气压力大于 0.07MPa 时，选用活塞式压缩机。如果排气量较大，宜选用排气量大的机组。若选用多台排气量小的机组，会增加压缩机室的建筑面积及机组的维修费用。通常，一个压缩机室内相同排气量的压缩机不超过 5 台。在负荷波动较大的压缩机室，可选用排气量大小不同的机组，但不宜超过两种规格。

4. 压缩机台数的确定

压缩机型号选定后，压缩机台数可按下式计算：

$$n = \frac{Q_p k_v}{Q_g K_1 K} \tag{5-7}$$

200

其中：
$$k_{v} = \left(1 + \frac{d_{1}}{0.833}\right)\left(\frac{273 + t_{1}}{273}\right)\left(\frac{1.013 + 10^{5}}{P_{1} + P}\right) \tag{5-8}$$

式中　n——压缩机工作台数；

　　　Q_{p}——压缩机室的设计排气量，m^{3}/h；

　　　Q_{g}——压缩机选定后工作点的排气量，m^{3}/h；

　　　K_{1}——压缩机排气量的允许误差系数，根据产品性能试验的允许误差（压力值或排气量值）为 $-5\%\sim +10\%$，通常 $K_{1} = 0.95$；

　　　K——压缩机并联系数，对于新建压缩机室的设计，通常 $K = 1$，对于扩建，由于增加了压缩机，压缩机的设计流量应按新工作点确定；

　　　k_{v}——体积校正系数；

　　　d_{1}——压缩机入口处燃气含湿量，g/m^{3}；

　　　t_{1}——压缩机入口处燃气温度，℃；

　　　P_{1}——压缩机入口处燃气压力，Pa；

　　　P——建站地区平均大气压，Pa。

计算出的工作台数少于 5 台时，配置 1 台排气量最大的备用机组；多于 5 台时，配置 2 台备用机组。

5. 压缩机室布置

压缩机在室内宜单排布置，当台数较多，单排布置使压缩机室过长时，可双排布置，但两排的间距应不小于 2m。室内主要通道的宽度，应根据压缩机最大部件的尺寸确定，一般应不小于 1.5m。

为了便于检修，压缩机室一般都设有起重吊车，其起重量按最大机件重量确定。压缩机室内应留有适当的检修场地，一般设在室内的发展端。当压缩机室长度较长时，检修场地也可以考虑放在中间，但应不影响设备的操作和运行。

布置压缩机时，应考虑观察和操作方便。同时，也需考虑到管道的合理布置，如压缩机进气口和末级排气口的方位等。

对于带有卧式气缸的压缩机，应考虑抽出活塞和活塞杆需要的水平距离。

设置卧式列管式冷却器时，应考虑在水平方向抽出其中的管束所需要的空间。立式列管式冷却器的管束既可垂直吊出，也可卧倒放置抽出。

辅助设备的位置应便于操作，不妨碍门、窗的开启，不影响自然采光和通风。

压缩机之间的净距及压缩机和墙之间的距离不应小于 1.5m，同时，要防止压缩机的振动影响建筑物的基础。

关于压缩机室高度的规定：当不设置吊车时，考虑临时起重和自然通风的需要，一般屋架下弦高度不低于 4m，对于机身较小的压缩机可适当缩小。当设置吊车时，吊车轨顶高度可参照下列参数确定：吊钩自身的长度、吊钩上限位置与轨顶间的最小允许距离及设备需要起吊的高度。

压缩机排气量和设备较大时，为了方便操作、节省占地面积和更合理地布置管道，压缩机室可布置成双层。压缩机、电动机和变速器设在操作层（二层），中间冷却器和润滑油系统均放在底层。

5.2 燃气管道附属设施

燃气管道的附属设施主要有阀门、法兰、补偿器、排水器、放散管、套管、检漏管及井室等。

5.2.1 阀门

阀门是用来启闭管道通路或调节管道内介质流量的设备。一般要求阀体的机械强度要高、转动部件灵活，密封部件严密耐用，对输送介质具有抗腐蚀性。同时零部件的通用性要好。

燃气管道中的阀门必须进行定期检查和维修，以便掌握其腐蚀、堵塞、润滑、气密性等情况以及部件的损坏程度，避免不应有的事故发生。阀门的设置以维持系统正常运行为准，应尽量减少其设置数量，以减少漏气和额外的投资。

阀门的种类很多，燃气管道中常用的阀门有球阀、闸板阀、蝶阀等。

1. 球阀

球阀是带有旋球的阀门，转动旋球，使其通道位置与阀体密封面位置做相对运动，来控制流体的流动。球阀的阀芯上有一与管道相通的通道，将阀芯相对阀体转动90°，就可使球阀关闭或开启。球阀只供全开、全关各类管道或压力容器中介质使用。球阀由阀体、扳手、球体、阀杆、密封圈填料组成。扳动扳手带动阀杆转动球体的位置进行开关，球体与阀座密封。球阀材质为铜、铸铁、铸钢、不锈钢。球阀密封性较好，开关迅速，流阻小，开关力矩小。阀门是否处于工作状态，一看扳手位置就一目了然，尤其适合安装在开关频繁的场合，需要通球清扫的管道必须用球阀。其结构形式如图5-36所示。

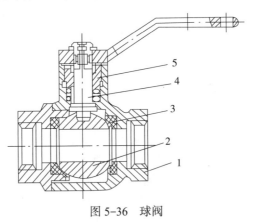

图5-36 球阀

1—阀体；2—球体；3—密封圈；4—阀杆；5—填料压盖

2. 闸板阀

闸板阀是流体流动的通道为直通的阀门，阀体两端口的轴线在一条直线上，闸板由阀杆带动，沿阀座密封面作升降运动。闸板阀供全开、全关各类管道或压力容器中介质使用。

闸板阀利用闸板来启闭阀门、调节闸板高度，从而实现调节流体流量。闸板阀通常用黄铜、铸铁、铸钢、不锈钢制造。闸板阀阻力小，开关速度较缓慢，介质流向不受限制，降低压力具有缓冲性，适合安装在主管道上。

闸板阀按其阀杆运行状况分为明杆和暗杆两种。明杆闸板阀在开启时，阀杆上行，由于阀杆露出可以表明闸阀的开启程度。因此，适用于地上燃气管道；暗杆闸板阀开启时，阀杆不上行，适用于地下燃气管道。

闸板阀按闸板结构分平行式及楔式两种：平行式闸板阀的两密封面互相平行，采用双闸板结构；楔式闸板阀的两密封面成一角度，制造成单闸板或双闸板，研磨的难度较大，但不易出故障。图5-37所示为明杆平行式双闸板阀。

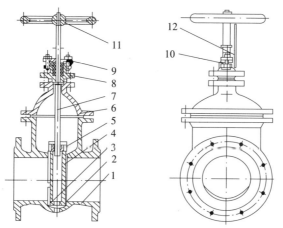

图 5-37　明杆平行式双闸板阀

1—阀体；2—阀体密封圈；3—闸板密封圈；4—闸板；5—阀杆螺母；
6—阀盖；7—阀杆；8—填料；9—填料压盖；10—填料箱；11—手轮；12—指示牌

3. 蝶阀

蝶阀的阀瓣利用偏心轴或同心轴的旋转进行启闭。阀瓣和阀体两端相连，在半启闭状态下，阀瓣受力较好，适用于流量调节。蝶阀具有体小轻巧、拆装容易、操作灵活轻便、结构简单、造价低廉等优点，管道埋深较浅或管道间距较小时宜采用蝶阀。但是由于翻板不易和管壁紧密配合，关闭严密性较差，所以蝶阀大多用于控制压力、调节流量，加装遥控设备后，可实施远程控制。蝶阀具有方向性，安装时应注意使介质流向与阀体上所示方向一致。图5-38所示为手动对夹式蝶阀。

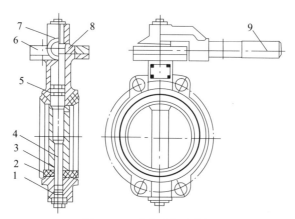

图 5-38　手动对夹式蝶阀

1—阀体；2—橡胶衬套（阀座）；3—蝶板；4—阀杆；5—O 型密封圈；
6—限位盘；7—手柄回转体；8—对开环；9—手柄

4. 截止阀

阀瓣启闭时的移动方向和阀瓣平面垂直的阀门叫截止阀，这也是一种使用较广的阀门，其特点是密封可靠，但流阻较大，因而在主管道上不宜采用。截止阀不能适应气流方向改变。因此，安装时应注意方向性。它与闸板阀相比，具有结构简单、密封性好、制造维修方便等优点，但阻力较大。阀体一般用铸铁、铸钢、铜制造。阀瓣和阀座用铜或不锈钢制造。按阀体的形式分为直通式、直流式和角式三种，按阀杆运行状况分为明杆与暗杆两种。小口径截止阀因其结构尺寸小，常采用暗杆，大口径截止阀采用明杆。如图5-39所示。

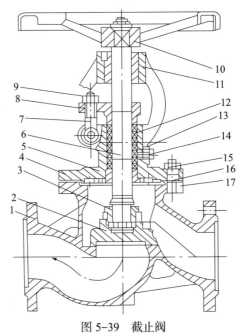

图5-39　截止阀

1—阀体；2—阀瓣；3—阀瓣盖；4—阀盖；5—上密封座；6—阀杆；7—活节螺栓；
8—填料压盖；9—螺母；10—手轮；11—阀杆螺母；12—填料；
13—带孔填料垫；14—螺塞；15—螺母；16—垫片；17—螺柱

5. 旋塞阀

旋塞阀是带有旋塞的阀门，转动旋塞，使其通道位置与阀体密封面位置做相对运动，从而控制流体的流动。旋塞阀是最古老的阀门品种。旋塞阀具有结构简单、外形尺寸小、启闭迅速和密封性能好等优点。但密封面容易磨损，启闭用力较大，适用于小口径的管道，如低压室内立管、灶前等处。旋塞阀可用黄铜、铸铁、硅铁和不锈钢制造。几种常用的燃气旋塞阀，如图5-40所示。

6. 安全阀

安全阀主要有弹簧式和杠杆式两种。弹簧式是指阀瓣和阀座之间靠弹簧力密封，杠杆式则是靠杠杆和重锤的作用力密封。当管道或燃气储气罐内的压力超过规定值时，气压对阀瓣的作用力大于弹簧或杠杆重锤对阀瓣的作用力，致使阀瓣开启，过高的气压即被消除。随着气压作用于阀瓣的力逐渐小于弹簧或杠杆重锤作用于阀瓣的力，阀瓣又被压回到阀座上。

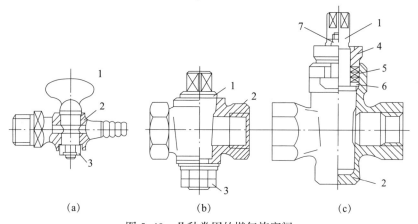

图 5-40 几种常用的燃气旋塞阀

（a）单头旋塞阀；（b）无填料旋塞阀；（c）填料旋塞阀

1—阀芯；2—阀体；3—拉紧螺母；4—压盖；5—填料；6—垫圈；7—螺性螺母

另外，根据结构不同，安全阀又分为封闭式和不封闭式；按阀瓣开启高度不同，分为全启式和微启式。燃气系统中多采用弹簧封闭全启或微启式安全阀，其结构如图 5-41 所示。

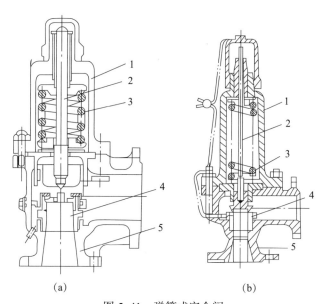

图 5-41 弹簧式安全阀

（a）MT-900 型弹簧封闭全启式；（b）A41H-16C 型弹簧封闭微启式

1—阀体；2—阀杆；3—弹簧；4—阀芯；5—阀座

7. 止回阀

止回阀是指依靠介质本身流动而自动开、闭阀瓣，用来防止介质倒流的阀门，又称止回阀、单向阀、逆流阀和背压阀。止回阀属于一种自动阀门，其主要作用是防止介质倒流、防止泵及驱动电动机反转，以及容器介质的泄放。止回阀还可用于给其中的压力可能升至超过系统压力的辅助系统提供补给的管路上。止回阀主要可分为旋启式止回阀（依靠重心旋转）与升降式止回阀（沿轴线移动）。

止回阀的作用是只允许介质向一个方向流动，而且阻止反方向流动。通常这种阀门是自动工作的，在一个方向流动的流体压力作用下，阀瓣打开；流体反方向流动时，由流体压力和阀瓣自重作用于阀座，从而切断流动。旋启式止回阀有一个铰链机构，还有一个像门一样的阀瓣自由地靠在倾斜的阀座表面上。为了确保阀瓣每次都能到达阀座面的合适位置，阀瓣设计在铰链机构上，以便阀瓣具有足够的旋启空间，并使阀瓣全面的与阀座接触。阀瓣可以全部用金属制成，也可以在金属上镶嵌皮革、橡胶或者采用合成覆盖面，这取决于使用性能的要求。旋启式止回阀在完全打开的状况下，流体压力几乎不受阻碍，因此通过阀门的压力降相对较小。升降式止回阀的阀瓣位于阀座密封面上。此阀门除了阀瓣可以自由地升降之外，其余部分如同截止阀一样，流体压力使阀瓣从阀座密封面上抬起，介质回流导致阀瓣回落到阀座密封面上，并切断流动。根据使用条件，阀瓣可以是全金属结构，也可以是在阀瓣架上镶嵌橡胶垫或橡胶环的形式。像截止阀一样，流体通过升降式止回阀的通道也是狭窄的。因此，通过升降式止回阀的压力降比通过旋启式止回阀大些，而且旋启式止回阀的流量受到的限制很小。

8. 自闭阀

自闭阀安装于低压燃气系统管道上，当管道供气压力出现欠压、超压时，不用电或其他外部动力，能自动关闭并须手动开启的装置。安装在燃气表后管道末端与胶管连接处的自闭阀应具备失压关闭功能。

自闭阀的基本原理是把永磁材料按照设计要求，充磁制成永久记忆的多级永磁联动机构，对通过其间的燃气压力参数的变化进行识别，当超过安全设定值时自动关闭阀门，切断气源。

自闭阀具有欠压、超压、失压自动关闭，手动复位功能。在停气、供气异常、胶管脱落等情况发生时，自动关闭，防止泄漏；不用电或任何外部动力，实现自动关闭；自动工作，长期可靠，不会误动作；工作状态明晰，易于故障排查；安装简单，使用方便。

5.2.2 法兰

法兰是一种标准化的可拆卸连接件，广泛用于燃气管道与工艺设备、机泵、燃气压缩机、调压器、仪表及阀门等的连接。使用法兰连接，拆卸安装方便，结合强度高，严密性好。

1. 法兰类型

依据法兰与管道的固定方式可分为平焊法兰、对焊法兰和螺纹法兰。

（1）平焊法兰

将管子插入法兰一定深度后，法兰与管端采用焊接固定。法兰本身呈平盘状，采用普通碳素钢制成，成本低，刚度较差，一般用于 $P \leqslant 1.6\text{MPa}$、$T \leqslant 250℃$ 的条件下，是燃气工程中应用最多的一种法兰。法兰密封面有光滑面和凹凸面两种形式。光滑面安装简单，但密封效果较差，垫片易向外挤出。为提高密封效果，在密封面上一般都车制 2～3 条密封线（俗称水线）。凹凸式密封面的优点在于凹面可使垫片定位并嵌住，具有较好的密封性。

（2）对焊法兰

法兰与管端采用对口焊接，刚度较大，适用于较高压力和较高温度。法兰密封面也有光滑面和凹凸面两种形式。

（3）螺纹法兰

法兰内表面加工成管螺纹，可用于 $DN \leqslant 50mm$ 的低压管道。

常用法兰形式如图 5-42 所示。

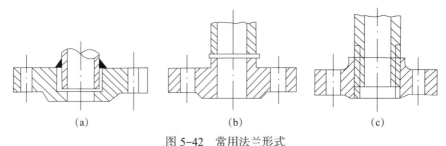

图 5-42　常用法兰形式

（a）平焊法兰；（b）对焊法兰；（c）螺纹法兰

2. 法兰选用

标准法兰应按照公称直径和公称压力来选用，当与设备连接时，应与设备的公称直径和公称压力相等。燃气管道上的法兰，其公称压力一般不低于 1.0MPa。当已知工作压力时，需根据法兰材质和工作温度，把工作压力换算成公称压力。法兰材质一般应与钢管材质一致或接近，法兰的结构尺寸按所选用的法兰标准号确定。

法兰结构尺寸符合法兰标准号，其内径尺寸却小于标准号的法兰称为异径法兰。不具有内孔的法兰称为法兰盖（堵），又称作盲法兰，常用于管道的末端封堵。

5.2.3　补偿器

补偿器是用于调节管段胀缩量的设备，多用于架空管道和大跨度的过河管段上。另外，补偿器还常安装在阀门的出口端，利用其伸缩性能，方便阀门的拆卸和检修。燃气管道上所用的补偿器主要有波形补偿器和波纹管补偿器两种，在架空燃气管道上偶尔也用方形补偿器。

波形补偿器俗称调长器，其构造如图 5-43 所示，是采用普通碳钢的薄钢板经冷轧或热轧而制成半波节，两段半波节焊成波节，数波节与颈管、法兰、套管组对焊接而成。由于套管一端与颈管焊接固定，另一端为活动端，故波节可沿套管外壁做轴向移动，利用连接两端法兰的螺杆可使波形补偿器拉伸或压缩。波形补偿器可由单波或多波组成，但波节较多时，边缘波节的变形大于中间波节，造成波节受力不均匀，因此波节不宜过多，燃气管道上用的一般为二波。

波纹管补偿器是用薄壁不锈钢板通过液压或辊压而制成波纹形状，然后与端管、内套管及法兰组对焊接而成。燃气管道上用的波纹管补偿器一般不带拉杆，如图 5-44 所示。

方形补偿器又称 H 形补偿器，常用的有四种类型，如图 5-45 所示。方形补偿器一般用无缝钢管煨弯而成；当管径较大时常用焊接弯管制成。它的补偿能力大、制造方便、严密性好、运行可靠、轴向推力小。

补偿器与管道或阀门的连接一般采用标准法兰连接，中间垫圈采用橡胶石棉板制作，表面涂黄油密封，螺栓两端应加垫平垫圈和弹簧垫圈。补偿器一般设置于水平位置上，其轴线与管道轴线重合，大口径的管道在与补偿器连接的两侧管道上，应各设一个滑动支座，既起支点作用，又使两侧管道伸缩时能有一定的自由度，不致卡死而使补偿器失去作用。

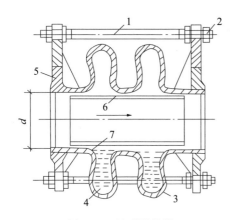

图 5-43 波形补偿器

1—螺杆；2—螺母；3—波节；4—石油沥青；
5—法兰；6—套管；7—注入孔

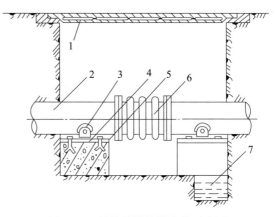

图 5-44 波纹管补偿器安装示意图

1—闸井盖；2—燃气管道；3—滑轮组；4—预埋钢板；
5—钢筋混凝土基础；6—波纹管补偿器；7—集水坑

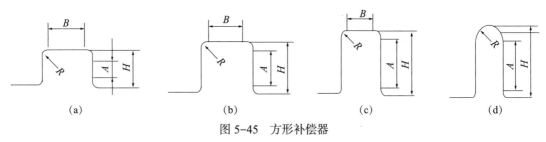

(a)   (b)   (c)   (d)

图 5-45 方形补偿器

（a）1 型（$B = 2A$）；（b）2 型（$B = A$）；（c）3 型（$B = 0.5A$）；（d）4 型（$B = 0$）

5.2.4 排水器

人工燃气或气相液化石油气中含有一定的水和其他液态杂质。因此，输送湿燃气的燃气管道施工时，应保持一定的坡度，并在管段最低点设置排水器，及时排出管道中的冷凝水和积液，保证管道畅通，否则会影响管道的流量甚至出现管堵，造成事故。

排水器根据材料不同可分为铸铁排水器和钢制排水器。铸铁排水器一般为定型标准产品，可根据管材规格和接口形式选用，主要用于中、低压燃气管道上，其接口形式有承插式柔性机械接口及法兰接口等，如图 5-46 所示。钢制排水器多用于高、中压的焊接钢管和聚乙烯管工程中，一般可根据设计要求进行制作，凝水罐的结构形式有立式和卧式两种，卧式凝水罐多用于管径较大的燃气管道上。凝水罐上的排水装置分单管式和双管式，单管式排水装置用于冬季没有冰冻期的地区或低压燃气管道上，双管式排水装置则用于冬季具有冰冻期的高中压燃气管道或尺寸较大的卧式凝水罐上。

对于架空敷设的燃气管道，则常用图 5-47 所示的自动连续排水器排除管道中的水分及其他液体，同时，管道应有一定的坡度坡向排水器。

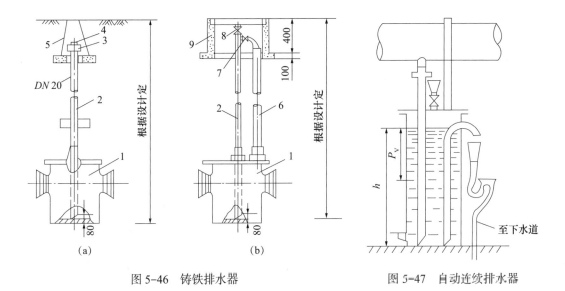

图 5-46 铸铁排水器　　　　图 5-47 自动连续排水器
（a）中压；（b）低压

1—凝水罐；2—排水管；3—管箍；4—丝堵；5—铸铁护罩；
6—循环管；7—旋塞；8—排水阀；9—井墙

5.2.5 放散管

放散管是用来排放管道中的燃气或空气的装置，它的作用主要有两方面：一是在管道投入运行时，利用放散管排空管道内的空气或其他置换气体，防止在管道内形成爆炸性混合气体；二是在管道或设备检修时，利用放散管排空管道内的燃气。放散管一般安装在阀门前后的钢短管上，在单向供气的管道上则安装在阀门之前的钢短管上。放散管也可根据管线敷设实际情况利用排水器抽液管代替，不再单独设置。

5.2.6 套管及检漏管

燃气管道在穿越铁路或其他大型地下障碍时，须采取敷设在套管或地沟内的防护措施进行施工。为判明管道在套管或地沟内有无漏气及漏气的程度，须在套管或地沟的最高点（比空气密度小的燃气）或最低点（比空气密度大的燃气）设置检查装置，即检漏管。套管及检漏管的做法，如图 5-48 所示。

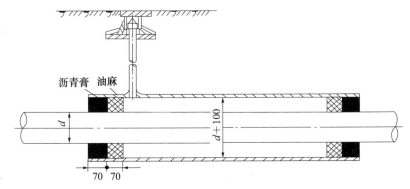

图 5-48 套管及检漏管安装示意图

5.2.7　井室

　　为保证管网的安全运行与操作维修方便，地下燃气管道上的阀门一般都设置在井室中，凝水器、补偿器、法兰等附属设备、部件有时根据需要也需砌筑井室予以保护，井室作为地下燃气管道的一个重要设施，应坚固结实，具有良好的防水性能，并保证检修时有必要的操作空间。井室的砌筑目前大多采用钢筋混凝土底板和砖墙结构的砌筑方法，重要地段或交通繁重地段，宜采用全钢筋混凝土结构。井室结构，如图5-49所示。

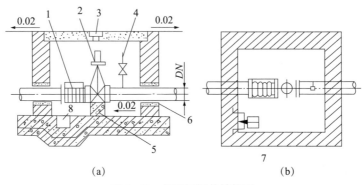

图5-49　方形阀门井结构图

（a）剖面图；（b）平面图

1—波纹管补偿器；2—阀门；3—井盖；4—放散阀；5—阀门底支座；
6—填料层；7—爬梯；8—集水坑

5.3　管道供气运行管理

　　管道系统在投入运行前须完成吹扫、试压、置换等工序，投入运行后须定期检漏、清洗及进行日常维修保养。出现事故或故障时及时抢修，以保证燃气管道及设施的完好并确保用户的燃气供应。

5.3.1　管道吹扫、试压一般要求

　　（1）管道安装完毕后应依次进行管道吹扫、强度试验和严密性试验。

　　（2）燃气管道穿（跨）越大中型河流、铁路、二级以上公路、高速公路时，应单独进行试压。

　　（3）管道吹扫、强度试验及中高压管道严密性试验前应编制施工方案，制定安全措施，确保施工人员及附近民众与设施的安全。

　　（4）试验时应设巡视人员，无关人员不得进入，在试验的连续升压过程中和强度试验的稳压结束前，所有人员不得靠近试验区。人员离试验管道的安全间距，按表5-8确定。

　　（5）管道上的所有堵头必须加固牢靠，试验时堵头端严禁人员靠近。

　　（6）吹扫和试验管道应与无关系统采取隔离措施，与已运行的燃气系统之间必须加装盲板且有明显标志。

安全间距　　　　　　　　　　　　　　　　表 5-8

管道设计压力（MPa）	安全间距（m）
＞0.4	6
0.4～1.6	10
2.5～4.0	20

（7）试验前应按设计图纸检查管道的所有阀门，试验段必须全部开启。

（8）在对聚乙烯管道或钢骨架聚乙烯复合管道吹扫及试验时，进气口应采取油水分离及冷却等措施，确保管道进气口气体干燥，且其温度不得高于40℃；排气口应采取防静电措施。

（9）试验时所发现的缺陷，必须待试验压力降至大气压后进行处理，处理合格后应重新试验。

5.3.2　燃气管道试压与吹扫

1. 燃气管道的吹扫和清洗

（1）燃气管道吹扫按下列要求选择气体吹扫或清管球清扫：

1）球墨铸铁管道、聚乙烯管道、钢骨架聚乙烯复合管道和公称直径小于100mm或长度小于100m的钢质管道，可采用气体吹扫。

2）公称直径大于或等于100mm的钢质管道，宜采用清管球清扫。

（2）燃气管道吹扫应符合下列要求：

1）吹扫范围内的管道安装工程除补口、涂漆外，已按设计图纸全部完成。

2）管道安装检验合格后，应由施工单位负责组织吹扫工作，并应在吹扫前编制吹扫方案。

3）应按主管、支管、庭院管的顺序吹扫，吹扫出的脏物不得进入已合格的管道。

4）吹扫管段内的调压器、阀门、孔板、过滤网、燃气表等设备，待吹扫合格后再安装复位。

5）吹扫口应设在开阔地段并加固，吹扫时应设安全区域，吹扫出口前严禁站人。

6）吹扫压力不得大于管道的设计压力，且不应大于0.3MPa。

7）吹扫介质宜采用压缩空气，严禁采用氧气和可燃性气体。

8）吹扫合格设备复位后，不得再进行影响管内清洁的其他作业。

（3）气体吹扫应符合下列要求：

1）吹扫气体流速不宜小于20m/s。

2）吹扫口与地面的角度应在30°～40°之间，吹扫口管段与被吹扫管段必须采取平缓过渡对焊，吹扫口直径应符合表5-9的规定。

吹扫口直径（mm）　　　　　　　　　　　　　表 5-9

末端管道公称直径 DN	DN＜150	150≤DN≤300	DN≥350
吹扫口公称直径	与管道同径	150	250

3）每次吹扫管道的长度不宜超过 500m，当管道长度超过 500m 时，宜分段吹扫。

4）当管道长度在 200m 以上，且无其他管段或储气容器可利用时，应在适当部位安装吹扫阀，采取分段储气，轮换吹扫；当管道长度不足 200m 时，可采用管道自身储气放散的方法吹扫，打压点与放散点应分别设在管道的两端。

5）当目测排气无烟尘时，应在排气口设置白布或涂白漆木板检验，5min 内靶板上无铁锈、尘土等其他杂物为合格。

（4）清管球清扫应符合下列要求：

1）管道直径必须是同一规格，不同管径的管道应断开分别清扫。

2）对影响清管球通过的管件、设施，在清管前应采取必要措施。

3）清管球清扫完成后检验，如不合格可采用气体再清扫至合格。

2. 燃气管道的试压

试压包括强度试验和严密性试验。强度试验的目的是检查管材、焊缝和接头的明显缺陷。强度试验合格后，进行严密性试验。

城镇燃气管道的试压介质一般采用压缩空气。

（1）强度试验

1）强度试验前应具备下列条件：

① 试验用的压力计及温度记录仪应在校验有效期内。

② 试验方案已经批准，有可靠的通信系统和安全保障措施并已进行了技术交底。

③ 管道焊接检验、清扫合格。

④ 埋地管道回填土宜回填至管上方 0.5m 以上，并留出焊接口。

2）管道应分段进行压力试验，试验管道分段最大长度宜按表 5-10 执行。

管道试压分段最大长度 表 5-10

设计压力 PN（MPa）	试验管段最大长度（m）
$PN \leqslant 0.4$	000
$0.4 < PN \leqslant 1.6$	5000
$1.6 < PN \leqslant 4.0$	10000

3）试验用压力计及温度记录仪均不应少于两块，并应分别安装在试验管道的两端。

4）试验用压力计的量程应为试验压力的 1.5～2 倍，其精度不得低于 1.5 级。

5）强度试验压力和介质应符合表 5-11 的规定。

强度试验压力和介质 表 5-11

管道类型	设计压力 PN（MPa）	试验介质	试验压力（MPa）
钢管	$PN > 0.8$	清洁水	$1.5PN$
	$PN \leqslant 0.8$		$1.5PN$ 且 $\geqslant 0.4$
球墨铸铁管	PN	压缩空气	$1.5PN$ 且 $\geqslant 0.4$
钢骨架聚乙烯复合管	PN		$1.5PN$ 且 $\geqslant 0.4$
聚乙烯管	PN（SDR11）		$1.5PN$ 且 $\geqslant 0.4$
	PN（SDR17.6）		$1.5PN$ 且 $\geqslant 0.2$

6）水压试验时，试验管段任何位置的管道环向应力不得大于管材标准屈服强度的90%。架空管道采用水压试验前，应核算管道及其支撑结构的强度，必要时应临时加固。试压宜在环境温度5℃以上进行，否则应采取防冻措施。

7）水压试验应符合现行国家标准《输送石油天然气及高挥发性液体钢质管道压力试验》GB/T 16805—2017 的有关规定。

8）进行强度试验时，压力应逐步缓升，首先升至试验压力的50%，进行初检，如无泄漏、异常，继续升压至试验压力，然后宜稳压 1h 后，观察压力计不应少于 30min，无压力降为合格。

9）水压试验合格后，应及时将管道中的水放净，并按要求吹扫。

10）经分段试压合格的管段相互连接的焊缝，经射线照相检验合格后，可不再做强度试验。

（2）严密性试验

1）严密性试验应在强度试验合格且管线全线回填后进行。

2）试验用的压力计应在校验有效期内，其量程应为试验压力的 1.5～2 倍，其精度等级、最小分格值及表盘直径应满足表 5-12 的要求。

试验用压力计选择要求　　　　　　　　表 5-12

量程（MPa）	精度等级	最小表盘直径（mm）	最小分格值（MPa）
0～0.1	0.4	150	0.0005
0～1.0	0.4	150	0.005
0～1.6	0.4	150	0.01
0～2.5	0.25	200	0.01
0～4.0	0.25	200	0.01
0～6.0	0.16	250	0.01
0～10.0	0.16	250	0.02

3）严密性试验介质宜采用空气，试验压力应满足下列要求：

① 设计压力小于 5kPa 时，试验压力应为 20kPa。

② 设计压力大于或等于 5kPa 时，试验压力应为设计压力的 1.15 倍，且不应小于 0.1MPa。

4）试压时的升压速度不宜过快。对设计压力大于 0.8MPa 的管道试压时，压力缓慢上升至 30% 和 60% 试验压力时，应分别停止升压，稳压 30min，并检查系统有无异常情况，如无异常情况继续升压。管内压力升至严密性试验压力后，待温度、压力稳定后开始记录。

5）严密性试验稳压的持续时间应为 24h。每小时记录不应少于 1 次，当修正压力降小于 133Pa 时为合格。修正压力降应按下式确定：

$$\Delta P = (H_1 + B_1) - (H_2 + B_2)273 + t_1/273 + t_2 \qquad (5-9)$$

式中　　ΔP——修正压力降，Pa；

　　H_1、H_2——试验开始和结束时的压力计读数，Pa；

　　B_1、B_2——试验开始和结束时的气压计读数，Pa；

　　t_1、t_2——试验开始和结束时的管内介质温度，℃。

213

6）所有未参加严密性试验的设备、仪表、管件，应在严密性试验合格后进行复位，然后按设计压力对系统升压，采用发泡剂检查设备、仪表、管件及其与管道的连接处，不漏为合格。

5.3.3 燃气管道的置换

新建燃气管道的投产是将燃气输入管道内，这时管道和附属设备必须处于完好及指定的工作状态。因往新建管道内输入燃气时将出现混合气体，所以对新建燃气管道内混合气体的置换必须在严密的安全技术措施保证前提下方可进行。

1. 燃气管道置换方法

（1）间接置换法是用惰性气体（常用氮气）先将管内空气置换，然后再输入燃气置换。优点是安全可靠，缺点是费用高昂、程序繁多，用气量大时很难供应，一般很少见。

（2）直接置换法是用燃气输入新建管道内直接置换管内空气。该方法操作方便、迅速，在新建管道与原有燃气管道连通后，即可利用燃气的工作压力直接排放管内空气，当置换到管道内燃气含量达到合格标准（取样合格）后，即可正式投产使用。

由于在用燃气直接置换管道内空气的过程中，燃气与空气的混合气体随着燃气输入量的增加，其浓度可达到爆炸极限，此时在常温及常压下遇到火种就会爆炸，所以这种方法不够安全。鉴于施工条件限制和节约的原则，如果采取相应的安全措施，用直接置换法是一种既经济又快速的换气工艺。长期实践证明，这种方法基本上是安全的，被广泛应用。

2. 置换的安全要求

用燃气直接置换管内空气时，燃气与空气的混合气体随着燃气输入量的增加，其浓度可达到爆炸极限，此时遇到火种就会发生爆炸，所以必须采取相应的安全措施。首先，置换空气的速度须控制在 5m/s 以下（速度的大小是通过压力来控制的），直至管内燃气中含氧量小于 2%，因为如果流速过高，气流会与管壁摩擦产生静电，同时，残留在管内的碎石、铁渣等硬块会随着高速气流在管道内滚动、碰撞，产生火花，为燃气爆炸创造条件；当然，流速也不宜过低，因为过低会延长置换时间。此外，还应采取一些其他的安全措施，具体如下：

（1）各置换放散点要按规定围出一定区域，设立警戒线，闲杂人员不得围观。放散点周围 20m 严禁火种。

（2）所使用的各种工具，必须是不能产生火星的工具。

（3）各放散点至少应有两人，并配置对讲机及时联系。

（4）阀门井内操作必须遵守阀门井操作规程：1）必须用风力灭火机向井下吹 5min 后，方可下井；2）下井人员必须系安全带、戴长管呼吸器，当阀门井内闻到燃气臭味时，应用肥皂水检漏，找出漏点，及时处理；3）井上必须有人监护人；4）阀门井井盖必须全部打开。

（5）放散点上空有架空电力、电缆线时，应将放散管延伸避让。

（6）在置换时，燃气的压力不能快速升高，因为当阀门快速开启时容易在置换管道内产生涡流，出现燃气抢先至放散（取样）孔排出，会产生取样合格的假象。因此，开启阀门时应缓慢逐渐进行，边开启边观察压力变化情况。

（7）置换工作不宜选择在夜间与阴雨天进行，因阴雨天气压较低，置换过程中放散的燃气不易扩散，故一般选择在天气晴朗的上午为好。大风天气虽然能加速气体扩散，但应注意下风侧的安全措施。

（8）遇雷雨天则必须暂停置换。

（9）发现异常现象，应及时报告现场指挥部，及时处理。

（10）现场安全措施落实。对邻近放散点的居民、工厂单位逐一宣传并检查，清除火种隐患，并发布安全告示，在置换时间内杜绝火种，关闭门窗，建立放散点周围20m以上的安全区。

3. 置换的顺序

燃气管道置换的顺序一般为：先置换门站或储配站，其后置换高压管道，再置换中压管道，最后置换低压管道及室内。

4. 管道试样的检测

当嗅到燃气臭味时，即可用橡皮袋取样进行检测，试样检测合格后，置换工作方告结束。判断试样合格的标准是：当管内混合气体中燃气含量（容积）已大于爆炸上限时，为合格；反之，为不合格。判断的方法一般有两种：

（1）点火检验。将从放散管上取到燃气的橡皮袋移至现场安全距离外，然后点燃袋内的燃气，若不能点燃或火焰呈预混式燃烧（蓝色火焰），说明管道内还有较多的空气，置换不合格；若火焰呈扩散式燃烧（橘黄色火焰），则说明管内空气已基本置换干净，达到了合格标准。

（2）检测混合气体的含氧量。取样后，用氧气检测仪检验，若含氧量小于2%，为合格；含氧量大于2%，为不合格。实践中，为保证结果的准确性，一般要重复检测3次。每次均合格后，停止置换。置换工作完成后，应立即关闭放散阀、拆除放散管、拆下安装的压力表并检漏，防止压力表连接处漏气。最后，要对通气管道作全线检查，并重点检查距离居民住宅较近的管道，看是否有燃气泄漏现象。一旦发现问题，应及时处理，不留隐患。

5. 投运后"反置换"

在用燃气管道设施，如需动火检修、接线或长期停用时，需停气置换，这种置换称为"反置换"或"停车置换"。一般可采用空气吹扫置换燃气，也可采用氮气或蒸汽。反置换也要制定置换方案，所采用的设备、仪器、材料和施工方法与投运前置换大致相同。但要注意以下事项：

（1）停车后置换前，严禁拧动管道上各部位的阀门或拆卸管道、设备；严禁在管道和设备周围动用明火或吸烟。

（2）置换前应将凝水缸、过滤器中的残液放净，并在阀门法兰处设置盲板，将停气管线与非停气管线隔断。

（3）当用空气吹扫置换时，取样点火试验，点不着后，即可进行含氧量分析，当连续3次取样化验分析含氧量均不低于20%，则置换合格。

（4）使用空气置换合格的管道系统，亦不得随意直接在管道上动焊、动火作业。一般应采用蒸汽或氮气吹扫，置换合格后，方可进行明火作业。

5.3.4　燃气管道及附属装置的日常维护

对燃气管道及附属装置的日常维护，应制定巡查周期和维修制度。巡查和维修周期，应根据管材、工作压力、防腐等级、连接形式、使用年限和周围环境（人口密度、地质、道路情况、季节变化）等因素综合考虑。

1. 燃气管道的维护

（1）燃气管道维护的内容主要是巡查和检查。燃气管道巡查应包括下列内容：

1）管道安全保护距离内不应有土壤塌陷、滑坡、下沉、人工取土、堆积垃圾或重物、管道裸露、种植根深植物及搭建建（构）筑物等。

2）管道沿线不应有燃气异味、水面冒泡、树草枯萎和积雪表面有黄斑等异常现象或燃气泄出声响等。

3）不应有因其他工程施工而造成管道损坏、管道悬空等，施工单位应向城镇燃气主管部门申请现场安全监护。

4）不应有燃气管道附件丢失或损坏。

5）应定期向周围单位和住户询问有无异常情况。

在巡查中发现上述现象，应及时采取有效的保护措施，并查清情况记录上报。

（2）燃气管道检查应符合下列规定：

1）泄漏检查可采用仪器检测或地面钻孔检查。当道路结构无法钻孔时，也可从管道附近的阀门井、窨井或地沟等地下构筑物检测。

2）对设有电保护装置的管道，应定期测试检查。

3）管道达到设计使用年限一半时，应对管道选点检查；管道超过使用年限时，应加强定期检查，估测其继续使用年限，并加强巡查和泄漏检查。

4）供气高峰季节应选点测查管网高峰供气压力，分析管网运行工况，发现故障应及时排除，对供应不良的管网应提出改造措施。

5）穿越管道、斜坡及其他特殊地段的管道，在暴雨、大风或其他恶劣天气过后应及时巡检。

6）架空管道及附件防腐涂层应完好，支架固定应牢靠。

7）燃气管道附件及标志不得丢失或损坏。

2. 燃气管道附件和设备的维护

（1）调压器的维护

调压器的巡查内容，应为调压器运行压力工况，调压器附属装置、仪器、仪表运行工况和调压室内有无泄漏等异常情况。当发现调压器及各连接点有燃气泄漏、调压器有异常喘振或压力异常波动等现象时，应及时处理；调压器及其附属设备应及时清除各部位油污、锈斑，不得有腐蚀和损伤，对易损部件应按时更换、保养；新投入运行和保养修理后的调压器，必须经过调试，达到技术标准后方可投入运行；停气后重新启用的调压器，应检查进出口压力及有关参数。

（2）阀门的维护

阀门的巡查内容，应为阀门有无燃气泄漏、腐蚀现象，阀门井有无积水，有无妨碍阀门作业的堆积物等。阀门井应定期进行启闭性能试验、更换填料、加油和清扫，阀门应定期维护；无法启闭或关闭不严的阀门，应及时维修或更换。

（3）排水器的维护

排水器应定期排放积水，排放时不得空放燃气，在道路上作业时，应设作业标志；应经常检查排水器护盖、排水装置有无泄漏、腐蚀和堵塞，有无妨碍排水作业的堆积物等；排水器排出的污水不得随地排放，并应收集处理。

（4）补偿器、过滤器等设备的维护

对补偿器应进行接口严密性检查、注油、更换填料、排放积水及补偿量调整等；对过滤器也应进行接口严密性检查，并检查过滤器前后压差，定期排污、拆卸、清洗；对安全阀应定期校验其起跳、回座性能及密闭性能；水封式安全装置应定期检查水位。

5.3.5　燃气管网图档资料管理

图档资料管理，也是燃气管网运行管理的内容之一。因为，燃气工程的绝大部分属于隐蔽工程，当对燃气管网进行维护、检修或遇燃气管线发生故障需立即抢修时，必须迅速地、准确地找出地下燃气管线及其附属设备的位置，这就需要有一套完整、准确的管线图档资料。因此，城镇燃气管网运行管理部门应收集各类燃气管道工程资料，建立管道和设备档案。

管道工程图档资料一般包括项目批准文件、设计资料、开工报告、施工记录、工程验收记录、竣工报告、竣工图、管线平面详图、管线系统图、特殊工程断面图和其他必要的工程图。设备图（卡）记录内容应包括设备型号、位置、连接形式、设置日期、编号、施工单位及工程负责人、运行工况、维护记录等。

另外，对运行管理中（如抢修、维护、监护等）的内容及过程，也应当记录并建档，成为燃气管网图档资料的一部分。

燃气管网抢修时，应首先记录下列内容：事故报警记录；事故发生的时间、地点和原因等；事故类别（中毒、火警、爆炸等）；事故造成的损失和人员伤亡情况；参加抢修的人员情况；工程抢修概况及修复日期。然后将抢修任务书（包括执行人、批准人、工程草图等）、动火申报批准书（记录）、抢修记录、事故鉴定记录、抢修质量鉴定记录等与前述内容一并建档。

对燃气管道及设备巡查时，应记录下列内容：巡查周期、时间、地点（范围）、异常情况、记录人以及违章、险情上报记录。

管道设备维修作业的资料应包括下列内容：维修、更新和改造计划；维修记录；管道设备的拆除、迁移和改造工程图档资料等。

管道设备的监护应包括下列内容：配合其他工程的管道监护记录（包括管位、管坡保护措施）、在管位上违章搭建处理记录、燃气运行压力记录等。

5.3.6　管道供气运行管理的安全要求

燃气管网的运行关系到城市供气的安全，必须时刻注意，避免事故发生。

（1）在燃气管道进行带气检修时，严禁明火。施工前必须做好一切准备工作，如熄灭各种明火，检查周围是否有易燃、易爆物品，施工场地是否牢固，准备好防毒面具等。到顶棚、地沟、地板下、地下室维修时，应用防爆灯具，严禁用明火照明。严禁用燃气和氧气清扫管道。

（2）在沟槽内切管、钻孔、找漏时，严禁掏洞操作。带气操作时，沟槽上必须留人观察情况。

（3）接到漏气通知后，必须立即组织抢修，杜绝事故。如找不出漏气处，应立即报告上级。

（4）在燃气管道带气作业时，燃气压力不允许超过800Pa或小于200Pa。

（5）对燃气管线的巡视和对阀门井、地下构筑物的定期检查应同时进行。在巡视时，要检查阀门井的完好程度和被燃气污染的程度，定期排除集水器的冷凝水。此外，还要检查燃气管道两侧15m宽以内的阀门井（给水排水、热力、通信、动力电缆井）、地下干管、地沟、人防、建筑物的地下室等处被燃气污染的程度。

（6）被燃气污染的阀门井、地下室、人防、管沟等处，都有爆炸的危险。处理时，首先应通风，工作人员应戴防毒面具，地面上必须留人，禁止吸烟、点火以及使用非防爆式灯等。阀门井井盖应用不会产生火花的木棍小心打开，轻放地上，不可碰撞而产生火花。

5.4　燃气管道计划维修及检测

5.4.1　燃气管道计划维修

1. 燃气管道泄漏修理

（1）铸铁管泄漏修理

1）青铅接口修理

首先将漏气接口处泥土清洗干净，用敲铅凿沿接口整个圆周依次敲击，使接口青铅密实而不漏气。如果敲击后接口青铅凹瘪5mm以上，应用尖凿在接口青铅上凿若干小孔，然后补浇热熔青铅。热熔青铅温度应大于700℃，待凝固后，再用敲铅凿敲击，直到平整为止。需要注意的是，修补青铅接口，若只敲击漏气点，会再次发生漏气；冷铅条或热熔温度不高的青铅也不能使用，因其不能与接口青铅熔成一体，仍会发生漏气。

2）水泥接口修理

将漏气接口的水泥全部剔除，保留第一道油麻，然后清洗接口间隙，浇灌热熔青铅，改为青铅接口。敲实后，即可承受压力，恢复通气。

3）机械接口修理

挖出漏气接口后，可将压兰上的螺母拧紧，使压兰后的填料与管壁压紧密实。如果漏气严重，对有两道胶圈（密封圈与隔离圈）的接口，可松开压兰螺栓，将压兰后移，拉出旧密封圈，换入新密封圈，然后将压兰推入，重新拧紧压兰螺栓即可。

4）砂眼修理

可采用钻孔、加装管塞的方法修理。

5）裂缝修理

可采用夹子套筒（钢制或铸铁均可）修理。夹子套筒由两个半圆形管件组成，其长度应比裂缝长50cm以上。将它套在管道裂缝处，在夹子套筒与管子外壁之间用密封填料填实，然后用螺栓连接，拧紧即可。

6）损坏管段更换

当损坏的管段较长时，应予以切除，更换新管。更换长度应大于损坏管段长度50cm以上。

（2）钢管泄漏修理

1）管内衬里修漏法

管内衬里修漏法可分为管内气流衬里法、管内液流衬里法、管内反转衬里法等几种。管内气流衬里法，是指将快干性的环氧树脂用压缩空气送入管内，在其尚未固化前，送入尼龙纤维黏附于环氧树脂表面，再用压缩空气连续地将高黏度的液状树脂送入管内，沿管壁流动，形成均匀的、厚约 1.0～1.5mm 的薄膜而止漏。这种方法不论管径变化或有弯头、三通等均可修理，适用于 $DN15$～$DN80$ 的低压钢管，一次修理长度约 50m。

管内液流衬里法，是指将常温下能固化的环氧树脂送入管内，再用压力约 0.07MPa 的空气流推入两个工作球，在管内即可形成一层均匀的树脂薄膜而止漏。这种方法适用于 $DN25$～$DN80$ 的低压钢管，一次修理长度约 40m。但是，管内若有积水、铁屑等杂质时，不可用这种方法修理。

管内反转衬里法，是指用压缩空气将引导钢丝送入待修的管道内，在聚酯衬里软管内注入胶粘剂，从前端牵拉引导钢丝，同时从后端送入压缩空气，衬里软管就会在待修管内。

顺利反转并粘贴在管道内壁。由于衬里软管具有伸缩性，故在管道弯曲部位也可粘贴完好。这种方法适用于同一管径且无分支管的 $DN25$～$DN150$ 的低压钢管、铸铁管，其一次修理长度可达 100m。另外，这种方法只需在修理管段两端开挖工作坑，无须开挖路面，因而得到了广泛的应用。

2）管外修漏法

对于埋地钢管的螺纹接口或裂缝，可先用钢丝刷刷净漏气接口或裂缝处，然后直接用胶带缠绕补漏，必要时还可在外面再加缠防腐绝缘胶带。也可用毛线（纤维）缠绕螺纹接口处，然后涂上密封剂，使之被毛线吸收渗透后固化而密封。

3）塑料管泄漏修理

当管道漏气或损坏范围很小时，最简单的修理方法是将损坏处切断，然后用一个电熔套筒连接起来；若范围较大，则必须切除损坏管段而以新管替换，最后一个焊口一定要用电熔套筒连接。

当修补塑料管上的损坏孔时，可使用改造后的鞍形电熔管件带气修补。具体操作如下：卸下刀具外帽，将带电热丝的鞍形管件按鞍形连接的要求对正损坏孔，固定在损坏的管段上（应注意此时泄漏的燃气经刀具孔泄漏），接通电源将管件焊接在损坏管段上，待冷却后，再装上管帽并拧紧。

修理操作时，要特别注意塑料管道上可能存在静电，应有可靠措施将静电导入地下。

2. 燃气管道阻塞及消除

（1）积水

人工燃气大多未经脱水处理，在输送过程中随着温度降低，煤气中的水蒸气会逐渐凝结成水，顺着管道的坡度流入管道最低处的排水器内。对每个排水器应建立详细的位置卡片和抽水记录，将排水日期和水量记录下来，作为确定或调整排水周期的依据，并且还可以尽早发现地下水渗入等异常情况。人工燃气中的焦油、酚等有害杂质也会与凝结水一起聚积在排水器内。排放这样的水会造成污染，因此须用槽车抽储、运送至污水处理厂集中处理。

（2）渗水

当地下水压力比管内燃气压力高时，可能由管道接口不严处、腐蚀孔或裂缝等处渗入管内，这种现象称为地下燃气管渗水。渗水多发生在年久失修、管道受到腐蚀和破损之处，或由于施工质量问题造成的接口松动处等。

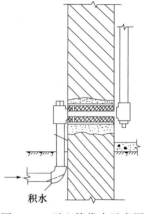

当渗水量较小时，可以缩短抽水周期以维持管内畅通；当排水器内水量急剧增加时，可关断可疑管段，压入高于渗入压力的燃气，并找出渗漏之处，再作补漏处理。

（3）袋水

由于管基不均匀沉陷或建筑物的沉降，燃气中的冷凝水会在管道下沉的部位积存起来，造成供气不良，影响正常供气，这种现象称为袋水，如图5-50（引入管处袋水）所示。如果发现调压器出口低压自动记录纸上的压力线呈锯齿形或用户燃气灶的火焰跳动，就表明管道内积水或袋水。

图5-50　引入管袋水示意图

一般处理方法是：在管线上选点测压（如选择用排水器管测压时，应事先将排水器内的积水抽尽，以正确反映压力），搜集压力异常资料，同时了解该管段附近是否有其他地下管线或建筑物施工，以致管基松动或路面承受过载荷重，道路沉陷使管线下沉、坡度变化。然后，在压力异常或道路有异常情况之处挖出管线，经水平尺核对后，找出袋水位置。提高管段，校正坡度，填塞夯实管底，并对提高校正管段接口逐一检查，保证密封完好。如受条件限制，无法校正坡度时，可在袋水的最低点加装排水器解决。

对于引入管袋水，可将引入管挖出，缩短进户立管，恢复引入管坡度，使弯头部位积水顺利流入支管，集中在排水器内，并定时排放。

（4）积萘

人工燃气中常含有一定量的萘蒸气，温度降低时凝成固体，附着在管道内壁，使燃气管断面减小或阻塞。在寒冷季节，萘常积聚在管道弯曲部分或地下管道接出地面的支管处。当出现积萘时，可用下列方法清除：

1）可用喷雾法将加热的石油、挥发油或粗制混合二甲苯等喷入管内，使萘溶解流入排水器，再由排水器排出。

2）由于萘能被70℃的温水溶解，因此可将管段的两端隔断，灌入热水或水蒸气将萘除去，但这种方法会使管道热胀冷缩，容易使铸铁管接口松动，因此清洗后，必须进行严密性试验。

3）低压干管的积萘一般都是局部的，可将阻塞部分的管段挖出、切断后，用特制的钢丝刷进行清扫。

4）用户进户立管的积萘，一般采用真空泵将萘吸出。

当然，要从根本上解决管道中积萘的问题，应根据《城镇燃气设计规范（2020版）》GB 50028—2006的规定，严格控制出厂燃气中萘的含量。

（5）其他杂质

管内除了水和萘以外，还会有尘土、铁锈屑和焦油等杂质，这些杂质常积聚在弯头、阀门或排水器处，影响正常输气，甚至造成管道堵塞。

清除杂质的一般办法是对管道进行分段清洗。一般每50m左右作为一清洗段，可在割断的管内用人力摇动、绞车拉动、特制刮刀及钢丝刷等办法，沿管道内壁将它刮松并刷净。

在清除管内壁时，还应注意管壁上可能有腐孔，不要在清除时扎透而造成漏气。管道弯头、阀门和排水器如有阻塞，可拆下清洗。

对于大管径、无支管的管段，也可采用清管球法清洗。

5.4.2　燃气管网检测

1. 燃气管网检测的一般规定

（1）泄漏检测人员应根据管网和厂站的规模及设备、设施的数量等因素配置，并应通过相关知识及检测技能的培训。

（2）泄漏检测人员及检测场所的安全保护、现场安全标志的设置应符合要求。

（3）埋地管道的常规泄漏检测宜按泄漏初检、泄漏判定和泄漏点定位的程序进行。管道附属设施、厂站内工艺管道、管网工艺设备的泄漏检测宜按泄漏初检和泄漏点定位的程序进行。

（4）当接到燃气泄漏报告时，可直接进行泄漏判定；当发生燃气事故时，可直接进行泄漏点定位。

（5）泄漏检测方法应根据检测项目和检测程序进行选择，并可按表5-13的规定执行。当同时采用两种以上方法时，应以仪器检测法为主。

泄漏检测方法　　　　　　　　　　　　　　　表5-13

检测项目		检测程序		
		泄漏初检	泄漏判定	泄漏点定位
管道	埋地	仪器检测、环境观察	气相色谱分析	仪器检测、检测孔检测或开挖检测
	架空	激光甲烷遥测		
管道附属设施、管网工艺设备、厂站内工艺管道		仪器检测、环境观察	—	气泡检漏

2. 管道检测

（1）埋地管道的泄漏初检宜在白天进行，且宜避开风、雨、雪等恶劣天气。

（2）埋地管道的泄漏初检可采取车载仪器、手推车载仪器或手持仪器等检测方法，检测速度不应超过仪器的检测速度限定值，并应符合下列规定：

1）对埋设于车行道下的管道，宜采用车载仪器快速检测，车速不宜超过30km/h。

2）对埋设于人行道、绿地、庭院等区域的管道，宜采用手推车载仪器或手持仪器检测，行进速度宜为1m/s。

（3）采用仪器检测时，应沿管道走向在下列部位检测：

1）燃气管道附近的道路接缝、路面裂痕、土质地面或草地等。

2）燃气管道附属设施及泄漏检查孔、检查井等。

3）燃气管道附近的其他市政管道井或管沟等。

（4）在使用仪器检测的同时，应注意查找燃气异味，并应观察燃气管道周围植被、水面及积水等环境变化情况。当发现有下列情况时，应做泄漏判定：

1）检测仪器有浓度显示。

2）空气中有异味或有气体泄出声响。

3）植被枯萎、积雪表面有黄斑、水面冒泡等。

（5）泄漏判定应判断是否为燃气泄漏及泄漏燃气的种类。经判断确认为燃气泄漏后应立即查找泄漏点。

（6）检测孔检测或开挖检测前应核实地下管道的详细资料，不得损坏燃气管道及其他市政设施。检测孔内燃气浓度的检测应符合下列规定：

1）检测孔应位于管道上方。

2）检测孔数量与间距应满足找出泄漏燃气浓度峰值的要求。

3）检测孔深度应大于道路结构层的厚度，孔底与燃气管道顶部的距离宜大于300mm，各检测孔的深度和孔径应保持一致。

4）燃气浓度检测宜使用锥形或钟形探头，检测时间应持续至检测仪器示值不再上升为止。

5）检测液化石油气浓度的探头应靠近检测孔底部。

（7）检测孔检测完成后，应对各检测孔的数值对比分析，确定燃气浓度峰值的检测孔，并应从该检测孔开挖检测，直至找到泄漏部位。

（8）开挖前，应根据燃气泄漏程度确定警戒区，并应设立警示标志，警戒区内应对交通采取管制措施，严禁烟火。现场人员应佩戴职责标志，严禁无关人员入内。

（9）开挖过程中，应随时监测周围环境的燃气浓度。

（10）对架空管道泄漏检测时，检测距离不应超过检测仪器的允许值。

3. 管道附属设施、厂站内工艺管道及管网工艺设备的检测

（1）管道附属设施、厂站内工艺管道、管网工艺设备泄漏初检时，应检测法兰、焊口及螺纹等连接处，并应根据燃气密度、风向等情况按一定的顺序检测，检测仪器探头应贴近被测部位。

（2）对阀门井（地下阀室）、地下调压站（箱）等地下场所泄漏初检时，检测仪器探头宜插入井盖开启孔内或沿井盖边缘缝隙等处进行检测。

（3）泄漏初检发现下列情况时应对泄漏点定位检测：

1）检测仪器有浓度显示；

2）空气中有异味或气体泄出声响。

（4）进入阀门井（地下阀室）、地下调压站（箱）等地下场所检测时应符合下列规定：

1）满足下列要求时，检测人员方可进入：

① 氧气浓度大于19.5%；

② 可燃气体浓度小于爆炸下限的20%；

③ 一氧化碳浓度小于30mg/m³；

④ 硫化氢浓度小于10mg/m³。

2）检测过程中，各种气体检测仪器应始终处于工作状态，当检测仪器显示的气体浓度变化超过限值并发出报警时，检测人员应立即停止作业返回地面，并对场所内采取通风措施，待各种气体浓度符合要求后，方可继续工作。

（5）对管道附属设施、厂站内工艺管道、管网工艺设备等进行泄漏点定位检测时可采

用气泡检漏法，并应符合下列规定：

1）涂刷检测液体前，应先对被测部位表面清理；

2）检测时应保持被测部位光线明亮；

3）检测不锈钢金属管道时采用的检测液中氯离子含量不应大于 25×10^{-6}。

（6）阀门井（地下阀室）、地下调压站（箱）等地下场所内检测到有燃气浓度而未找到泄漏部位时应扩大查找范围。

4. 检测周期

（1）埋地管道泄漏初检周期应根据材质、设计使用年限及环境腐蚀条件等因素确定。

（2）埋地管道常规的泄漏初检周期应符合下列规定：

1）聚乙烯管道和设有阴极保护的钢质管道，检测周期不应超过 1 年；

2）铸铁管道和未设阴极保护的钢质管道，检测周期不应超过半年；

3）管道运行时间超过设计使用年限的 1/2 后，检测周期应缩短至原周期的 1/2。

（3）埋地管道因腐蚀发生泄漏后，应对管道的腐蚀控制系统进行检查，并应根据检查结果对该区域内腐蚀因素近似的管道原有的检测周期进行调整，加大检测频率。

（4）发生地震、塌方和塌陷等自然灾害后，应立即对所涉及的埋地管道及设备进行泄漏检测，并应根据检测结果对原有的检测周期进行调整，加大检测频率。

（5）新通气的埋地管道应在 24h 内进行泄漏检测；切线、接线的焊口及管道泄漏修补点应在操作完成通气后立即进行泄漏检测。上述两种情况均应在 1 周内进行 1 次复检，复检合格正常运行后的泄漏初检周期应按埋地管道常规的泄漏初检周期执行。

（6）管道附属设施的泄漏检测周期应小于或等于与其相连接管道的泄漏检测周期。

（7）厂站内工艺管道、管网工艺设备的泄漏检测周期应根据设计使用年限及环境腐蚀条件等因素确定，也可结合生产运行同时进行，并应符合下列规定：

1）厂站内工艺管道、管网工艺设备的检测周期不得超过 1 个月；

2）调压箱的检测周期不得超过 3 个月。

（8）管道附属设施、管网工艺设备在更换或检修完成通气后应立即进行泄漏检测，并应在 24~48h 内进行 1 次复检。

5.5 储配、调压、计量站场的安全技术和管理重点

5.5.1 储配站运行的安全技术和管理重点

1. 储气罐的充气置换

储气罐在投入运行前或停运待修时，均需对罐内的气体置换，以排除在储气罐内形成爆炸性混合气体的可能性。

充气置换有用燃气直接置换和用惰性气体（如氮气、烟气、二氧化碳等）间接置换两类方法。其中，间接置换法安全可靠，但费用较高，许多地方没有条件采用这种方法。

（1）在直接置换法中，又有各种不同的操作方式，如：

1）将大量燃气送入储气罐，使储气罐升起十几米高度，然后排出混合气体，储气罐下降后，再充气升起，反复进行。

2）在储气罐静止状态，控制进气压力小于起升压力的条件下，从顶部排出混合气体。

3）先使储气罐升起一定高度，然后送入燃气进行稀释置换。

无论采用哪种操作方式，储气罐内的混合气体总有一个阶段是爆炸性气体，而且，储气罐是可升降的钢结构，又有燃气与混合气体的流动，使得置换现场有可能出现静电、火花或遇到明火火种。所以，安全操作十分重要。其次，由于储气罐容积很大，置换消耗的燃气量也就很大，因此设法减少燃气消耗量也是必要的。其中，第3）种置换方式需用的燃气量少，且可以缩短置换时间。

（2）充气置换时，应注意的事项如下：

1）在钟罩顶上安装 U 形管压力计测压，并安排专人负责观察置换过程中的压力变化，如发现压力异常情况，应及时报告指挥置换工作的负责人，检查原因及时检修。

2）置换开始前，要将钟罩落下至最低位置，并核查钟罩杯圈与垫梁上皮之间是否留有 0.4m 的余量，以防止储气罐内出现负压。

3）当储气罐需要大修时，检修人员在置换后要进入罐内，故要预防中毒。在储气罐上需要安装足够多的排放管，一方面可以排出多余的惰性气体，另一方面可以保证储气罐内有足够的含氧量。一般来说，人体所需空气中含氧量不能少于 16%。当置换介质使用烟气时，检修人员进入罐内前，必须测定罐内残余烟气中的 CO 浓度，其浓度不能超过 $55\sim60mg/m^3$。

4）严禁任何火种进入置换工作现场内。常见的火种包括：电焊火花、吸烟、电气设备带入的火柴、打火机、带钉鞋、烟囱或蒸汽机车冒出的火星、炽热炉灰及静电火花等。

5）对旧有储气罐进行大修时的置换，为除尽储气罐内残留的挥发性油类，可以在充入空气的同时向罐内吹入蒸汽。

6）所有设备均应有接地装置。

2. 储气罐的运行管理

（1）储气罐基础的保护和管理

基础不均匀沉陷会导致罐体的倾斜。对于湿式储气罐，倾斜后其导轮、导轨等升降机构易磨损失灵，水封失效，以致酿成严重的漏气失火事故；对于干式储气罐，倾斜后也易造成液封不足而漏气。因此，必须定期观测基础不均匀沉陷的水准点，发现问题及时处理，处理的办法一般可用重块纠正塔节（或活塞）平衡或采取补救基础的土建措施。

高压储气罐虽然无活动部件，但不均匀沉降也会使罐体、支座和连接附件受到巨大的应力，轻则产生变形，重则产生剪力破坏，引起漏气等事故。因此，高压储气罐的基础也应定期观测，并在设备接管口处设补偿器或采取补偿变形措施。

（2）控制钟罩（低压湿式储气罐）升降的幅度

钟罩的升降应在允许的红线范围内，如遇大风天气，应使塔高不超过两节半。要经常检查贮水槽和水封中的水位高度，防止燃气因水封高度不足而外漏。宜选用仪表装置控制或指示其最高、最低操作限位。

（3）补漏防腐

储气罐一般都是露天设置，由于日晒雨淋，不可避免会造成罐的表皮腐蚀，一般要安排定期检修，涂漆防腐。另外，燃气本身也有一定的化学腐蚀性，所以储气罐不可避免会有腐蚀穿孔现象发生。补漏时，应在规定允许修补的范围内，并采取相应的措施，确认修补现场已不存在易爆气体时，方可进行；补漏完毕，应做探伤、强度和气密性试验等验收检查。

（4）冬季防冻

对于湿式储气罐，要加强巡视，注意水封、水泵循环系统的冰冻问题；对于干式储气罐，应在罐内壁涂敷一层防冻油脂；对于高压储气罐，应设防冻排污装置，避免排污阀被冻坏。

（5）安全阀（主要指高压储气罐）的保护和管理

一般高压储气罐的安全阀工作压力为设计压力的1.05倍。只要储气罐已投入运行，安全阀就必须处于与罐内介质连通的工作状态，以便在罐内出现超压时能及时放散而保全罐体不致被破坏。因此，必须在安全阀上系铅封标记，加强巡视检查。

（6）建立储气罐的维修制度，确定储气罐的维修周期，定期检修。

5.5.2　调压站运行的安全技术和管理重点

1. 调压站的置换通气

调压站置换通气的方法和要求如下：

（1）调压站验收试压合格后，将燃气通到调压站外总进口阀门处，然后再进行调压站的置换通气。

（2）每组调压器前后的阀门处应加盲板，然后打开旁通阀、安全装置及放散管上的阀门，关闭系统上其他阀门及仪表连接阀门。

（3）把调压站进口前的燃气压力控制在等于或略高于调压器给定的出口压力值，然后缓慢打开室外总进口阀门，将燃气通入室内管道系统。

（4）利用燃气压力将系统内的空气赶入旁通管，再经放散管进行置换放散。

（5）在不停止放散的前提下，取样分析（或做点火试验）合格后，再分组拆除调压器前后的盲板。

（6）依次对每组调压器进行通气置换。打开其中一组调压器前后的阀门，使燃气经调压器后仍由放散管排到室外，取样分析合格后，该组调压器置换合格，并关闭其前后的阀门。

（7）一组调压器通气置换合格后，再进行下一组置换，直至全部合格，调压站通气置换完成。

2. 调压室的运行管理

调压室是输配系统的主要组成部分之一。因此，维护和管理工作需要制度化并保持经常性。

调压室通常是无人值班或看管的。因此，需要在调压器的进出口处安装自记压力计，调压器运行工况由压力记录仪在记录纸上同步记录下来，这是检查调压器运行的主要依据。因此，规定记录纸的更换周期、更换要求，并根据记录的压力曲线，对调压器运行工况进行分析研究，做好记录归档。压力记录仪安装在各调压室内，应设专人调换压力记录纸，每天定时定线进行。

调压室内往往由于设备及附件接头处不够严密而有燃气漏出，故应保持室内通风良好。冬季，在不供暖地区的地上调压室中，由于室温低而容易发生系统内壁结冰结萘、皮膜发硬等导致调压器失灵甚至停止工作的情况，须加强巡查作业，及时消除故障。也可以对调压器的明露部分（空气孔除外）用棉布毛毡等保温。地下调压室内因通风不良容易积聚燃气，为防止事故的发生，其设备及附件接头等处要有较高的严密性，调换记录纸时，开门后不得立即进入室内，待室内空气流通后方能进入，打开所有窗户然后进行操作。严禁携带火种进入，防止火灾事故。

压力仪表经过一段时间的使用与受压后，表件的变形磨损可能导致记录误差与故障。故压力仪表应作定期的校验。调压器压力应有严格规定，以保证用气地区的要求，调压器出口压力及允许误差、夜间出口压力都应有严格规定，不得擅自更动，调压器出口压力超过允许范围时，应采取措施查清原因并在压力记录纸上做出记录。施工单位需要管网停气降压时，应有专职人员前往操作。

调压室内的设备需要进行预防性的检查和维修。注意对调压器的日常维修保养，特别是用于人工燃气的调压器，更应注意定期检查和清洗。调压器的薄膜必须保持正常的弹性，及时更换失去弹性的薄膜。用羊皮或牛皮作调压器薄膜时，如发现干燥应用油滋润，并将其搓软。用合成橡胶作薄膜时，应注意不要被油类沾污。调压器的阀座容易附沾污物，致使阀门关闭不严，因此需定期清洗。当阀门或阀垫有损坏时需及时更换。调压器的维修分大修、中修、小修。其中大修是对调压器进行总体拆装、附件拆装及通气检验。中修的周期为每年一次，小修的周期是每年两次。运行管理部门应根据实际情况做好安排，制定维修保养计划。在对调压器作清洗检修时，应事先对调压室供气情况进行调查，因为即使出口管道与邻近调压室的出口管道相连通，有时也会产生地区管道压力下降的现象，这时就应适当提高邻近调压室的出口压力或开启旁通管的阀门，以保持正常的供应压力。

在生产中由于管道施工或管道事故（断裂、火警）、制气厂检修等各种原因，常常需要改变燃气的供应压力或停止供应，以保证抢修、施工等工作正常进行。调压器的配合工作主要为停气、降压和压力调节。在配合上述操作时，需对影响到的用户、涉及的范围有详细的了解，并制定出有效可行的计划，绘出整个工程图。

5.5.3 调压、计量设备的安全管理

压力和流量是燃气生产中必不可少而又极其重要的工艺参数。而调压和计量设备的安全运行对于正确反映生产操作，实现生产过程的自动控制，保证工艺装置的生产安全和用气安全，显得十分重要。

1. 调压设备的安全管理

调压设备主要是指燃气调压器，其安全管理的内容主要是保证调压器在设定的调压范围内连续、平稳地工作。在生产实践中，调压器除在工作失灵时需要检修外，还应建立定期安全检修制度。对于负荷大的区域性调压站，调压器及其附属设备每3个月检修一次；对于中低压调压设备每半年检修一次。

（1）调压器的检修内容

调压器的检修内容包括：拆卸清洗调压器、指挥器、排气阀的内腔及阀口，擦洗阀杆和研磨已磨损的阀口；更换失去弹性或漏气的薄膜；更换阀垫和密封垫；更换已疲劳失效的弹簧；吹洗指挥器的信号管；疏通通气孔；更换变形的传动零件或加润滑油使之动作灵活；组装和调试调压器等。

调压器应按规定的关闭压力值调试，以保证调压器自动关闭严密。投入运行后，调压器出口压力波动范围不超过＋8%为检修合格。

（2）调压附属设备的检修内容

调压附属设备包括过滤器、阀门、安全装置及计量仪表等。其检修内容包括：清洗加油；更换损坏的阀垫；检查各法兰、丝扣接头有无漏气，并及时修理漏气点；检查及补充水封的油质和泊位；管道及设备的除锈刷漆等。

进行调压附属设备定期安全检修时，必须有两名以上经专门技术培训的熟练工人，一人操作，一人监护，严格遵守安全操作规程，按预先制定且经上级批准的检修方案执行。操作时，要打开调压站的门窗，保证室内空气中燃气浓度低于爆炸极限。

2. 计量设备的安全管理

计量设备主要指燃气流量计（表）、气瓶灌装秤和电子汽车衡等设备。其安全管理的内容主要是保持设备的灵敏准确，并进行必要的维护和定期校验。主要工作有以下几点：

（1）计量设备应经常保持清洁，计量显示部位要明亮清晰。

（2）计量设备的连接管要定期吹洗，以免堵塞；连接管上的旋塞要处于全开启状态。

（3）经常检查计量设备的指针或数字显示值波动是否正常，发现异常现象，立即处理。

（4）防止腐蚀性介质侵入并防止机械振动波及计量设备。

（5）防止热源和辐射源接近计量设备。

（6）站区电子计量设备的接线和开关必须符合电气防爆技术要求。

（7）遇雷电恶劣天气，应停止电子计量设备运行并及时切断设备电源，防止雷电感应损坏设备。

（8）计量设备必须由具有法定计量资质的检定机构进行定期校验，校验合格后应加铅封；在用的计量设备必须在校验有效期限内，校验资料应建档，由专人管理。

（9）气瓶灌装秤和电子汽车衡每年至少校验一次。

（10）燃气流量计（表）每24个月至少校验一次；膜式燃气表B级（6m³以下）首次检定，使用10年更换。

5.6 天然气加臭装置工作原理及操作规程

5.6.1 概述

我国天然气的应用始于20世纪80年代，21世纪初得到了规模化的开发和利用。随之而来的燃气加臭技术也得到了长足的发展，日臻成熟。在借助发达国家的加臭技术，结合国内传统经验的同时，形成了独具特色加臭技术理论体系。在不到30年的时间里，制定了燃气加臭浓度的标准、加臭装置的行业标准《城镇燃气加臭技术规程》CJJ/T 148—2010，开发了满足不同用户需求的加臭装置，在加臭装置的可靠性、加臭精度、安全环保方面都达到了国际先进水平。

5.6.2 加臭设备的基本要求与加臭设备简介

对加臭剂加入量必须有效控制。加入量偏低，将导致燃气一旦泄漏时不能被用户及时发现，起不到示警作用，给燃气供应和使用带来了安全隐患。加臭量过大，既增加了燃气供应不必要的成本，又因为加臭剂在燃烧后能产生过多的含硫物，加大环境污染的潜在危险。

经长输管线输送的天然气，一般在天然气门站或中调压站进行加臭。加臭应按照《城镇燃气加臭技术规程》CJJ/T 148—2010 的要求实施。

1. 燃气加臭设备的基本要求

（1）随燃气的瞬时流量变化连续、均匀、准确加臭。

（2）加臭浓度不受管道内燃气流量、温度、压力变化影响。

（3）全密闭工作。

（4）故障率低。

（5）配备臭剂气化装置。

2. 排液泵式加臭设备

排液泵式加臭工艺流程，如图 5-51 所示。该设备根据流量的变化自动运转排液泵向管道精确加臭，不受管道内燃气流量、温度、压力变化影响；全密闭工作；故障率低。但设备造价及复杂程度较高。下面介绍一种排液泵方式的设备 –WJ 系列微量控制加药机。

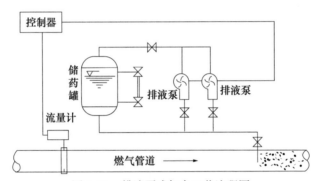

图 5-51　排液泵式加臭工艺流程图

WJ 系列微量控制加药机专门用于向各种材料内均匀有序地添加微量的液态药剂，物料的自然状态随意，即可是气态，也可是液态，即可是静态，也可是流动，即可无压也可有压。全密闭工作，隔膜防腐处理，防爆型设计，适于添加各种易燃、易爆、易挥发、有毒、有害的液态药剂。自动、手动控制设定，添加药剂计量准确，可调整范围大。

WJ 系列微量控制加药机的核心是排液泵（加药泵）。工作原理：控制系统根据操作者设定的设备运行模式（手动或自动）输出信号到加药泵的动力系统——电磁驱动器，电磁驱动器往复移动，带动活塞往复运动，活塞向前运动时，产生油压使隔膜片产生弹性变形，排出隔膜片另一侧的药剂，活塞向后运动时，产生负压，迫使膈膜片反向弹性变形，吸入药剂，单向止逆阀，配合膜片的正反向变形吸排药剂，实现燃气加臭工作。

控制系统根据燃气流量变化而自动变量输出控制信号，也可根据操作者的指令输出选定数值控制信号。

3. 其他几种加臭设备简介

（1）液滴式（或称差压式）加臭设备

液滴式加臭设备（包括非补偿式和补偿式两种）是一种最为简单的加臭设备，用一个手阀门即可简单控制加臭，这种设备不耗电力，安全可靠，但难以控制合理的加臭量，温度、压力、流量的变化影响加臭量，一般加臭量偏大。大气式、补偿式液滴加臭设备工艺流程，如图 5-52、图 5-53 所示。

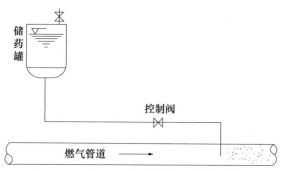

图 5-52 大气式液滴加臭设备工艺流程图

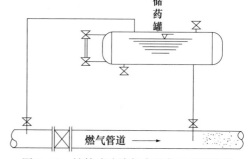

图 5-53 补偿式液滴加臭设备工艺流程图

（2）仪表传动泵式加臭设备

这种设备利用仪表传动泵加在旁通管道上实现加臭工作，结构复杂难以控制。工艺流程，如图 5-54 所示。

（3）引射式加臭设备

这种设备利用空气动力学引射原理把气化的臭气吸入燃气管道中实现加臭，不用电，设备简单，但加臭量十分难控制，对流量、温度、压力变化十分敏感。工艺流程如图 5-55 所示。

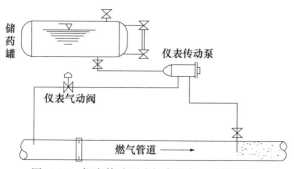

图 5-54 仪表传动泵式加臭设备工艺流程图

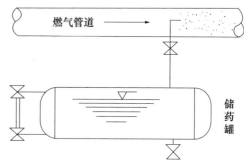

图 5-55 引射式加臭设备工艺流程图

（4）旁通吸收式加臭设备

这种设备用储罐内的饱和臭剂气体随通过储罐内燃气排除储罐混入燃气实现加臭工作，这种加臭设备对温度、压力、流量的变化十分敏感，加臭浓度难以控制，但设备配置较为简单、易行，不耗电力。工艺流程，如图 5-56 所示。

4. 对燃气加臭剂的要求与选用

（1）燃气加臭剂要符合以下几个方面的要求

1）加臭量应在浓度极低的条件下能够嗅到臭味，并能识别出臭剂味道与其他气味。

2）对人体无害、毒性小、气味存留长久。

3）化学性质稳定，气态无腐蚀性，易于储存、运输。

4）能完全燃烧，燃烧后无异味，残留污染物少。

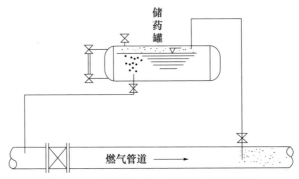

图 5-56　旁通吸收式加臭设备工艺流程图

5）汽化后常温下不冷凝，不易吸附于传输物上（如管道、燃气表、阀门等）。

6）造价相对便宜。

7）货源充足。

（2）几种常见的加臭剂

1）四氢噻吩，无色透明油状液体，具有恶臭气味。特点：a）无毒、味道与煤制气相似；b）化学性质稳定，易于储存；c）气味存留长久，少量浓度下可嗅到极刺激性臭味；d）气体状态下无腐蚀性，汽化后不易冷凝。

2）乙硫醇、丁硫醇、异丁硫醇同、属硫醇类，基本能够满足气味剂警示要求，但存在有腐蚀性和毒性，易冷凝、化学性质不稳定的缺点，相对优势为造价低；气味较四氢噻吩强。

3）二甲硫醚、二乙硫醚同属链状硫化物与前面相比气味较弱，单独使用效果不佳，可与硫醇类混合使用，臭质效果较强，一般稍有毒性。

5. 选用臭剂和加臭设备应注意几个问题

（1）初次加臭的浓度应当增加，臭剂对管件和管道有一定吸附作用，因此首次加臭应适当加量和及时检测。

（2）臭剂的浓度不宜过大，过量的浓度会造成不气化的液态臭剂残存在管道内，对管道造成腐蚀。而且一旦浓度降低时有相当一部分人会不习惯；漏气不容易被发现，此外某些臭剂对人体健康有害，过量的浓度的臭剂燃烧后废气伴有刺激性味道。

（3）臭剂的种类不能轻易更换，不同种类臭剂的气味不同，人们熟知的一种燃气气味，在变换时，很容易造成误解，引发事故。

（4）在冬季严防冻堵，某些臭剂在含微量水或其他杂质后，冰点变化极大，冬季极易造成设备冻堵故障。

（5）加臭点的设置应尽量设在调压器、计量表气柜的后面，以防最大浓度的臭剂对这些设备造成侵害。加臭点离 PE 管和铝塑复合管应有一定距离，某些臭剂在液态时对这些管材有一定侵蚀。

（6）在较大城市管网错综复杂时，应适当考虑在某些部位补充加臭，因为，臭剂传输的距离较长时，浓度会降低，造成一些部位的燃气没有味道或味道不均匀。

（7）长期不用气的局部地区应注意加强检查臭剂浓度并作相应处理。

（8）加臭设备应全密闭工作无泄漏：药剂泄漏危害很大，弊端也很多，首先多数药剂易燃、易爆，外漏后有危险；其次药剂有很强烈的刺激性味道，污染环境，令人作呕，重则可伤害身体及生命；第三是吸附较强，接触到的设备、衣物、手脚等处长时间有臭味不易散去，加之药剂一般造价较高，外泄也是经济损失。

（9）应当对管道内臭剂浓度进行检测分析，有条件的应用色谱分析仪进行加臭浓度的在线检测及补偿。

（10）管网液化石油气的应用近年来也十分普遍，而且液化石油气的纯度越来越高，也必须进行加臭处理，液化石油气的状态及理化性能与天然气都有很大差别，加臭过程中应对其采取特殊处理和检测。

（11）某些工业用燃气对燃气中含硫的指标有严格的限制，为保证其产品质量，并不一定必须加臭。

5.7　天然气分布式能源的发展现状及趋势

5.7.1　天然气分布式能源的定义与分类

天然气分布式能源是指利用天然气为燃料，通过冷、热、电三联供等方式实现能源的梯级利用，综合能源利用效率在70%以上，并在负荷中心就近实现现代能源供应方式。与传统的集中式能源系统相比，天然气分布式能源具有节省输配电投资、提高能源利用效率、实现对天然气和电力双重"削峰填谷"、设备启停灵活、提高系统供能的可靠性和安全性、节能环保等优势。

按照规模划分，天然气分布式能源系统主要包括楼宇型和区域型两种类型。楼宇型一般适用于二次能源需求性质相近且用户相对集中的楼宇（群），包括宾馆、学校、医院、写字楼以及商场等，一般采用内燃机或小型燃气轮机作为动力设备。区域型一般适用于冷、热（包括蒸汽、热水）、电需求较大的工业园区、产业园区、大型商务区等，一般采用燃气轮机作为动力设备。按照与电网的关系划分，天然气分布式能源系统主要包括独立运行、并网不上网、并网上网和发电量全部上网4种类型。

5.7.2　天然气分布式能源的优势

1. 能源转化效率高

大型集中式发电厂的发电效率为35%～55%，扣除电厂用电和线损率，终端的能源利用效率只能达到30%～47%。而分布式发电系统将发电、供热、制冷结合在一起，实现能量的梯级使用，采取就地转化，就地供应的运行方式，没有中间环节的损耗，使用户端的能源利用率得以提高，能源利用率可从40%提高到80%左右。

2. 为偏远地区供电

与太阳能发电和风力发电等供电方式相比，天然气分布式发电系统不受自然条件限制，相对稳定，可以避免较高成本的跨区域输电，避免输电损耗中的能耗浪费，也不需要土地来建设输电走廊采用天然气发电对偏远地区来说是一个很好的选择。

3. 提高供电可靠性

分布式发电系统中各电站相互独立，用户由于可以自行控制，不会发生大规模停电事故，所以天然气发电的安全可靠性比较高，可以弥补大电网安全稳定性的不足。作为未来能源发展的发展方向之一，天然气分布式能源的推广运用可以明显缓解能源生产、利用过程所面临的诸多问题。但作为一种由多个子系统集成而成的复杂系统，目前尚处在快速发展的阶段。不同子系统间的集成以及如何与建筑物的需求整合成一体，尚需更深入的研究和实践探索。

5.7.3 发展现状与存在的问题

目前，我国天然气分布式能源发展仍处于起步阶段，国内已建和在建的天然气分布式冷热电联供项目约 50 多个，装机总容量约 600 万 kW，主要集中在特大城市，如广州大学城、上海浦东机场、上海理工大学、北京中关村软件园、北京燃气集团生产指挥调度中心大楼、中石油创新基地能源中心、湖南长沙黄花机场等。由于各种原因，已建成的 50 多个分布式能源项目约有过半数正常运行，取得了一定的经济、社会和环保效益，部分项目因并网、效益或技术等问题处于停顿状态。天然气分布式能源发展中存在着以下 4 个方面的主要问题。

1. 盈利性差制约分布式能源发展

与欧美国家相比，包括我国在内的亚太地区天然气价格较高，导致天然气分布式能源发电成本是普通燃煤电站的 2～3 倍，竞争力较差。前几年我国天然气价格高企，在电价没有完全理顺的情况下，很多分布式能源项目经济效益得不到保证，规划项目开工率较低。随着天然气价格下调，分布式能源盈利性将得到提升。

2. 国家配套政策和机制不健全

我国在天然气分布式能源的项目管理、产业规划、优惠扶持政策、技术标准规范等方面还不完善。具体扶持政策有待地方政府进一步落实，实施力度取决于地方的财政能力和用户承受能力。但到目前为止，仅有少数省市针对天然气分布式能源出台了实质性的鼓励政策，且支持力度有限。

3. 分布式能源并网上网存在不确定性

《电力法》规定电力销售主体为电网企业，阻碍了天然气分布式能源向用户进行直供。天然气分布式能源的客户群一般是用电价格较高的工商业用户，这类项目的发展一定程度上挤占了电网企业的优质客户。国家电网公司虽然于 2010 年出台了《分布式电源接入电网技术规定》，但对天然气分布式能源项目并网缺乏执行力，尚无配套和落实措施。

4. 核心技术受制于人

我国对燃气发电机组的基础研究力量不足，研发制造滞后于市场需求，目前 90% 以上机组都需要从国外引进。虽然我国企业与 GE 等国外燃气轮机制造商合作，但燃气轮机部件和联合循环运行控制等核心技术外方并未转让，导致项目总投资难以下降。此外燃气轮机等核心设备的运营维护成本居高不下，可能影响未来天然气分布式能源的大规模发展。

5.7.4 发展趋势

我国天然气分布式能源发展仍处于起步阶段，存在盈利性较差、配套政策机制不完善、并网上网存在不确定性以及核心技术受制于人等问题。未来我国天然气消费比重将不断增加，天然气供需形势相对缓和，气价形成机制逐步市场化，冷热需求快速增长等因素均为天然气分布式能源的发展提供了有利的市场环境。天然气分布式能源具有以下发展趋势：

1. 与智能微电网融合

天然气分布式能源的特点之一是布局分散灵活，与大电网互为备用，提高供电可靠性和供电质量，但分布式电源也会对电网的电能质量、继电保护等带来不利影响。智能微电网依靠"互联网＋"，集各类分布式电源、储能设备、能量转化设备、负荷监控和保护设备于一体，采用先进的电力和控制技术，能够方便灵活地接入一切可利用的分布式能源，通过智能管理和协调控制，最大化地发挥分布式能源的效率，同时可以实现平滑接入大电网或独立运行，最大程度的减少对大电网的影响。因此未来集合天然气分布式能源、风电、太阳能、生物质能、地源热泵、水源热泵、蓄热蓄冷装置等构建的多能互补的智能微网，实现能源供应的耦合集成和互补利用，是天然气分布式能源的一个重要发展方向。

2. 带动智能冷热气网发展

调节灵活的天然气分布式能源技术，将带动天然气管网智能控制技术、供热（冷）管网智能控制技术、蓄热蓄冷等蓄能技术的发展，构建以天然气分布式能源为基础的智能区域供能系统。通过智能热（冷）网，连接分布式能源站、换热站和用户，形成三位一体的集成智能供热系统，实现少人值守、远程监控，降低运行成本；采用气候补偿技术，根据室外温度变化情况及时调整热（冷）网调度顺序；对换热站二次侧实施动态监控，实时掌控能耗状况，对能耗数据进行统计、分析，优化控制策略，通过调节阀调整一次侧流量、温度，合理调节各用户供热温度，避免供热温度过高或过低；结合热计量推广，采用大数据和全智能控制策略，根据监控数据、用能时段及用能区域的不同，提高热源和热网全系统对单个用户的需求响应和分级控制，实现独立控制、分时分区供能。

3. 开展配售电和能源综合服务业务

《关于进一步深化电力体制改革的若干意见》（中发〔2015〕9号）推进售电侧放开，鼓励社会资本投资成立售电主体，逐步向符合条件的市场主体放开增量配电投资业务，允许分布式电源企业参与竞争性售电。随着《电力法》的修订，分布式能源实现直供电将成为可能。2016年5月，国家能源局下发《关于支持深圳国际低碳城分布式能源项目参与配售电业务的复函》（国能电力〔2016〕138号），深圳国际低碳城分布式能源项目成为首个由国家能源局批复的参与配售电业务的天然气分布式能源项目。未来将有更多的分布式能源项目开展配售电业务。由于大多数天然气分布式能源项目服务于新建的工业园区和公共建筑，具有开展增量配电和售电业务的有利条件。通过开展配售电业务，成立区域售电、售热、售冷一体化能源服务公司，实现发、配、售电一体化，实现区域综合能源服务，满足用户多样化和定制化的需求，是天然气分布式能源项目未来的一个重要发展方向。

5.8 地下综合管廊及燃气管道入廊知识

5.8.1 地下综合管廊基础知识

1. 地下综合管廊及其分类

地下综合管廊，即地下城市管道综合走廊，是指在城市地下建造一个隧道空间，将电力、通信、燃气、供热、给排水等各种工程管线集于一体，设有专门的检修口、吊装口和监测系统，实施统一规划、统一设计、统一建设和管理，是保障城市运行的重要基础设施和"生命线"。

综合管廊一般分为干线综合管廊、支线综合管廊及缆线管廊，如图5-57所示。

图 5-57　综合管廊分类图

（1）干线综合管廊

干线综合管廊指用于容纳城市主干工程管线采用独立分舱方式建设的综合管廊，一般设置于道路中央下方，负责向支线综合管廊提供配送服务，主要收容的管线为通信、有线电视、电力、燃气、自来水等，也有的干线综合管廊将雨、污水系统纳入。其特点为结构断面尺寸大、覆土深、系统稳定且输送量大，具有高度的安全性，维修及检测要求高。

（2）支线综合管廊

支线综合管廊是指用于容纳城市配给工程管线采用单舱或双舱方式建设的综合管廊，为干线综合管廊和终端用户之间相联系的通道，一般设于道路两旁的人行道下，主要收容的管线为通信、有线电视、电力、燃气、自来水等直接服务的管线，结构断面以矩形居多。其特点为有效断面较小，施工费用较少，系统稳定性和安全性较高。

（3）缆线管廊

采用浅埋沟道方式建设，设有可开启盖板但其内部空间不能满足人员正常通行要求，一般埋设在人行道下，其纳入的管线有电力、通信、有线电视等，管线直接供应各终端用户。其特点为空间断面较小，埋深浅，建设施工费用较少，不设有通风、监控等设备，在维护及管理上较为简单。

2. 地下综合管廊的优点

（1）实现城市集约化发展、空间综合利用，拓展城市发展空间，节约土地资源，可建成生态低碳的城市支撑体系，符合国家当前宏观政策的要求。

（2）便于区域整体开发建设，能够加快区域建设速度，提高了城市基础设施建设水平。

（3）可解决传统市政工程建设中面临的规划道路下市政管线线位紧张、常规市政工程建设时序难以满足工程总体工期要求以及市政管线新建和改扩建造成反复开挖道路对交通及民生影响较大等现实困难。

（4）整体提高城市基础设施的安全可靠性，市政设施的运营管理及维护更准确、便捷。

（5）虽然直接投资相对于直埋敷设方式大，但从项目的全生命周期分析，总体经济效益具有优势。

3. 国内已建成管廊

目前，入驻管廊的管线基本包括通信、供水、电力等管线。已建成的管廊中，只有部分管廊中有排水管线入驻，燃气管线入驻最少，见表 5-14。

国内已建成管廊　　　　　　　　　　　　表 5-14

序号	综合管廊	建成时间	长度（km）	备注
1	上海张扬路	1994 年	11.13	燃气管道入廊
2	杭州火车站	1999 年	0.5	
3	上海安亭新镇	2002 年	5.8	燃气管道入廊
4	上海松江新城	2003 年	0.323	
5	佳木斯市林海路	2003 年	2.0	
6	杭州钱江新城	2005 年	2.16	
7	深圳盐田坳	2005 年	2.666	燃气管道入廊
8	兰州新城	2006 年	2.420	
9	昆明昆洛路	2006 年	22.6	
10	昆明广福路	2007 年	17.76	
11	北京中关村	2007 年	1.9	燃气管道入廊
12	海口天翔路	2016 年	0.846	燃气管道入廊

5.8.2 燃气管道入廊知识

1. 天然气管道入廊的优点

（1）避免城市道路拉链式施工，有利于解决城市交通拥堵，提升市基础设施安全。

（2）入廊的天然气管道采用无缝钢管，管道焊接后采用 100% 无损检测，管廊内设通风设施以及舱报警、视频监控等保障措施，系统安全性较高。

（3）管廊的设计寿命是 100 年，廊内天然气管道受到空间保护，不受埋深限制和土壤、地下水等腐蚀，不会被地上荷载破坏，大大提高了管道的使用寿命。

（4）天然气管道管位得到保障，不会出现局部距离其他设施过近的情况

（5）管道周边工程条件改善，可有效避免第三方施工等原因造成对埋地天然气管道挖破事故的发生，减少了天然气管道泄漏发生的概率。

（6）天然气管道施工不会受到地质条件的限制，有效解决了管道穿跨越等控制性难点工程。

2. 燃气管道入廊的基本要求

（1）对燃气管道的基本要求

1）燃气种类的要求：仅限天然气管道入廊。

2）天然气管道设计压力不应超过 16MPa，当压力超过时，应进行技术论证

3）应采用钢管，产品标准不低于《石油天然气工业管线输送系统用钢管》GB/T 9711 的 PSL2 等级的要求。

4）管道应采用焊接连接。

5）阀门的设置应符合下列要求：

a. 阀门为全焊接，应采用可远程控制的阀门。

b. 应在管道分段阀处设井室，并以井室为界，井室与管道舱分隔成各自独立的空间，其间设防火墙和防火门。

6）考虑温度变化，需采用伸缩补偿措施。可采用波纹管伸缩接头或挠性管。

7）防腐应考虑耐老化性能。考虑环境潮湿、杂散电流等腐蚀问题。

8）阀门室，应考虑运行、检修临时放散的需要。

9）根据天然气的质量，确定管道最低点是否设置凝水缸。

（2）对管廊燃气管道舱的基本要求

1）管道舱的耐火等级不低于一、二级时，每个防火分区的最大允许面积不大于 $2000m^2$。

2）当管廊上下多舱时，天然气舱室应位于其他管线舱室的上方；当管廊平行多舱时，天然气舱室应位于最外侧。

3）每个分隔舱室应设逃生口。

4）应有管道舱整体防洪、抗震要求。

5）天然气舱的口部（除了投料口的人员出入口、逃生口、进风口、排风口等），建议设置在绿化带或人行道上。

6）天然气舱排风口的风口高度不应小于 20m，排风口的朝向不应开在人员密集、车流量多等处。

7）避免管廊沉降造成管线变形。

5.9 管道燃气安全用气常识

（1）任何单位和个人都应遵守有关燃气的法规、规定，自觉维护燃气设施的安全。

（2）任何单位和个人不得随意改动室内燃气管道、设施，以免发生意外事故。

（3）用户确需拆除、改装、迁移、安装燃气管道和设施的，应由具有相应资格的燃气安装、维修企业安装，经检查合格后方可使用。

（4）正确使用燃气设施和燃气用具。不要使用不合格的或已达到报废年限的燃气设施和燃气用具。

（5）严禁在安装燃气器具的房屋内存放易燃、易爆物品或者住人，不能使用明火取暖。

（6）不要在卧室安装燃气管道和使用燃气。

（7）不要将户内燃气管道作为负重支架或电气设备的接地导线。

（8）经常用肥皂水检查燃气设备接头、开关、软管、阀门等部位，查看有无漏气，严禁用明火查漏。

（9）连接燃气用具的软管应定期更换，千万不要使用过期、老化、龟裂变质的软管，以免发生危险，酿成事故。

（10）用户有义务为燃气公司入户检查、维修燃气设施提供方便，不要阻碍干扰。

（11）家中多日无人时，请务必将表前阀门关闭。

（12）请配合查表员工作，按时交纳燃气费。

（13）用户使用燃气时发现问题，应及时向燃气公司打电话报修。

6　液化石油气经营企业

6.1　储存、装卸、充装等环节的设施和主要参数

6.1.1　储存环节的设施和主要参数

液化石油气的储存是液化石油气供应系统的一个重要环节。储存方式与储存量的大小要根据气源供应、用户用气情况等多方面的因素综合考虑确定。

1. 液化石油气的储存方法

（1）按储存的液化石油气形态划分

1）常温高压液态储存（又称为全压力式储存）：利用液化石油气的特性，在常温下对气态液化石油气加压使其液化，进行储存。储气设施不需要保温。通常采用常温加压条件保持液化石油气的液体状态，所以用于运输、储存液化石油气的容器为压力容器。

2）低温常压液态储存（又称为全冷冻式储存）：利用液化石油气的特性，在常压下对气态液化石油气进行冷却使其液化，进行储存。储气设施为常压。为了维持液化石油气的液体状态，储气设施需要保温。一般海洋运输液化石油气的槽船上常采用这种技术。

3）固态储存：将液化石油气制成固态块状储存在专门的设施中。固态液化石油气携带和使用方便，适于登山、野营等。这种技术难度大、费用高，只在有特殊需要时采用。

（2）按空间相对位置划分

1）地层岩穴储存：地层岩穴储存是将液化石油气储存在天然或人工的地层结构中。这种储存方式具有储存量大、金属耗量和投资少等优势。寻找合适的储存地层是这一技术的关键。

2）地下金属罐储存：地下金属罐储存分为全压力式储存和全冷冻式储存两种形式。全压力式储存是将金属罐设置在钢筋混凝土槽中，储罐周围应填充干砂。这种储存方式一般在受地面情况限制而不适合设置地面储罐时采用。为保证安全，需在液化石油气储罐周围的干砂中设置泄漏报警装置。全冷冻式储存需加设保温装置。

3）地上金属罐储存：一般采用固定或活动金属罐进行储存。这种储存方式具有结构简单、施工方便、储罐种类多和便于选择等优点。但是，地上储罐受气温影响较大，在气温较高的地区，夏季需要采取降温措施。在城镇液化石油气供应系统中，目前使用最多的是将液化石油气以常温高压的液态形式储存在地上固定金属罐中。但近些年，一些企业引进了低温常压液态储存装置。

2. 液化石油气储罐的设计参数

（1）储存天数与储存容积

液化石油气供应基地的储存天数，主要取决于气源情况和气源厂到供应基地的运输方式等因素，如气源厂的个数、运输距离的远近、运输时间的长短和设备的检修周期等。储

罐的储存容积要由供气规模、储存天数决定。

储罐的储存容积可由下式确定：

$$V = \frac{nKG_r}{\rho_y \varphi_b}$$ （6-1）

式中　V——总储存容积，m^3；

　　　n——储存天数，d；

　　　K——月高峰系数，推荐采用 1.2～1.4；

　　　G_r——年平均日用气量，kg/d；

　　　ρ_y——最高工作温度下的液化石油气密度，kg/m^3；

　　　φ_b——最高工作温度下储罐的允许充装率，一般取 $\varphi_b = 0.9$。

在正常情况下，液化石油气的运输周期或管道事故后的修复时间小于气源厂的检修时间。因此，一般按气源厂的个数和它们的检修时间考虑储存天数即可。

残液的储存天数一般为 5～10d，储存容积按 5～10d 的残液回收量考虑。

（2）储罐的设计压力

液化石油气储罐的设计压力应按储罐最高工作温度下的液化石油气的饱和蒸汽压和一部分附加压力来考虑，即：

$$P = P_b + \Delta P$$ （6-2）

式中　P——储罐设计压力，MPa；

　　　P_b——储罐最高工作温度下液化石油气的饱和蒸汽压，MPa；

　　　ΔP——附加压力，MPa。

当储罐上不设置喷淋冷却水装置时，其最高工作温度可按当地的极端最高气温选取；当储罐上设置喷淋冷却水装置时，可在夏季高温时喷淋冷却水降温，其最高工作温度可取 40℃。

附加压力一般包括压缩机或泵工作时加给储罐的压力及管道液化石油气进入储罐时的剩余压力。当不进行详细计算时，附加压力可取 $\Delta P = 0.3$MPa。

3. 储罐的充满度

储罐的充满度是指液化石油气储罐中液态液化石油气的体积与储罐的几何容积的比值。

液化石油气的容积膨胀系数较大，随着温度的升高，液态液化石油气的容积会膨胀。如果将液态液化石油气充满储罐，液态液化石油气没有容积膨胀空间，则温度每升高 1℃，其容积膨胀力将增加 20～30MPa。

在任一温度下，储罐的最大灌装容积是指当液化石油气的温度达到最高工作温度时，其液相容积膨胀，恰好充满整个储罐。显然，储罐的充满度与液化石油气的组分、灌装温度和储罐的最高工作温度有关。

任一灌装温度下储罐的容积充满度为该温度下储罐的最大灌装容积与储罐的几何容积的百分比，即：

$$K = \frac{V}{V_0} \times 100\%$$ （6-3）

$$V = KV_0 = \frac{G}{\rho}$$ （6-4）

式中 K——储罐的容积充满度，%；

V——灌装温度下液化石油气的最大灌装容积，m^3；

V_0——储罐的几何容积，m^3；

G——灌装温度下液化石油气的最大灌装质量，kg；

ρ——灌装温度下液化石油气的密度，kg/m^3。

当液化石油气的工作温度升高达到最高工作温度时，其液相容积膨胀，恰好充满整个储罐，此时，其容积为 V_0'。则任一灌装温度下储罐的容积充满度还可表示为：

$$K = \frac{V}{V_0} \times 100\% = \frac{G\rho_y}{G\rho} \times 100\% = \frac{\rho_y}{\rho} \times 100\% \tag{6-5}$$

式中 ρ_y——最高工作温度下液化石油气的密度，kg/m^3。

任一灌装温度下储罐的最大灌装容积为：

$$V = KV_0 = \frac{\rho_y}{\rho} \times 100\% \tag{6-6}$$

任一灌装温度下储罐的最大灌装质量为：

$$G = \rho KV_0 = \rho_y V_0 \tag{6-7}$$

在储罐及钢瓶的灌装过程中，考虑到操作及制造中的各种误差，一般只允许灌装到最大灌装质量 G 的 0.9 倍。即允许灌装质量为：

$$G_1 = 0.9\rho_y V_0 = wV_0 \tag{6-8}$$

式中 w——灌装系数，kg/m^3。

储罐与钢瓶的超量灌装非常危险，必须对其灌装量严加控制。

6.1.2 装卸环节的设施和主要参数

储配站接收液化石油气或灌装槽车时可以采用不同的装卸方式，应根据需要和各种装卸方式的特点选择。大型储配站还可以采用两种以上的装卸方式联合工作。

1. 利用地形高程差所产生的静压差卸车

图 6-1 所示为利用地形高程差卸车的原理图。将准备卸车的铁路槽车停放在高处，储罐设置在低处。卸车时，将两者的液相和气相管道分别连接，在高程差足够的条件下，铁路槽车中的液化石油气即可流入储罐。

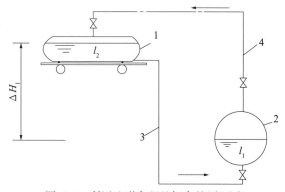

图 6-1 利用地形高程差卸车的原理图

1—铁路槽车；2—储罐；3—液相管；4—气相管

当铁路槽车和储罐的温度相同，高程差达到15～20m时，即可采用这种方式卸车。利用地形高程差卸车的方式经济、简便，但受到地形条件的限制，卸车速度比较慢。

2. 利用泵装卸

利用泵装卸液化石油气的工艺流程如图6-2所示。

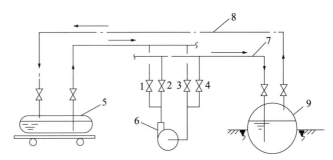

图6-2　利用泵装卸车的工艺流程图

1～4—阀门；5—槽车；6—泵；7—液相管；8—气相管；9—储罐

卸车时，打开阀门2和3，开启泵6，槽车中的液化石油气在泵的作用下，经液相管7进入储罐中；装车时，关闭阀门2和3，打开阀门1和4，在泵的作用下液化石油气由储罐9进入槽车5。在装车或卸车过程中，气相管8的阀门始终打开，以使两容器的气相空间压力平衡，加快装卸车速度。

利用泵装卸液化石油气是一种比较简便的方式，它不受地形影响，装卸车速度比较快。采用这种方式时，应注意保证液相管中任何一点的压力都不低于相应温度下液化石油气的饱和蒸汽压，以防止吸入管内的液化石油气气化而形成"气塞"，使泵空转。

3. 利用压缩机装卸

利用压缩机装卸液化石油气的工艺流程如图6-3所示。

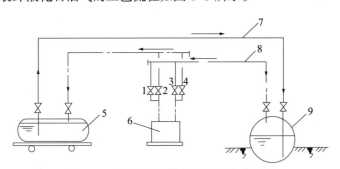

图6-3　利用压缩机装卸车的工艺流程图

1～4—阀门；5—槽车；6—压缩机；7—液相管；8—气相管；9—储罐

卸车时，打开阀门2和3，开启压缩机6，储罐中的气相液化石油气经压缩机加压，通过气相管8进入槽车5中；槽车5中的液态液化石油气在气相空间的压力下，经液相管7流入储罐9。当槽车5内液化石油气卸完后，应关闭阀门2和3，打开阀门1和4，将槽车5中的气态液化石油气抽出，压入储罐9。装车时，关闭阀门2和3，打开阀门1和4，在压缩机6的作用下，液化石油气由储罐9进入槽车5。

利用压缩机装卸液化石油气是比较常用的方式。这种方式流程简单，能同时装卸几辆槽车；但装卸车时耗电量比较大，操作、管理比较复杂。

此外，还有利用压缩气体或利用加热液化石油气进行液化石油气装卸的，这些装卸方式过程复杂，需要使用惰性气体或热水、蒸汽等，在实际工程中很少采用。

6.1.3 充装环节的设施和主要参数

将液化石油气按规定的质量灌装到钢瓶中的工艺过程称为灌装。钢瓶的灌装工艺一般包括空瓶和实瓶的搬运、空瓶分拣处理、灌装及实瓶分拣处理等环节。根据灌装规模和机械化程度的不同，各环节的内容和繁简程度也不相同。

1. 按灌装原理分类

（1）质量灌装

质量灌装是指靠控制灌装质量来控制储罐及钢瓶的容积充满度的灌装方法。

（2）容积灌装

容积灌装是指靠控制灌装容积来控制储罐及钢瓶的容积充满度的灌装方法。

2. 按机械化、自动化程度分类

（1）手工灌装

手工灌装方式一般适用于灌装规模小、异型瓶较多的情况。手工灌装过程中，全部手动操作，工人劳动强度大，灌装精度差，液化石油气泄漏损失比较大。有时可作为灌瓶站备用灌装方式。手工灌装工艺流程，如图 6-4 所示。手工灌瓶系统，如图 6-5 所示。

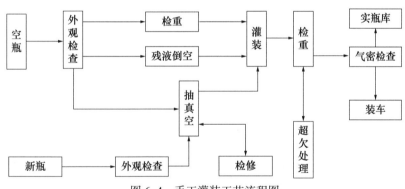

图 6-4 手工灌装工艺流程图

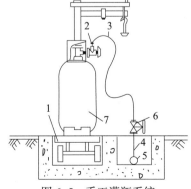

图 6-5 手工灌瓶系统

1—普通台秤；2—手工灌装嘴；3—软管；4—液相支管；5—液相干管；6—截止阀；7—钢瓶

（2）半机械化、半自动化灌装

半机械化、半自动化灌装是指在手动灌装方式中加入了自动停止灌装的装置。这种方法与手动灌装相比，提高了灌装精度，减少了液化石油气的泄漏。

（3）机械化、自动化灌装

机械化、自动化灌装是指灌装、钢瓶运送、停止灌装等过程均自动完成的灌装方法。当灌装量较大时，一般采用机械化、自动化灌装方式，使用机械化灌装转盘进行操作。机械化、自动化灌装工艺流程，如图6-6所示。机械化灌装机组，如图6-7所示。

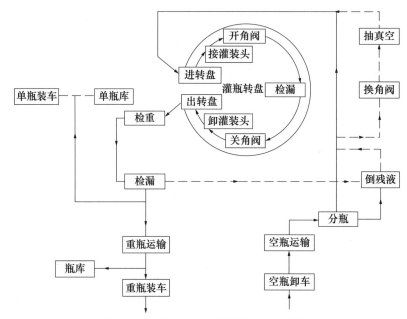

图6-6　机械化、自动化灌装工艺流程图

图6-7　液化石油气灌装转盘机组

灌装钢瓶是储配站的主要生产活动。目前常用的灌装方式有短泵灌装、压缩机灌装和泵与压缩机联合灌装三类。

汽车槽车的灌装是在专门的汽车槽车灌装台（或灌装柱）上进行的。汽车槽车的装卸台应设置罩棚，罩棚的高度应比汽车槽车的高度高0.5m。罩棚通常采用钢筋混凝土结构。每个灌装台一般设置两组装卸柱，当装卸量较大时，可设置两个汽车装卸柱。

液化石油气的灌装工艺成熟，技术设备国产化程度高、规格全，便于选择使用。

6.2　储存、充装、配送等环节的安全管理重点

6.2.1　储存环节的安全管理重点

（1）新购液化石油气设备，应向取得国家生产制造资格证的企业购置，还必须有制造合格证和相关技术证明文件。

（2）严禁超装（即超过标准规范规定的允许充装量的灌装）和在超装下运行，防止在低温和常温下的自行破坏。

（3）严禁在超过设计温度50℃时运行，防止在高温下自行爆破。

（4）加强监督和检查各连接部位的严密性，特别要注意密封垫密封的严密性和密封垫跑出，严防液化石油气泄漏到大气中。

（5）加强对安全附件的监督、检查与日常维护和检修工作，防止失灵后不起作用，无法观察到储罐的超负荷工作。

（6）加强各焊接部位的监督检查，尤其对易于忽视的角焊缝的监督和检查，加强管路的检查工作，防止液化石油气大量地泄漏到大气中。

（7）及时排污，以防止冬季将阀门和管路冻裂。防止对罐壁的腐蚀速度加快，防止鼓包，防止裂纹的产生速度加快。

（8）定期进行检修，发现问题及时处理，并要及时关闭人孔和阀门，防止腐蚀速度加快，防止裂纹产生和扩展。因为储罐内壁遇到空气后，其腐蚀速度就会加快很多倍。

（9）对在低温地区使用的储罐，在严寒的冬季，要注意在真空下的失温问题。

（10）加强对现场的安全管理。尤其对液化石油气储配站，要加强现场的导静电工作和周围明火和火种的管理。严防液化石油气泄漏后遇明火燃烧和爆炸。

（11）严格按照安全操作规程进行操作，不准违反操作规程，各行其责。

6.2.2　充装环节的安全管理重点

（1）应建立健全安全管理制度，完善安全操作规程和工艺安全管理规定。在建立安全管理制度并落实安全责任到所有岗位的基础上，应建立安全检查记录（执行"点检制"）和安全活动记录。

（2）气瓶充装车间与液化石油气储罐之间应有30m以上的间距。

（3）气瓶存放区应设有防雨防晒的罩棚。

（4）气瓶充装（间）区应设有残液回收装置。

（5）生产区应与有明火使用的区域（生活区和辅助生产区以及外部）保持一定的安全间距，并用实体墙隔离。

（6）生产区的实体围墙与站外其他建筑之间应有70m的防火间距。

（7）生产区的实体围墙与站外道路应有15m的安全间距。

（8）应备有充足的消火栓、灭火器、消防桶等火灾抢险器械和物资，并应保持完好、有效（含检定有效）。

（9）宜建设有安全监视的信息系统。

（10）充装间、瓶库等灌装生产房屋内应设送、排风设施，排风机安装在车间低处尽量靠近有可能泄漏液化石油气的位置，送风口设在车间的高处，应保持通风设备完好，灌装生产期间应充分通风。

（11）充装间、瓶库等灌装生产房屋内应设浓度检测设施，并应保持完好，浓度报警器应设在有人值守的值班室内。

（12）充装间、瓶库等灌装生产房屋应设有泄爆面。

（13）充装间、罩棚等应设应急消防喷淋设施，罩棚还应设降温喷淋设施。

（14）生产区内的设备设施和建筑均应设防雷和静电导除设施。

（15）生产区的实体围墙外应设防火防爆安全警示标志。

（16）钢瓶存放区的钢瓶应分类码放并设置明显的标志。

（17）生产场区内应规定车辆的行驶路线、停放位置。

（18）照明、供电、用电等设备设施，应设计为防爆型。

（19）不得设有地下空间。

（20）雨、污水排水管道上应装设水封隔离设施与外部隔离。

（21）应设防火防爆安全警示标志。

（22）单位负责人、安全主要负责人和安全员应取得政府专业管理部门颁发的《安全从业资格证书》。

（23）气瓶充装工、工艺运行工、槽车装卸工应取得专业管理部门颁发的《从业资格证书》。

（24）从事危险品运输的司机和押运员应取得专业管理部门颁发的《从业资格证书》。

6.2.3　配送环节的安全管理重点

（1）配送人员须经建设、消防、质监等部门专业培训后持证上岗。

（2）按照行业法规要求，在货源上由特许经营企业统一配送，不"私拉乱进"，不超区域进行低价竞争，以免扰乱市场。

（3）对回收的空瓶应进行称重，并标注有残液的空瓶，关紧空瓶角阀，防止残液溢出。

（4）各配送中心的配送员应建立液化石油气用户档案，并认真填写《液化石油气销售记录表》，使其充装、销售、使用环节具有可追溯性。

（5）搬运气瓶严禁滚动、摔砸、碰击等违规行为。

（6）钢瓶出入库均要进行检查，做到轻拿轻放，角阀要拧紧，凡有泄漏的气瓶不得出库，立即进行处理。

（7）向客户配送液化石油气应严格按安全操作规程操作，必须经检验和客户验收合格，同时应主动向客户宣传液化石油气及钢瓶使用知识和注意事项。

（8）液化石油气用户及经销者，严禁将气瓶内的气体向其他气瓶倒装，严禁自行处理气瓶内的残液。

（9）对在用的YSP-0.5型、YSP-2.0型、YSP-5.0型、YSP-10型和YSP-15型液化石油气钢瓶，自制造日期起，第1～3次检验的周期均为4年，第4次检验的周期为3年；对在用的YSP-50型液化石油气钢瓶，每3年检验一次。

（10）液化石油气配送站点的空瓶、实瓶应分别存放，漏气瓶、过期气瓶或者其他不合格钢瓶应及时处理，钢瓶码放不得超过 2 层，并应留有通道。

（11）配送点内钢瓶应周转使用，实瓶存放不宜超过 1 个月。

（12）各配送中心只设 1 个液化石油气气瓶库房，实行库房管理员负责制。

（13）装有液化石油气的气瓶，运输距离严禁超过 50km。

（14）液化石油气用户及经销者，严禁将气瓶内的气体向其他气瓶倒装。

（15）有下列情况之一的气瓶，应先进行处理，否则严禁充装：

1）钢印标记、颜色标记不符合规定，对瓶内介质未确认的；

2）附件损坏、不全或不符合规定的；

3）瓶内无剩余压力的；

4）超过检验期限的；

5）经外观检查，存在明显损伤，需进一步检验的；

6）氧化或强氧化性气体气瓶沾有油脂的；

7）易燃气体气瓶的首次充装或定期检验后的首次充装，未经置换或抽真空处理的。

（16）根据中华人民共和国交通运输部令第 9 号《道路危险货物运输管理规定》规定：未取得道路危险货物运输许可，擅自从事道路危险货物运输的，由县级以上道路运输管理机构责令停止运输经营，有违法所得的，没收违法所得。运输货物属于危险化学品，有违法所得的，没收违法所得，处违法所得 2 倍以上 10 倍以下的罚款；没有违法所得或违法所得不足 2 万元的，处 3 万以上 10 万以下的罚款；

（17）根据中华人民共和国交通运输部令第 9 号《道路危险货物运输管理规定》规定：从事道路危险化学品运输的驾驶人员、押运人员、装卸管理人员未取得从业资格证的，处 5 万元以上 10 万元以下的罚款；构成犯罪的，依法追究刑事责任。

6.3　液化石油气供气环节的安全管理重点

6.3.1　瓶装液化石油气安全使用常识

1. 瓶装液化石油气容易造成漏气的原因

（1）储气瓶上的开关没有关好或手轮下面的压盖螺母未拧紧。

（2）储气瓶到灶具的胶管老化、开裂、烧损或套箍松动。

（3）储气瓶调压器的手轮未拧紧或橡皮垫圈遗失、损坏、变形。

2. 瓶装液化石油气用户自我查漏

（1）点火前要检查各种设备是否漏气，如有漏气就不能点火。

（2）临睡、外出和使用后，要检查储气瓶和灶具的开关是否关闭。

（3）开启角阀前，应该先查看开关是否是关着的。以防前一次使用后没有关，下一次使用前又使劲开，容易将角阀弄坏，甚至发生事故。

（4）经常检查储气瓶角阀手轮的压盖六角螺母是否松动，输气胶管有无破裂，输气管路连接紧否。

（5）如果在室内突然闻到一股"臭味"，这说明液化石油气有泄漏现象。可用肥皂水涂抹各连接处查漏，严禁使用明火查漏。

3. 瓶装液化石油气泄漏处理

（1）发生泄漏时，应迅速关闭阀门，切断气源，开门窗通风，保护现场。

（2）通过紧急联络机制，及时通知供气商进行处置。

（3）发生着火时应即刻切断气源，拨打火警电话119，并采取有效措施灭火，同时将液化石油气钢瓶移到安全的地方，保护现场。

4. 瓶装液化石油气着火处理

（1）如果发生灶具连接处、胶管、减压阀部位漏气着火不大的，只需把储气瓶阀门关闭，一般会自行熄火，如果火大可用大块湿布扑灭。

（2）如果是储气瓶与角阀连接处着火，或火太大无法关角阀，或因火大使角阀开关失灵了，要先用水浇瓶降温，迅速用棉被、毛毯沾水后去扑灭火焰，再设法包扎阻漏，尽快请供应单位专业人员处理。

（3）如果室内发生火灾，不要惊慌，要迅速关紧角阀开关，拧下减压阀或剪断胶管，把储气瓶移动到室外安全空旷的地方，如瓶温高，要用冷水浇淋降温，并通知供应单位处理。

5. 瓶装液化石油气用户安全使用要点

（1）使用液化石油气时必须通风良好，液化石油气燃烧需要大量的空气，如空气不足，则燃烧时会产生大量的一氧化碳等有毒气体对人体造成危害。万一发生泄漏，通风又不好时，极易形成爆炸性混合气体。厨房内宜设置液化石油气泄漏报警器和排气装置。

（2）燃气器具使用时要有人照看，避免汤水沸溢出来浇灭火焰，或风吹灭火焰，使用完毕后，应及时关闭燃气器具开关和钢瓶角阀。燃气灶具、燃气热水器宜选用有熄火保护装置的产品。使用前，应认真阅读《使用说明书》。燃气灶具和燃气热水器的使用年限为8年，用户对超过使用期限的燃气器具要及时更换。

（3）燃气器具一次不能点燃时，不能连续打火，应将灶前阀和灶具阀关闭，待气味扩散后，再重新打火点燃。如果长时间连续打火，导致液化石油气积聚，一旦打着火，容易发生爆炸。

（4）连接液化石油气钢瓶与燃气器具的软管使用年限最长不要超过2年，长度以1.0～1.5m为宜，不得超过2m，且中间不能有接头、打折，不能穿墙、窗、门；胶管与灶前旋塞阀、燃气器具连接处应采用管夹固定，同时，要经常检查，发现软管开裂、老化、鼠咬等现象，应立即更换。提倡使用燃气用波纹软管等防损、抗老化的输气软管。

（5）液化石油气钢瓶应该放在容易搬动、通风干燥、不易受腐蚀的地方。严禁在地下室、半地下室或卧室内使用液化石油气，使用时液化石油气钢瓶与灶具要平排放置，瓶与灶最外侧之间的距离不应小于0.8m。

（6）钢瓶要直立使用，严禁倒立或卧倒使用，严禁摔、踢、滚和撞击，不可自行处理钢瓶残液。严禁用火烤、开水烫液化气钢瓶，火烤、开水烫会使液化石油气受热膨胀，容易引起钢瓶超压甚至爆破；经火烤、开水烫过的钢瓶，即使不发生爆破，也会加速腐蚀和损害，局部强度会降低。

（7）燃气热水器应安装在通风良好的非居住房间、过道或阳台内，房间净高宜大于2.4m，选购安全、优质的热水器，直接排气式热水器严禁安装在浴室内，烟道式热水器的排烟道必须伸出室外。

（8）对在用的 5kg、15kg 钢瓶，自制造日期起，第 1～3 次检验的周期均为 4 年，第 4 次检验的有效期为 3 年；对在用的 50kg 钢瓶，每 3 年检验一次；对使用期限超过 15 年的任何类型的钢瓶，按报废处理。

（9）不得使用非法制造、报废、改装的气瓶或者超期未检验、检验不合格的气瓶。不得擅自拆卸、安装、改装燃气设施或进行危害室内燃气设施安全的装饰、装修活动。

（10）检查是否有液化石油气泄漏时，应重点检查燃气器具的角阀、减压阀、橡胶管、接口、炉具等地方，可以用肥皂水在易漏部位涂抹，连续起泡处即为漏气点，严禁使用明火查漏。

6.3.2 液化石油气钢瓶安全使用常识

1. 液化石油气钢瓶的存储

（1）液化石油气钢瓶必须存储于单独的钢混结构的库房内，库房必须阴凉通风，远离热源，摆放位置易搬动、周围无易燃物，并配备一定数量的灭火器。

（2）钢瓶总质量大于 420kg 时，钢瓶间应设在与其他建筑间距不小于 10m 的独立建筑内。

（3）钢瓶间高度不应低于 2.2m。内部不得有暖气沟、地漏及其他地下构筑物。

（4）钢瓶间和使用场所要配备可燃气体浓度报警器。

（5）液化石油气钢瓶存放必须直立放置，不允许卧放或倒放。严禁将钢瓶内的气体向其他气瓶倒装。

（6）存储液化气的库房内必须使用防爆型电气设备。室内的开关要移到室外。

（7）储气库房内应配足灭火器（消防沙箱、灭火毯和消防水箱）等相应的消防设施。库房管理人员负责定期进行检查、更换，严禁使用过期失效的灭火器材。

（8）储气库房由专人负责开、关，无关人员不得进入。工作人员在库房内工作时，严禁吸烟。库房管理人员应经常检查存放动态，保持清洁卫生。如发现险情，应及时组织处理，同时报告单位负责人。

（9）应经常检查库房内有无泄漏现象，发现气瓶漏气，应及时安排检修并隔离存放。

（10）液化石油气系统使用的管道、软管、管道附件、调压阀、调压器、汽化器、紧急切断阀、用气器具、密封圈等要有出厂证明、合格证、检验报告等相关资料。

（11）液化石油气空瓶与满瓶应分开放置，并有明确标志。

（12）使用单位现场临时液化石油气存放点应有明确标志，存放数量不得超过 2 瓶。

（13）搬运液化石油气钢瓶时应禁止用滚动或其他产生震动颠动的方式。

（14）液化石油气钢瓶库房应指定专人负责管理。

（15）对库存液化石油气容易发生漏气的部位做好定期检查，要每月进行检漏，每次发放及收回时进行检漏，并进行记录，防止液化石油气泄漏。

2. 液化石油气瓶泄漏和起火应急处理方法

（1）若怀疑液化石油气库房内有漏气，应及时打开门窗进行自然通风，并可用肥皂水检漏，及时处理泄漏点，同时报告警卫。

（2）液化石油气泄漏处置方法：保持冷静，立即关闭钢瓶角阀切断气源，严禁打开或关闭任何电气设备以及通信设备（如手机等），在室内则打开窗户，进行自然通风，在室外则设立警戒区域，防止人员靠近，并立即报告警卫。

（3）液化石油气起火处置方法：保持冷静，立即关闭角阀，如角阀处有火焰，则用湿毛巾等物品裹手关闭，或用灭火器进行灭火，同时报告警卫。

（4）有条件时可用大桶装满水，将瓶体泄漏点浸入水中，可防止气体弥漫到空气中发生燃爆起火。

（5）发生异常无法处理情况下，必须及时报告相关负责人，泄漏严重时直接拨打119。

3. 液化石油气钢瓶检漏

（1）容易发生漏气的部位

1）钢瓶阀座密封不严产生的内漏和阀杆密封圈损坏产生的外漏。

2）减压阀与瓶阀连接部位没有拧紧，密封圈脱落或损坏。

3）橡胶软管老化、烧损、开裂或软管与燃气器具的接口处、减压阀与胶管的连接处等部位连接太松。

4）灶具转芯密封不严。

（2）对容易漏气的部位，应逐一涂抹肥皂水，连续起泡处即为泄漏点。若查出漏气部位应立即更换配件或及时请专业维修人员修理。若未从以上4个部位发现漏气点，而室内的液化气味又相当浓，就应考虑钢瓶瓶体是否漏气。发现瓶体漏气应及时送专业部门进行处理。严禁用明火检测。

7 压缩天然气（CNG）加气站经营企业

7.1 CNG 加气站的构成、供应体系的基础知识

7.1.1 CNG 加气站的概念

1. CNG 加气站

CNG 加气站是 CNG 常规加气站、CNG 加气母站、CNG 加气子站的统称。

2. CNG 常规加气站

常规加气站是建在有天然气管线经过的地方，从天然气管线直接取气，进站压力为 0.4MPa，天然气经过脱硫、脱水等工艺，进入压缩机进行压缩，经过压缩后压力为 20MPa～25MPa。然后进入售气机给车辆加气。通常常规加气量在 600～1000Nm³/h（N 代表标准条件，即一个标准大气压，温度为 0℃、相对湿度为 0%）之间。

3. CNG 加气母站

加气母站从天然气管线直接取气，进站压力为 1MPa～1.5MPa，经过脱硫、脱水、调压、计量、储存等工艺，进入压缩机压缩，然后经有储气瓶（20MPa～25MPa）的槽车运输到加气子站给汽车加气，它也兼有常规加气站的功能。加气母站多建在城市门站附近，加气母站的加气量在 2500～4000Nm³/h 之间。

4. CNG 加气子站

加气子站建设在周围没有天然气管线的地方，一般建设在城市内，以方便车辆加气，或者建设在没有天然气管道敷设的乡镇的工业区，供给天然气作为能源。加气母站利用压缩机将天然气加压储存，再由专用运输车将 25MPa 压缩天然气运往加气子站，加气子站再给 CNG 汽车加气。对于工业区的加气子站，工艺流程为：低压或者中压天然气通过压缩机，增压至 20MPa～25MPa，将其压缩到特制的钢瓶或管束，放到带牵引机构的撬车上，运至加气子站，连接卸气柱经卸气系统进入 CNG 调压设备，通过减压撬将高压天然气减至用户所需的压力 0.2MPa～0.4MPa 后进入输送管网，供用户使用天然气。

7.1.2 CNG 加气站的工艺流程

1. CNG 加气母站

CNG 加气母站气源来自天然气高压管网，过滤计量后进入干燥器脱水处理，干燥后的气体通过缓冲罐进入压缩机加压。压缩后的高压气体分为两路：一路通过顺序控制盘进入储气井，再通过加气机给 CNG 燃料汽车充装 CNG；另一路进加气柱给 CNG 槽车充装 CNG。

2. CNG 液压加气子站

CNG 液压加气子站拖车到达 CNG 加气子站后，通过快装接头将高压进液软管、高压

回液软管、控制气管束、CNG 高压出气软管与液压加气子站撬体连接。系统连接完毕后启动液压加气子站撬体或者在 PLC 控制系统监测到液压系统压力低时，高压液压泵开始工作，PLC 自动控制系统会打开一个钢瓶的进液阀门和出气阀门，将高压液体介质注入一个钢瓶，保证 CNG 液压加气子站拖车钢瓶内气体压力保持在 20MPa～22MPa，CNG 通过钢瓶出气口经 CNG 高压出气软管进入子站撬体缓冲罐后，经高压管输送至 CNG 加气机给 CNG 燃料汽车加气。

3. CNG 压缩加气子站

CNG 压缩加气子站拖车到达 CNG 加气子站后，通过卸气高压软管与卸气柱相连。启动卸气压缩机，CNG 经卸气压缩机加压后，通过顺序控制盘进入高、中、低压储气井组，储气井组里的 CNG 可以通过加气机给 CNG 燃料汽车加气。

4. CNG 常规加气站

CNG 常规加气站天然气引自中压天然气管网，经过滤计量后进入干燥器，经干燥处理后，再经缓冲罐后进入压缩机加压，通过优先／顺序控制盘为储气井组充装天然气，或直接输送至加气机为 CNG 燃料汽车加气，也可以利用储气井组内的天然气通过加气机为 CNG 燃料汽车加气。

7.1.3 CNG 加气站的系统组成

1. CNG 常规加气站的系统组成
一般由六个子系统组成：
（1）调压计量系统。
（2）天然气净化干燥系统。
（3）天然气压缩系统。
（4）压缩天然气的储存系统。
（5）压缩站的控制系统。
（6）压缩天然气的售气系统。

这 6 个子系统，对于不同地区、不同环境条件的用户来说，其设备配置可能大不一样，有少、有多，有简单，也有比较复杂的，但作为一个完整的加气站却是缺一不可的。

2. 母、子加气站的系统组成
母站和常规站的系统组成基本一样。只是其供气量大得多（压缩机排气量和站用储气瓶的储气量都比较大），售气系统除了售气机以外还需配置 1～2 台大流量加气柱，为子站拖车加气。

子站和常规站相比，由于没有管网输气，所以就不需要调压计量系统和净化干燥系统，但须另外配置 1～2 台子站拖车，以便从母站拉气。

3. 加气站的主要子系统及其基本配置
（1）调压计量系统
调压计量系统的主要作用是，使从输气管道来的天然气的压力保持稳定，并满足压缩机对入口压力的要求；同时，对输入加气站的气量计量。其主要设备为过滤器、调压器、流量计、压力表、旁通阀及主阀门等。
（2）净化干燥系统

净化干燥系统主要包括除尘、脱硫、脱油、脱水、干燥等工序，可分为前置处理和后置处理两种形式。压缩系统中每级压缩前后的冷凝除油过程也可归于净化系统。

所谓前置处理，即在压缩前对天然气的干燥和净化，目的是保护压缩机的正常运行；而所谓后置处理，即在压缩后对压缩天然气的净化和干燥，其目的是保证所售气质的纯净，不但确保在发动机中燃烧良好，不会对发动机产生任何危害，而且可以避免可能出现的对售气系统的损害。

这两种净化干燥处理方式，既可同时采用，也可只采用其中一种。从目前国内外实际应用来看，基本上都采用一种，而且近年来前置处理方式逐步成为一种趋势，这样可保护加气站的核心设备压缩机不会受到腐蚀和损坏。

（3）压缩系统

这是 CNG 加气站的核心部分，主要包括进气缓冲和废气回收罐、压缩机组、压缩机润滑系统、压缩机和压缩天然气冷却系统、除油净化系统、控制系统六大部分。其中控制系统比较复杂，我们把它作为一个单独的子系统予以讲述。

1）进气缓冲和废气回收罐

进气缓冲罐，应包括压缩机每一级进气缓冲，其目的是减小压缩机工作时的气流压力脉动以及由此引起的机组振动。

废气回收罐，主要是将每一级压缩后的天然气经冷却分离后，随冷凝油一起排出的一部分废气；压缩机停机后，滞留在系统中的天然气；各种气动阀门的回流气体等先回收起来，并通过一个调压减压阀，返回到压缩机入口。当罐中压力超过其上的安全阀压力时，将自动集中排放。同时凝结分离出来的重烃油也可定期从回收罐底部排出。

实际上有的厂商在保证使压力脉动足够小的前提下，取消了缓冲罐，或以进气分离罐代替缓冲罐的作用，还有的将进气缓冲罐和废气回收罐合二为一，具有双重作用。

2）压缩机组

压缩机组包括压缩机和驱动机。压缩机是压缩系统，也是整个加气站的心脏。不同厂商生产的压缩机结构形式都不一样。用于天然气的压缩机比较大，基本上都是活塞往复式压缩机。其结构形式有卧式对称平衡式、立式、角度式（V型、双V型、W型、倒T型等）。国内生产的压缩机主要有 V 型和 L 型两种类型。

压缩机组的驱动机有两类，一是电机，用得最多，最方便；二是天然气发动机，主要用于偏远缺电地区或气田附近，可降低加气站的运营成本。

3）压缩机润滑系统

压缩机润滑系统，包括曲轴、气缸、活塞杆、连杆轴套及十字头等处的润滑。该系统由预润滑泵、循环泵、分配器、油压表、油温表、传感器、油冷却器、油管、过滤器、油箱（曲轴箱）、废油收集器等部件组成。

其中气缸润滑方式可分为有油润滑、无油润滑和少油润滑三种。

4）压缩机和压缩天然气冷却系统

压缩机和压缩天然气冷却系统可以分为水冷、风冷两大类。水冷又分为开式循环和闭式循环两种。风冷也可分为两种，一种是气缸带有散热翅片的，多用于结构紧凑的角度式；另一种是气缸不带散热翅片的，用于结构分散的对称平衡式。

开式循环系统的水冷却方式由于要求建有专门的冷却水池，属于落后技术，国内还有厂家采用。而另外三种方式的应用更为合理，技术也比较成熟。

（4）压缩天然气的储存系统

压缩天然气的储存方式目前有四种形式，一是每个气瓶容积在 500L 以上的大气瓶组，每站 3～6 个，在国外应用得最多；二是每个气瓶容积在 40～80L 的小气瓶组，每站 40～200 个，国内外尤其是国内基本上采用这种形式；三是单个高压容器，容积在 $2m^3$ 以上，国内现在应用得很少；四是气井存储，每井可存气 $500Nm^3$，这是我国石油行业的创造，在四川等地应用很多。

（5）控制系统

完整的加气站控制系统对于加气站的正常运行非常重要。一个自动化程度高、功能完善的控制系统可以极大地提高加气站的工作效率，保证加气站安全、可靠地运行。

加气站的基本控制系统可分为六个部分：

1）电源控制；

2）压缩机组运行控制；

3）储气控制（含优先顺序控制）；

4）净化干燥控制；

5）系统安全控制；

6）售气控制（含顺序加气控制和自动收款系统）。

（6）售气系统

售气系统包括高压管路、阀门、加气枪、计量、计价以及控制部分。最简单的售气系统，除了高压管路外，仅有一个非常简易的加气枪和一个手动阀门。先进的售气系统，不仅由微机控制，还具有优先顺序加气控制、环境温度补偿、过压保护、软管断裂保护等功能。有的还增加了自动收款系统和计算机经营管理系统等。

7.2　储存、装卸、加气等环节的设施和主要参数

7.2.1　储存环节的设施和主要参数

CNG 储气井是 CNG 加气站与 L-CNG 加气站的关键设备之一。目前，国内加气站的 CNG 储气方式有地面储气瓶组和地下储气井两种。储气瓶组储气方式的特点是储气瓶数量多，漏点多，占地面积大，安全性低，且气瓶检测费用高；而地下储气井储气方式采用钻井方式，将特殊材质的套管钻入地下，再采用固井措施，用水泥封固，将储气井和周围地层腐蚀介质分开，井口采用法兰式结构，储气井额定工作压力通常为 25MPa。两种储气方式相比较，地下储气井储气方式采用地下技术，地面上不受周围环境和人为影响，有利于安全管理。

1. CNG 储气井

储气井工艺是利用石油系统成熟的钻井、储存与生产技术和经验，采用地下井储存高压天然气的一种方式，其设计思想源于对天然气开采工艺过程的逆向思维。储气井由井口装置、井底封头、井筒与中心管组成，每口井的水容积通常为 $2～4m^3$，地下储气井是按石油钻井规程通过钻井、下套管、固井等程序完成的一套石油钻井工艺成果。CNG 加气站储

气井井身结构：井深 80～200m，储气井筒上、下底封头与套管采用管箍连接，封头采用优质碳素钢材，套管底封头腐蚀裕量大于 5mm，套管与井底、井壁空间用水泥浆固井；储气井井口设进出排气口和压力表，井内积液通过气压经排液管排出储气井。地下储气井结构如图 7-1 所示。

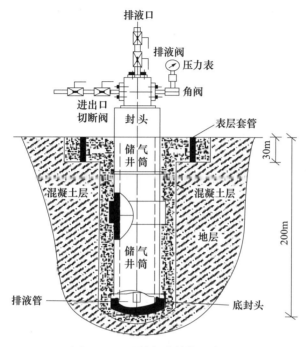

图 7-1　地下储气井结构示意图

2. 储气瓶

储气瓶组由若干个符合国家相关标准的钢瓶组成，是多年以来长期应用的一种储气方式，通常包括储气瓶、支架、安全设施、排污口等（见图 7-2）。储气瓶组隶属于特种设备，需要接受国家质量监督检疫总局关于《气瓶安全监察规定》和国务院颁布的《特种设备安全监察条例》（国务院令第 373 号）的检验和监督。

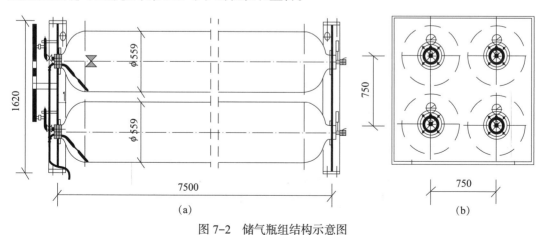

图 7-2　储气瓶组结构示意图
（a）俯视图；（b）左视图

253

L-CNG 加气站内储气瓶主要用于储存经高压汽化器汽化的高压天然气，采用 4 个储气瓶组，分为高压组、中压组、低压组，设计压力 32MPa，额定工作压力 25MPa。储气瓶容积通常按照 1∶1∶2 的比例进行优化设置，高压组工作压力 20MPa～25MPa，中压组工作压力 16MPa～25MPa，低压组工作压力 8MPa～25MPa。

7.2.2　装卸环节的设施和主要参数

1. 加气岛及加气柱

CNG 加气母站的加气岛、加气柱及其气瓶转运车泊位宜设在采用非燃烧材料筑成的罩棚内，罩棚有效高度不应小于 4.5m，罩檐与加气柱的水平距离不应小于 2.0m；加气岛略高出车位地坪 0.15～0.2m，其宽度不应小于 1.2m，其端部与罩棚支柱净距不应小于 0.6m。

加气柱设施应根据地区环境、温度条件建设，应设有截止阀、泄压阀、拉断阀、加气软管、加气嘴（枪）和计量表（压力－温度补偿式流量计），其进气管道上应设止回阀。拉断阀在外力作用下分开后，两端应自行密封。当加气软管内 CNG 工作压力为 20MPa 时，分离拉力范围在 400～600N，包括软管接头在内都应选用防腐蚀性材料制造的专用标准件。加气柱充装 CNG 的额定压力为 20MPa，计量准确度不应小于 1.0 级，最小计量分度值为 0.1kg。

2. 气瓶转运车

CNG 加气子站的气瓶转运车的气瓶组，与加压、加气站内储气装置的气瓶组一样有两种形式，但管束式大气瓶转运车用得较多，必须持有中华人民共和国道路运输经营许可证〔危险货物运输（2 类）〕才能在我国疆域内行驶。

气瓶转运车由框架管束气瓶组、运输半挂拖车底盘和牵引车三部分组成，实际上它本身就是 CNG 加气子站的气源。常用管束气瓶组有 7 管、8 管和 13 管等几种组合。框架管束气瓶组由框架、气瓶压力容器、前端安全仓和后端操作仓四部分组成，气瓶压力容器两端瓶口均加工有内、外螺纹。两端瓶口的外螺纹上拧上固定容器用的安装法兰，又将安装法兰用螺栓固定在框架两端的前后支撑板上。瓶口内螺纹上旋紧端塞，在端塞上连接管件，前端设有爆破片装置构成安全仓；而后端设有 CNG 进出气管路、温度计、压力表、快装接头以及爆破片等构成操作仓。

3. 卸气柱

CNG 加气子站卸气柱的设置数量应根据供应站的规模、气瓶转运车的数量和运输距离等因素确定，但不应少于两个卸气柱及相应的汽车转运车泊位。卸气柱应露天设置，通风良好，上部应设置非燃烧材料的罩棚，罩棚的净高不应小于 5.0m，罩棚上应安装防爆照明灯。相邻卸气柱的间隔应不小于 2.0m，卸气柱由高压软管、高压无缝钢管、球阀、止回阀、放散阀和拉断阀组成，并配置与气瓶转运车充卸接口相应的快装卡套加气嘴接头。

7.2.3　加气环节的设施和主要参数

压缩天然气加气机是用于加气站贸易结算的终端设备。加气机生产厂家一般都选用科里奥利质量流量计作为计量核心部件，由于它内置温度传感器可以实现温度补偿，因此计量精度受温度、压力变化的影响很小，而且它直接测量的是介质的密度和质量，所以测量精度高，对于气体介质的测量精度一般都可以达到 ±0.5%。为了提高加气机操控的可靠性，主要的阀件一般都直接进口。电气部分采用防爆结构以适应加气站的（爆炸性）环境，确保加气机安全可靠。

1. CNG 加气机的工作原理

压缩天然气经过输送管道进入加气机，依次流经气体过滤器、控制阀、单向阀、质量流量计、应急球阀（二位二通球阀）、拉断阀、高压软管、枪阀（二位三通球阀）、加气枪，最后流入被充气汽车的气瓶。在这个过程中质量流量计测出流经加气机的气体质量，并传送到加气机电脑控制部分，电脑经计算得出相应的体积（质量）、金额，并由加气机的显示屏显示给用户，从而完成一次加气过程。

在这个过程中，电脑对控制阀的顺序控制直接影响到加气的速度。由于国内加气站一般有高、中、低三个储气瓶组，相应就有高、中、低三条管线接入加气机，合理地配置加气机三个瓶组的取气比例，不但可以加快加气速度，而且可以充分利用三个瓶组中的天然气，减少压缩机的频繁启动，节约电能并延长压缩机的使用寿命。

为了安全起见，规定汽车车瓶压力一般不超过 20MPa，为了实现对车瓶最终压力的控制，在加气机内一般都设有压力传感器，电脑控制器通过压力传感器全程监控加气压力，并通过控制阀使车瓶最终压力准确达到 20MPa 左右。

2. CNG 加气机的构造

CNG 加气机主要由入口球阀、过滤器、电磁阀、单向阀、质量流量计、应急球阀、压力传感器、压力表、安全阀、拉断阀、软管、枪阀、加气枪、电脑控制器等零部件组成，如图 7-3 所示。

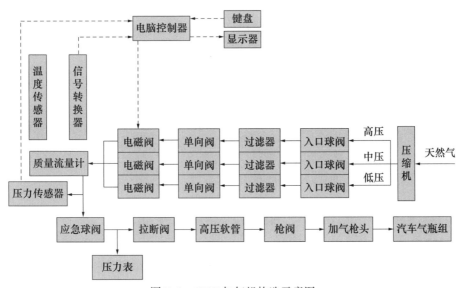

图 7-3 CNG 加气机构造示意图

（1）电脑控制器：是加气机的数据处理中心，将质量流量计传入的信息经过转换、处理、计算得出各种加气数据，如加气体积（质量）、金额等；通过电脑控制器也可设置单价、密度、压力等控制参数；还可以保存各次加气数据，并提供累计、查询、远程通信接口等数据管理功能。

（2）入口球阀：在加气机需要维护或检修时，方便地切断加气机的气源，不影响加气站其他加气机的正常使用。

（3）过滤器：过滤天然气中的杂质，保持流入加气机和车瓶中天然气的清洁，可以有效保护加气机内各种阀门的密封件，提高阀门的可靠性并延长其使用寿命。

（4）控制阀：是实现加气过程中三组压力自动切换的执行机构，在控制阀接到电脑控制器的指令后，可以接通或断开每段气源。控制阀可以是气动控制阀，也可以是高压电磁阀，三组控制阀可以是单独的，也可以是集成式的，不同的加气机厂家可能选择不同的配置。

（5）单向阀：确保在加气过程中气体只朝一个方向流动，防止三条进气管线串气，有部分加气机的单向阀与控制阀集成在一体。

（6）质量流量计：是加气机的计量核心机构，质量流量计的质量传感器检测流经加气机的气体的质量、密度等参数，并经过其自带的变送器转换成电流信号或脉冲信号输出，或由核心处理模块输出 Modbus 信号。由于它一般采用科里奥利质量原理、内置温度传感器，且无可移动部件，所以有较高的测量精度和较长的使用寿命。

（7）压力传感器：在加气过程中检测加气机出口的压力，并将压力参数传递给电脑控制器，以实现压力控制，保证加气安全。

（8）压力表：一般设在加气机出口附近，全过程显示加气的实时压力，让用户直观地观察到当前压力值。

（9）应急球阀：一般设在加气机靠近出口、操作者便于操控处，当出现软管破损、三通枪阀失效等紧急情况时，可以用它迅速地断开加气机与汽车气瓶的连接。

（10）拉断阀：加气机的安全保护装置之一，在加气枪未与汽车车瓶脱开以前，如果汽车意外开动，拉断阀会被动脱开，同时脱开的两端带有单向阀，气体不会泄漏；由于拉断力控制在 400～600N 之间，拉断阀的脱开不会影响加气机的整体安全。

（11）高压软管：连接加气机与汽车车瓶的加气管道，当汽车停靠的位置不同时，拖动软管也能保证加气机与汽车车瓶的连接。

（12）三通枪阀：控制加气与放空的操作，在加气完成后，转动三通枪阀的手柄，可以排出三通枪阀与汽车车瓶间一短截软管中的高压气体，实现枪头可以从汽车中取下的操作。

（13）加气枪：用于连接汽车车瓶加气口，根据加气口的型号，加气枪有多种，最常见的是符合美国 NGV1 标准和 ϕ12 规格的加气枪。

7.3　加气现场组织管理

7.3.1　CNG 加气站作业管理

1. 子站作业

车载储气瓶内的压缩天然气经过卸气装置（或经增压设备增压，或进入储气装置缓冲），通过加气机向汽车车瓶充装压缩天然气。

（1）子站接卸作业

1）运输车辆进站后，加气站操作人员和押运员应将车辆引导至指定作业点，放下支腿固定车板，押运员引导牵引车头与车板分离。

2）操作人员应认真检查储气瓶安全状况，会同司机核对储气瓶压力、温度数据，质量报告后，在单据上签字验收。操作人员和押运员引导牵引车头安全离站后，开始接卸。

3）接卸时，操作人员应严格按规定摆放消防器材、采取警示措施、连接静电接地夹、连接卸车软管并确认卸气柱上放空阀处于关闭状态后，方能缓慢开启储气瓶及卸气装置阀门，开始卸气。

4）卸气过程中，操作人员必须巡回检查管道、阀门、仪表工况，并做好记录。有异常情况时应立即停止卸气。

5）卸气结束后，操作人员关闭储气瓶及卸气装置阀门，打开卸气装置上的排空阀，将导气软管中的天然气排空，卸下卸车软管，取下静电接地夹，并逐一检查各气瓶阀门、管线接头等部位无漏气后，关闭储气瓶空气制动阀，等待牵引车头到站。

6）押运员引导牵引车头与车板对接，操作人员应再次检查储气瓶安全状况，收好三角木，拆除警戒线，将消防器材复位后，方能引导车辆离站。

（2）子站加气作业

1）进站车辆应限速在 5km/h 以内，严禁载人进入加气区。

2）加气员应引导加气车辆停靠在指定位置，并监督司机拉紧手刹，熄火引擎，关闭车灯，取下车钥匙，离开驾驶室。司机到安全区等待。

3）加气前，加气员应对车辆的车瓶仪表、阀门、管道进行安全检查，做好记录，并确认车辆是否具备充装条件。

4）在接好软管准备打开瓶组阀门时，操作人员不得面对阀门；加气时不得正对加气枪口；与作业无关的人员不得在附近停留。

5）加气过程中，应注意观察压力表和信号灯，当充装压力达到规定值后，限压阀动作，红色指示灯亮，表示充气结束。加气压力不得超过 20MPa。

6）加气期间，加气员不得离开现场，严禁让非加气岗位人员操作加气机。如遇紧急情况应立即停止作业。

7）加气结束，关闭车瓶阀，将二位三通阀逆时针旋转 180°，将软管内的气体放散，取下加气枪，关闭加气机充气阀，挂回加气枪，盖好加气口保护盖，核准加气数量，并确认无漏气现象后，方可容许司机启动车辆。

8）在雷电天气、附近发生火灾、检查出有燃气泄漏、压力异常、其他不安全因素等条件下，禁止加气、卸气作业。

2. 标准站作业

管道天然气经预处理后，通过调压计量，进入脱硫、脱水装置，再经缓冲罐平衡压力后进入压缩机增压，进入储气装置，通过加气机向汽车车瓶充装压缩天然气。

（1）增压设备启动前，操作员应认真检查管道阀门、安全附件、调压计量装置及脱硫脱水装置，确认各设备阀门处在正确开关位置、阀门和接头处无泄漏、压力表和安全阀工作正常；确认调压装置后端压力无波动、流量计示值显示正常；确认脱硫、脱水设备的吸附塔在有效吸附时段内，脱水装置的吸附剂温度在允许工作范围内。

（2）增压设备启动时应检查进气压力、润滑油、冷却水、电压、电流是否正常。

（3）设备运行过程中应定时观察各级间润滑油、冷却水的压力、温度及电压、电流、功率等参数，检查各阀门、接头，并做好记录。出现异常应立即停机。

（4）停机后应检查设备各阀门、接头，确认无泄漏；对分离器、过滤器进行排污，并记录停机时的运行参数。

（5）当站内储气设备压力达到设定值后，方能启动加气机开始加气作业。

7.3.2 CNG加气站设备管理

1. 一般规定

（1）管理原则

加气站负责站内设备的日常管理。按照日常维护和专业维修相结合的原则，实行"定人员、定设备、定责任、定目标"管理。

（2）基本要求

1）加气站应认真执行上级制定的设备管理制度，做到正确使用、定期维护、及时维修。

2）加气站应按设备维护计划进行检查和维护，并做好运行和维护记录。

（3）设备技术档案

加气站应建立健全设备技术档案。包括但不限于以下技术资料：

1）设备基本资料：名称、主要性能、使用日期、设备照片等。

2）原始技术资料：出厂合格证、说明书、检修技术资料等。

3）试运行记录：安装、试压及试运转记录等。

4）维修检修记录：维修记录、检修记录等。

5）设备证书：压力容器使用证、压力容器（管道）附件检定证等。

6）设备报废记录。

（4）设备维修

1）维修队伍

① 加气站设备维修队伍可由专业维修人员和加气站兼职维修人员组成。

② 专业维修队伍应由地市公司统一管理。公司可根据所辖加气站的数量及分布情况合理配备维修人员，亦可根据实际情况委托专业公司负责维修工作。

2）维修计划

地市公司应根据自身设备的数量、运行情况及使用周期，合理制定年度维修计划，并据此编制费用计划纳入加气站年度费用预算。

3）维修要求

设备出现故障后，加气站应做好安全防护措施及时报修。一般故障应尽快修复，暂时难以修复的应停止使用。

（5）设备报废

加气站应准确上报设备报废资料，配合主管公司做好报废设备的评估、鉴定和审查工作。

2. 压缩天然气加气站设备的管理

（1）加气机管理要求

1）定时检查加气机各密封部件，保持无泄漏状况。

2）定期检查加气机安全装置，保持完好有效。

3）定期校验加气机流量计，保证计量准确。

（2）发电机组管理要求

1）发电机须由专人管理，并填写运转记录。

2）定时检查发电机组备用的启动电池、燃油、润滑油、循环冷却水系统，定期加注润滑油和冷却剂，保证机组可随时启动。

3）不经常启用的发电机组，每周须空载运行一次（一般为10～15min），确保状态良好。

（3）配电柜管理要求

1）配电柜须配有防雷器，并保持完好有效。

2）定期检查电气元件，如有老化应立即更换。

3）定时检查配电柜的自动保护系统，保持技术状态良好。

4）维修电气设备时，配电柜断开工作回路的开关上应悬挂检修警示牌。

（4）控制柜管理要求

1）定期检查控制柜，确认各部件连接螺栓紧固可靠，接地装置完好有效。

2）定期检查电气元件，如有老化应立即更换。

3）控制柜断开工作回路的开关上应悬挂警示牌。

（5）视频监控系统管理要求

1）视频监控系统的硬盘录像机应具有保留一个月以上图像的容量。

2）必要区域的摄像头应具有红外录像功能。

3）定期检查摄像头、云台，保证图像清晰和不留死角。

（6）车载储气瓶管理要求

1）定时检查储气瓶汇管阀门、压力表及温度表，保持密封良好、无泄漏。

2）定期检查泄压保护装置，确保防塞和防冻措施完好有效，爆破片完好有效。

3）运载板车制动装置运行正常，轮胎状况符合要求。

（7）增压设备管理要求

1）增压设备应固定牢靠，避免其振动影响其他设备。

2）定时检查增压设备的电机、主机以及油泵的声音、振动、级间压差、各部件的温升有无异常。

3）定期测试各报警装置、连锁装置，保持运行正常。

4）定期检测安全阀、压力表等附件，保持完好有效。

5）定期检查润滑油系统、冷却系统，定期加注润滑油和冷却剂，不符合要求时立即更换。

6）定期进行增压设备气门组件检查，保证运行正常。

7）设备产生的污油、污水应按照环保要求进行集中处理。

（8）储气设备管理要求

1）储气罐（瓶）应按照现行规范《固定式压力容器安全技术监察规程》TSG 21的规定办理注册登记手续，并定期进行检验。

2）储气井应按照现行规范《高压气地下储气井》SY/T 6535的规定定期进行检验。

3）定期检测储气设备上的安全阀、压力表等附件，保证完好有效。

4）定期检查泄压保护装置，确保防塞和防冻措施完好有效。

5）定期排污，并记录。

（9）调压计量装置管理要求

1）调压器稳压误差应在允许范围内，流量计精度不应低于1.5级。

2）定时检查阀门及管线接头，保持密封良好、无泄漏。

3）定期检测安全阀、压力表等附件，保持完好有效。

（10）过滤分离装置管理要求

1）定时巡检过滤器及排污阀，保持密封良好、无泄漏。

2）定时排污，排污过程中应控制气体流速在安全流速范围内。

3）定期对过滤器滤芯进行检查和吹扫，如滤芯变形或损坏应立即更换。

（11）脱硫装置管理要求

1）定时检查阀门及管线接头，保持密封良好、无泄漏。

2）定期检查脱硫塔，保证塔内脱硫剂在有效吸附期限内。当填料失效时，应及时更换。

3）定期校验压力表、安全阀等附件，保持完好有效。

4）对废填料的处理应符合环保要求，并应保留处理记录。

（12）脱水装置管理要求

1）循环风机、冷却风机、加热器、压力表等设备应定期保养和检测，保持运行正常。

2）定时检查阀门及管线接头，保持密封良好、无泄漏。

3）定期检查填料塔，确认保温层完好、塔内填料无胶结、破损现象。当填料失效时应及时更换。

4）定期检测在线水露点检测仪，保证运行正常。

（13）压缩机维护保养

为了减少压缩机零件的损坏、延长压缩机的使用寿命，日常的维护与保养是极为关键和必要的。日常保养工作主要包括：定期对设备进行润滑以及换油、设备的防腐工作、定期校对设备的精准度等，这样才能最大限度地减少零件的磨损和故障，使设备尽可能处于正常工作状态下。具体的保养过程按时间一般分为季度保养、半年度保养和年度保养。

1）季度保养

① 每季度要放空系统进行清洗检查，目的是观察电磁阀动作的灵敏度，放空系统清洗的越干净，电磁阀的动作越灵敏。

② 对电磁阀前的铜基烧结过滤片进行清洗，尽量使其干净无污垢。

③ 对滤清器的滤芯进行清洗，并针对具体的使用情况及环境因素考虑是否更换。

④ 各级气阀也要进行全面、仔细的清洗，将积炭尽量清除。

⑤ 清洗空压机的外部，保证其干净无污垢；根据具体情况更换压缩机油。

⑥ 在清洗工作完成后，要对压缩机的运动结构进行校对、检查。如检查三角皮带的松紧度、主电机的润滑状况、调整各部件之间的间隙以保证其工作过程的灵活度。

⑦ 注意对分离器、排空集气管、过滤器、回收罐等进行全面的排污。

2）半年度保养

① 检查压力表是否合格，压力控制器的动作值是否在规定范围内。

② 检查压缩机的各运动机构是否正常运转，动作值是否灵活。

③ 检查储气罐的安全阀的性能，以保证其在最高压力时在安全使用范围内及时打开。

④ 仔细清洗压缩机的外部以及储气罐的内腔部分，查看压缩油机和吸气过滤器是否干净以及是否需要更换。

⑤ 对管道进行仔细检查，以防止其漏气。

⑥ 对电机、电器进行检测，保证其正常工作。

3）年度保养

① 将压缩机送到质量技术监督局指定单位检测，校对安全阀。

② 检查冷却风扇、止逆阀等部分。

③ 更换冷却剂。

④ 对液压缸或步进电机、步进限位装置等进行全面检查。

3. 特殊设备检验要求

（1）安全阀定期检验制度

1）安全阀每年校验一次。加气站使用的安全阀，其开启压力和回座压力按设计文件规定。

2）安全阀经过校验后，应加铅封，并将校验记录存入技术档案。

3）为确保安全阀动作灵活可靠，应加强对安全阀的日常维护和检查，保证安全阀的清洁，防止阀体、弹簧受油垢、脏物黏附或腐蚀，经常检查安全阀的铅封是否良好，定期检查安全阀有无泄漏现象，如发现异常应检修更换。

（2）压力表定期检验制度

1）压力表每半年校验一次。校验后的压力表应有铅封和合格证，校验记录存入技术档案。

2）未校验和铅封的压力表不允许使用。

3）压力表表盘应保持清洁，表盘上的玻璃要明亮，表内指针要清楚易见。

4）当发生下列情况之一时，压力表应停止使用，并及时更换：

① 指针不能回到零位。

② 表面玻璃破碎或表盘刻度模糊不清。

③ 铅封损坏或超过检验有效期限。

④ 表内漏气或指针跳动。

⑤ 其他影响压力表指示准确的缺陷。

（3）温度计定期检验制度

1）温度计每年校验一次，校验记录存入技术档案。

2）温度计在使用过程中发生玻璃破碎、指示失灵时应停止使用，并及时检修更换。

3）校验应由具备温度计检测资格的检验单位进行。

（4）紧急切断装置定期检验制度

1）检修后的紧急切断阀必须经耐压试验合格。其水压试验的压力不低于罐体设计压力的 1.5 倍，气密性试验的压力为罐体的设计压力。

2）紧急切断装置包括紧急切断阀和油路控制系统，要求动作灵敏可靠。保证紧急切断阀在工作压力下全开，并持续 48h 不会引起自然关闭。

3）紧急切断阀校验与储罐全面检验同步进行。

4）紧急切断阀从泄掉油压到阀完全封死要在 10s 内完成。

5）运行过程中，如发现紧急切断阀漏油或漏气、失灵等现象，应立即采取措施更换阀芯和阀杆密封元件，保证灵活、安全可靠。

（5）液位计定期检验制度

1）必须保证标尺准确。

2）经常进行排污和清洗，防堵塞和假液位；当发生问题时，关闭控制阀，进行检修。

3）储罐全面检验时，液位计应同时校验。

（6）计量衡器定期检验制度

1）严格执行国家计量法规和公司有关规定，准确计量，严禁弄虚作假。

2）按使用要求精心操作，专用衡器未经允许不得挪作他用。

3）新购衡器必须具备产品合格证，投入使用前应用标准砝码进行校验。

4）每 3 个月，计量检测部门对衡器进行一次校验。使用中发现计量失准，并经调整无效时，应及时送检。

（7）流量计定期检验制度

1）加气站的流量计必须按国家要求按期检定，经检定合格后方能使用。

2）加气站应定期检查流量计，确认铅封完好，若出现铅封脱落的情况要立即停止使用，及时上报相关部门，经授权检定机构复检合格方能启用。

（8）加气站内管道、阀门及其他设施巡查与维护

1）巡回检查

操作人员要按照岗位责任制的要求定期巡回检查线路，完成各个部位和项目的检查，并做好巡回检查记录。对检查中发现的异常情况应及时汇报和处理。巡回检查的项目主要是：

① 各项工艺操作指标参数、运行情况、系统的平稳情况；

② 管道连接部位、阀门及管件的密封情况；

③ 防腐、保温层完好情况；

④ 管道振动情况和管道支吊架的紧固、腐蚀和支承情况；

⑤ 阀门等操作机构润滑情况；

⑥ 安全阀、压力表等安全保护装置运行状况；

⑦ 静电跨接、静电接地及其他保护装置的运行与完好状况；

⑧ 其他缺陷等。

2）维护保养

① 经常检查管道的防腐措施，避免管道表面不必要的碰撞，保持管道表面完整，减少各种电离、化学腐蚀。

② 阀门的操作机构要经常除锈上油并定期进行活动，保证开关灵活。

③ 安全阀、压力表要经常擦拭，确保其灵活、准确，并按时进行检查和校验。

④ 管道因外界因素产生较大振动时，应采取措施隔断振源，发现摩擦应及时采取措施。

7.3.3 CNG 加气站人员岗位制度

1. 站长岗位制度

（1）精通加气站业务，有较强的工作责任感、奉献精神，对全站的安全工作负全责。

（2）负责传达和落实公司的指示及各项法律、法规；组织、实施并完成公司下达的各项任务。

（3）负责保持加气站形象，定时或不定时地对加气站进行全面巡查，做好现场管理。

（4）负责员工考核、分配工作，充分调动员工的积极性。

（5）负责加气站的团队建设，组织全体员工进行业务、政治学习，开展法制和职业道德教育，提高员工的业务能力、思想素质和服务质量，搞好服务工作，不向顾客吃、拿、卡、要，廉洁奉公，优质服务，保持良好站风。

（6）制定和实施本站的生产计划以及人员的合理调配；了解其他加气站的经营情况，提出加气站经营活动建议并将了解到的市场信息及时上报公司相关部门。

（7）协调站内员工之间的关系，团结并带领全站员工实现公司制定的工作目标。

（8）全面掌握加气站的进、销气量，审核、汇总本站各种统计报表，完成公司经营销售指标。

（9）负责加气站的安全生产及消防工作，认真执行相关安全消防管理制度及条例，预防事故发生。

（10）做好加气站设备、设施的管理和防护工作，严禁设备带故障运行，避免事故发生。

（11）检查加气站劳动保护及设备运行情况，落实安全操作规程，检查各项规章制度执行情况，杜绝违章操作，实现安全生产。

（12）负责组织员工进行消防安全知识的学习，指导其正确使用消防器材，熟知《加气站事故应急预案》，能熟练排除一般性的突发险情。

（13）负责加气站 QHSE（质量、安全、环境、健康）管理体系文件的建立，完善安全设施，落实安全措施。

（14）负责加气站外部经营环境的建设。向上级主管部门汇报加气站经营管理情况，解决顾客投诉，协调行政主管部门在计量、行政收费等方面的关系。

2. 设备管理人员岗位制度

（1）加气站设备安全责任人为站长。

（2）加气站要建立设备安全操作规程，并要求员工严格遵守执行。

（3）操作人员须熟悉和了解各设备及外露、隐蔽工程管线的结构、性能及工艺流程。

（4）操作人员须严格遵守操作规程，合理维护设备，坚持清洁、润滑、调整、紧固、防腐的"十字"作业方针，严禁设备超温、超压、超负荷和带故障运行。

（5）操作人员须严格执行设备润滑管理制度，搞好润滑"四定"，即：定质、定量、定时、定人。

（6）设备的使用、维护保养必须贯彻"管理结合、人机固定"的原则，实行定人、定机、定保养。

（7）每台设备、每条管线、每个阀门、每块仪表要有专人管理，做到正确操作、及时维护保养。

（8）设备与管线必须严格按照额定规程工作，绝不允许超负荷运行。

（9）操作人员须不断提高技术水平，对所使用的设备必须做到"四懂""三会""三好"，即：懂设备结构、性能、原理、用途；会使用、会保养、会排除故障；管好、用好、维护好设备。

（10）操作人员须每周对站场及设备进行一次全面清洁，确保设备、管道、阀门、地面的整洁，做到文明生产。

（11）操作人员须每隔 1h 对低压脱水装置进行巡检，观察其压力表和温度计显示是否正常，压缩机工作是否正常，各阀门是否泄漏等。

（12）每班在停机状态下，对加气站压缩机进行一次排污；每周在停机状态下对加气机进行一次排污。

（13）操作人员必须在交接班时对设备进行一次全面检查，用听、看、摸、闻等方法检查设备运行的声音、压力、温度、润滑情况、仪表情况及设备是否有异味和泄漏。如发现异常现象，应及时报告、及时停车，并查明原因做好记录，在未处理之前不得盲目开车。

（14）维修人员要和岗位操作人员密切配合，定期上岗检查，主动了解设备运行情况，发现异常情况及时处理，以保证设备、阀门正常工作，使设备在无泄漏、无故障下运行。

（15）在设备的使用中应做到"日常保养为主，专业修理为辅"。

（16）专用设备必须按照国家、地方、本公司制定的"设备检查维修计划"严格进行定期检查和维修；设备临时出现故障，需要提前进行检查和维修的可按原计划提前进行。

（17）新购入的专业设备必须经有关专业部门验收，不符合标准的设备禁止投入使用，并责令购置部门从速退货。

（18）每台设备均需具有齐全、准确、保管良好的技术档案、维修记录、运行记录。

（19）加强巡回检查，做好各项记录，及时消除安全隐患，本人不能处理的问题要及时上报。

（20）积极提出有关安全生产方面的合理化建议，消除隐患，做到安全、文明生产。

（21）严格执行交接班制度，认真填写本班设备运行和操作记录，如发生事故，要及时、如实地向上级汇报，并保护好现场，做好记录。

（22）发现设备故障应及时停机，观察并记录故障现象，向站长及公司主管部门报告，填写设备计划检修工作单，提出处置办法，技术人员不得擅自处理，一般性故障可先处理再报告。

3. 加气员工岗位制度

（1）严格遵守公司和加气站的各项规章制度，做好当班加气工作。

（2）严格按操作规程加气。

（3）天然气拖车进站后，班长带领员工检查拖车上的仪表、阀门、气动执行器及钢瓶是否正常，观察有无漏气现象，并与司机做好交接手续，发现异常情况及时汇报并解除故障后方可启动车辆。

（4）随时提醒司机熄火、断电、关闭空调及音响设施下车，严禁载客加气。发现后严肃处理。

（5）加气员工不容许在加气站吸烟、喝酒或醉酒上岗，发现后严肃处理。

（6）严禁徇私舞弊，损害公司利益。

（7）当班时间不许睡觉。

（8）要主动、热情、规范地为顾客提供加气服务，满足顾客的合理要求。

（9）加气票据必须填写整齐，核算正确，不容许涂改、替写，汽车加气时，司机必须在场，加气小票必须由司机、加气员、站长签字。

（10）熟知《加气站事故应急预案》及消防安全知识，负责岗位范围内设备的维护、保养和清洁，能判断和排除一般性的设备故障。

（11）熟悉站内消防器材的性能、存放位置，能熟练操作使用。

（12）负责岗位范围内的卫生，保持环境整洁。

（13）遵守劳动纪律，不迟到、不早退、不旷工、不串岗、不脱岗、不酒后上岗，严格执行交接班制度。

（14）负责岗位范围内的安全监督管理，发现不安全因素和危及加气站安全的行为须及时阻止并向加气站领导汇报。

（15）禁止设备带故障运行，加气员工一旦发现设备有异常，马上停机，并汇报值班人员。

（16）在停气情况下，有大量出租车等候时，加气员工要维持好秩序，不容许出租车乱停、乱放，也不容许出租车不按顺序加气。

4. 值班人员岗位制度

（1）值班人员要遵守带班制度，要坚守岗位按时接班。

（2）坚持查岗。及时发现隐患，并协助员工采取有效措施避免事故发生。

（3）督促和检查加气站员工做好设备、设施的管理和防护工作，严禁设备带故障运行，避免事故发生。

（4）值班人员严禁擅自离开工作岗位，应保持电话畅通。

（5）值班人员必须定点对站内重点防范部位进行巡视检查，熟知加气站事故应急预案，防止火灾、盗窃事件的发生。

8 液化天然气（LNG）加气站经营企业

8.1 LNG 加气站的构成、供应体系的基础知识

8.1.1 LNG 加气站的概念

LNG 加气站：为 LNG 汽车车瓶充装车用 LNG 的场所。

L-CNG 加气站：能将 LNG 转化为 CNG，并为汽车车瓶充装车用 CNG 的场所。

8.1.2 LNG 加气站的工艺流程

LNG 加气站的工艺流程一般包括卸车流程、调压流程、加气流程以及卸压流程，如图 8-1 所示。

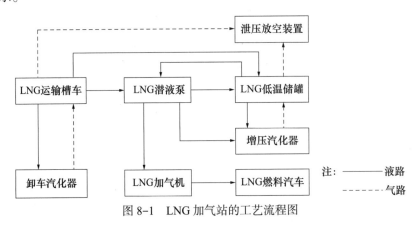

图 8-1　LNG 加气站的工艺流程图

1. 卸车流程

LNG 的卸车工艺是将集装箱或槽车内的 LNG 转移至 LNG 储罐内的操作。LNG 的卸车流程主要有两种方式可供选择：潜液泵卸车方式、自增压卸车方式。

站房式的 LNG 加气站两种方式可以任选其一，也可以同时采用，一般由于空间足够建议同时选择两种方式。对于撬装式 LNG 加气站，由于空间的限制、电力系统的配置限制，建议选择自增压卸车方式，可以简化管道、降低成本、节省空间，便于设备整体成撬。

2. 调压流程

储罐调压流程是给 LNG 汽车加气前需要调整储罐内 LNG 的饱和蒸汽压的操作，该操作流程有潜液泵调压流程和自增压调压流程两种。

（1）潜液泵调压流程

LNG 液体经 LNG 储罐的出液口进入潜液泵，由潜液泵增压以后进入增压汽化器汽化，

266

汽化后的天然气经 LNG 储罐的气相管返回到 LNG 储罐的气相空间，为 LNG 储罐调压。采用潜液泵为储罐调压时，增压汽化器的入口压力为潜液泵的出口压力，一般将出口压力设置为 1.2MPa，增压汽化器的出口压力为储罐的气相压力（约为 0.6MPa）。增压汽化器的入口压力远高于其出口压力，所以使用潜液泵调压速度快、时间短、压力高。

（2）自增压调压流程

LNG 液体由 LNG 储罐的出液口直接进入增压汽化器汽化，汽化后的气体经 LNG 储罐的气相管返回 LNG 储罐的气相空间，为 LNG 储罐调压。采用这种调压方式时，增压汽化器的入口压力为 LNG 储罐未调压前的气相压力与罐内液体所产生的液柱静压力（容积为 $30m^3$ 的储罐充满时约为 0.01MPa）之和，出口压力为 LNG 储罐的气相压力（约 0.6MPa），所以自增压调压流程调压速度慢、压力低。

3. 加气流程

在加气流程中，潜液泵的加气速度快、压力高、充装时间短，成为 LNG 加气站加气流程的首选方式。

将储罐中的饱和 LNG 经由泵加压后经过加气枪给 LNG 汽车加气，最高加气压力可达 1.6MPa，通过液相软管对 LNG 汽车车瓶进行加液，由气相软管对车瓶中的 BOG 进行回收，以保证车瓶的加气速度和正常的工作压力。

4. 卸压流程

在卸车、加气以及加气站的日常运行过程中，储罐内的压力会随着 BOG 的产生逐渐增大。为保证储罐的安全，需要打开相关的自动减压阀，释放罐中的蒸汽，称为卸压流程。目前的做法为直接放空，但这样做一方面会造成资源的浪费，另一方面增加了安全方面的隐患。也有 LNG 站有中压管道的，放散的 LNG 气体可以全部回收。

8.1.3　LNG 加气站的主要设备

1. LNG 槽车及储罐

目前 LNG 槽车单台最大容积为 $51.55m^3$，设计压力 0.8MPa，运行压力 0.3MPa。如果加气站日加气能力为 $1 \times 10^4 m^3$（约为 $16m^3$ 体积的 LNG），对于需要自备 LNG 槽车的加气站来说可以选用 $40m^3$ 槽车，根据容积重装率为 90% 计算，一次可补充 LNG 约 $36m^3$，能够满足加气站正常情况下 2d 的用气。

LNG 通常储存在工作温度为 −162℃、工作压力为 0.6MPa 的低温储罐内。LNG 储罐由内、外壳组成，采用真空粉末绝热技术。LNG 储罐内层材质为不锈钢（9% 镍钢、奥氏体不锈钢和 36% 镍的殷钢等），外层材质为碳钢，目前可做到 $200m^3$，大多为 $100m^3$ 以下。对于日加气能力 $1 \times 10^4 m^3$ 的 LNG 加气站而言，选用有效容积为 $50m^3$ 的双金属真空粉末 LNG 储罐，工作压力 0.6MPa，工作温度为 −162℃，设备质量为 22000kg，能够满足加气站正常情况下 2d 的用气。

2. 调压汽化器及 LNG 车载瓶

调压汽化器主要是空温式汽化器。在冬季温度较低，单纯依靠空温式汽化器所提供的热量不足时，可以串接一台水浴式加热器。

目前国内可生产三种规格的 LNG 车载瓶，即 45L、300L 和 410L，分别用于轿车、中型车和公交车。

3. LNG 加气机

目前国内市场上的 LNG 加气机主要为加拿大 FTI 国际集团有限公司的 FTI 系列加气机。国内的 LNG 加气机采用的主要计量方式是双管计量方式，即采用两个质量流量计分别测量加气和回气的质量，将二者之差作为计量的最后结果。

另一种计量方式是单管计量方式，采用这种计量方式的加气机使用一个枪头，相对于双管计量方式而言，要减少一个枪头和一个回气质量流量计，这样就使得加气机的成本大大降低。欧美国家的 LNG 汽车所使用的气瓶均为喷淋式储气瓶，这样就可以在加注的过程中利用液态 LNG 的冷量将气态的 LNG 重新液化，一方面降低了储气瓶中的气相压力，另一方面节省了成本的开支。国内外加气机的技术参数比较，见表 8-1。

国内外加气机的技术参数比较   表 8-1

技术参数	国内	国外（加拿大 FTI 系列）
计量方式	双管计量	单管计量
额定工作压力（MPa）	1.600	1.725
计量相对误差（%）	±0.5	±0.1
最大质量流量（kg/min）	52.5	80
环境温度（℃）	−30～55	−20～60
外形尺寸（m）	高 1.800	高 2.340
	长 1.085	长 0.840
	宽 0.4000	宽 0.560
质量（kg）	250	300
控制方式	电脑控制系统	电脑控制系统
管道温度（℃）	−162～55	−162～55
环境相对湿度（%）	≤95	≤95
加气方式	定量、非定量	定量、非定量
计量方式	kg，L	kg，L
操作方式	键盘式	触摸屏

从表 8-1 可以看出，国外加气机的技术指标一般都优于国内产品，加气枪头普遍采用美国 PARKER 公司的产品。当采用表 8-1 中的国内加气机进行加气时，气瓶为 410L 的 LNG 公交车的加气时间小于 3min。

4. LNG 泵

LNG 泵的选型主要依据加气机的加气速率及泵与增压器联合卸车时的卸车速率。由于加气机类型为单个加气机，为保证加气机的正常工作，可选用流量范围为 40～200L/min、功率约为 12kW、工作压力为 0.2MPa～1.2MPa 的浸没式低温液体泵。

5. LNG 增压汽化器

LNG 增压汽化器是一种专门用于液化天然气调压的换热器。由于液化天然气的低温特性，使得 LNG 增压汽化器必须要有相应的热源提供热量才能汽化。热源可以是环境空气和水，也可以是燃料的燃烧或者蒸汽。

由于天然气属于易燃易爆的介质，如果在加气站中设置火源的话会有很大的安全隐患并且不符合相关的安全标准，所以现阶段 LNG 加气站中的汽化器类型主要为空温式汽化器。

8.2　储存、装卸、加气等环节的设施和主要参数

8.2.1　储存环节的设施和主要参数

1. LNG 储罐的分类

LNG 储罐按结构形式可分为地下储罐、地上金属储罐和金属 / 预应力混凝土储罐 3 类。地上金属储罐又分为金属子母储罐和金属单罐 2 种。金属子母储罐是由 3 只以上子罐并列组装在一个大型母罐（即外罐）之中，子罐通常为立式圆筒形，母罐为立式平底拱盖圆筒形。金属子母储罐多用于天然气液化工厂。城市 LNG 加气站的储罐通常采用立式或卧式双层金属罐，其内部结构类似于直立的暖瓶，内罐支撑于外罐上，内外罐之间是真空粉末绝热层。储罐容积通常有 50m³ 和 100m³。

2. LNG 储罐设计与制造标准

LNG 储罐的设计与制造应符合现行国家标准《压力容器　第 3 部分：设计》GB/T 150.3、《压力容器　第 4 部分：制造、检验和验收》GB/T 150.4、《固定式真空绝热深冷压力容器　第 3 部分：设计》GB/T 18442.3、《固定式真空绝热深冷压力容器　第 4 部分：制造》GB/T 18442.4 的有关规定。LNG 储罐的附属设备的设置应符合下列规定：

（1）应设置就地指示的液位计、压力表。

（2）储罐应设置液位上、下限及压力上限报警，并远程监控。

（3）储罐的液相连接管道上应设置紧急切断阀。

（4）储罐应设置全启封闭式安全阀，且不应少于 2 个（1 用 1 备），安全阀的设置应符合《液化天然气阀门　技术条件》JB/T 12621—2016 的有关规定。

（5）安全阀与储罐之间应设切断阀，切断阀在正常操作时应处于铅封开启状态。

（6）与储罐气相空间相连的管道上应设置人工放散阀。

3. LNG 储罐的压力

根据《汽车加油加气加氢站技术标准》GB 50156—2021，LNG 储罐内筒的设计压力应符合下列公式的规定：

（1）当 $P_w < 0.9$MPa 时：

$$P_d \geqslant P_w + 0.18\text{MPa} \tag{8-1}$$

（2）当 $P_w \geqslant 0.9$MPa 时：

$$P_d \geqslant 1.2P_w \tag{8-2}$$

式中　P_d——设计压力，MPa；

　　　P_w——设备最大工作压力，MPa。

4. LNG 储罐的材质介绍

正常操作时 LNG 储罐的工作温度应达到 −162.3℃，第一次投用前要用 −196℃ 的液氮对储罐进行置换与预冷，所以储罐的设计温度为 −196℃。内罐既要承受介质的工作压力，

又要承受 LNG 的低温，要求内罐材料必须具有良好的低温综合机械性能，尤其要具有良好的低温韧性，目前内罐材料多采用 0Cr18Ni9，相当于 ASME（美国机械工程师协会）标准的 304 不锈钢。外罐作为常温外压容器，外罐材料选用低合金容器钢 16MnR。

根据内罐的计算压力和所选材料，内罐的计算厚度和设计厚度分别为 11.1mm 和 12.0mm。外罐的设计厚度常为 10.0mm。

5. 液位测量装置

为防止储罐内 LNG 充装过量或运行中罐内 LNG 过少或过多危及储罐和工艺系统安全，LNG 储罐上常设有两套独立的液位测量装置，其灵敏度与可靠性对 LNG 储罐的安全至关重要。在向储罐充装 LNG 时，通过差压式液位计所显示的静压力读数，可从静压力与充装质量对照表上直观地读出罐内 LNG 的液面高度、体积和质量。当达到充装上限时，LNG 液体会从测满口溢出，提醒操作人员手动切断进料。储罐自控系统还设有低限报警（剩余 LNG 量为罐容的 10%）、高限报警（充装量为罐容的 85%）、紧急切断（充装量为罐容的 95%）。

6. LNG 储罐容量

LNG 加气站储罐总容量通常按储存 3d 高峰月平均日用气量确定。同时还应考虑气源点的个数、气源厂检修时间、气源运输周期、用户用气波动情况、槽车运输能力等因素。对气源的要求是不少于 2 个供气点。若只有 1 个供气点，则储罐总容量还要考虑气源厂检修时能保证正常供气。储罐的容量设置，不仅关系到日常的正常运营，还与损耗和管理成本息息相关，需要慎重选择。

7. LNG 储罐绝热层介绍

LNG 储罐用于储存低温液体，其保温能力是其性能好坏的重要指标，LNG 储罐的保温主要是靠安装绝热层，目前使用的绝热层主要有以下 3 种形式：

（1）高真空多层缠绕式绝热层。多用于 LNG 槽车和罐式集装箱车。

（2）正压堆积绝热层。这种绝热方式是将绝热材料堆积在内外罐之间的夹层中，夹层通氮气，通常绝热层较厚。广泛应用于大中型 LNG 储罐和储槽，例如，立式金属 LNG 子母储罐。

（3）真空粉末绝热层。目前 LNG 加气站用的圆筒形双金属 LNG 储罐通常采用这种绝热方式。在 LNG 储罐内外罐之间的夹层中填充粉末（珠光砂），然后将该夹层抽成高真空。通常用蒸发率来衡量储罐的绝热性能。目前国产 LNG 储罐的日静态蒸发率体积分数 ≤ 0.3%。

8.2.2 装卸环节的设施和主要参数

LNG 的卸车工艺是将集装箱或槽车内的 LNG 转移至 LNG 储罐内的操作。LNG 的卸车流程主要有两种方式可供选择：潜液泵卸车方式、自增压卸车方式。

1. 潜液泵卸车方式

该方式是通过系统中的潜液泵将 LNG 从槽车转移到 LNG 储罐中，目前用于 LNG 加气站的潜液泵主要是美国某公司生产的 TC34 型潜液泵。该泵最大流量为 340L/min，最大扬程为 488m。潜液泵卸车方式是 LNG 液体经 LNG 槽车卸液口进入潜液泵，潜液泵将 LNG 增压后充入 LNG 储罐。LNG 槽车气相口与储罐的气相管连通，LNG 储罐中的 BOG

气体通过气相管充入 LNG 槽车，一方面解决 LNG 槽车因液体减少造成的气相压力降低问题，另一方面解决 LNG 储罐因液体增多造成的气相压力升高问题。整个卸车过程不需要对储罐泄压，可以直接进行卸车操作。

该方式的优点是速度快，时间短，自动化程度高，无须对站内储罐泄压，不消耗 LNG 液体；缺点是工艺流程复杂，管道连接烦琐，需要消耗电能。

2. 自增压卸车方式

LNG 液体通过 LNG 槽车增压口进入增压汽化器，汽化后返回 LNG 槽车，从而提高了 LNG 槽车的气相压力。将 LNG 储罐的压力降到 0.4MPa 后，LNG 液体经过 LNG 槽车的卸液口充入 LNG 储罐。自增压卸车的动力源是 LNG 槽车与 LNG 储罐之间的压力差。由于 LNG 槽车的设计压力为 0.8MPa，储罐的气相操作压力不能低于 0.4MPa，故最大压力差仅有 0.4MPa。如果自增压卸车与潜液泵卸车采用相同内径的管道，自增压卸车方式的流速要低于潜液泵卸车方式，卸车时间长。随着 LNG 槽车内液体的减少，要不断对 LNG 槽车气相空间进行增压。如果卸车时储罐气相空间压力较高，还需要对储罐进行泄压，以增大 LNG 槽车与 LNG 储罐之间的压力差。给 LNG 槽车增压需要消耗一定量的 LNG 液体。

自增压卸车方式与潜液泵卸车方式相比，优点是流程简单，管道连接简单，无能耗；缺点是自动化程度低，放散气体多，随着 LNG 储罐内液体不断增多需要不断泄压，以保持足够的压力差。

8.2.3　加气环节的设施和主要参数

LNG 加气机是 LNG 加气站的主要设备之一，其功能是将 LNG 加注到汽车移动储罐内。在使用中，因其操作频繁，较易出故障。下面以华气厚普 LNG 加气机为例进行介绍。

1. LNG 加气机的构造

LNG 加气机主要由低温截止阀、质量流量计、低温球阀、电磁阀、低温止回阀、低温安全阀、拉断阀、低温软管、加液枪 / 枪座、回气枪、压力表、压力传感器、电脑控制器等零部件组成。

2. LNG 加气机的工作原理

LNG 进入加气机后，经过气动球阀、液相质量流量计、拉断阀、低温软管、加液枪注入汽车储液装置，汽车储液装置内汽化的气体经气相质量流量计返回站用储液装置，完成加气工作。电脑控制器自动控制整个加气过程，并根据各个部件在工作过程中传输的信号进行监控、处理、显示。

3. 工作流程描述

为了更好地描述加气机的运行工作流程，现以加气作业全过程中液体与气体的流动轨迹进行介绍。

（1）将加液枪插到加气机插枪口上，按下加气机键盘上的"预冷"键，加气机将"预冷"信号传到 UPLC 控制柜，接到信号变频器启动低温泵，经加压后的 LNG 液体流入加气机，加气机开始预冷。

预冷时液体流程：LNG 液体从加气机进液管道流向截止阀、单向阀、液相质量流量计、气动阀、加液枪头、插枪口、单向阀，最后经管路回到 LNG 储罐，当加气机内部管路充满液体且液体温度和密度同时达到要求时预冷结束。（大循环过程中不考虑增益值变化）。

（2）预冷结束后，将加液枪插入车载 LNG 钢瓶进液口，回气枪插入车载 LNG 钢瓶回气口，并打开回气截止阀，将钢瓶内的气体通过回气软管回到储罐，降低钢瓶气压到合适压力范围，按下加气机键盘上的"加气"键，加气机开始加注 LNG。

加液时液体流程：LNG 液体从加气机进液管道流向截止阀、单向阀、液相质量流量计、气动阀、液相金属软管、加注枪头，然后进入车载 LNG 钢瓶。

回气时气体流程：车载 LNG 钢瓶内的天然气经回气枪头、气相金属软管、单向阀、气相质量流量计及回气管路回到 LNG 储罐。

加注量为液相质量流量计与气相质量流量计计量值之差，加气机会自动计算出差值并显示，当车载 LNG 钢瓶加满 LNG 后加气机自动停机，也可提前手动停机，或定额加注。

加气机停机后先从车载 LNG 钢瓶上取下回气枪，再取下加液枪并进行相应的吹扫后将加液枪插入加气机插枪口完成此次加注。

8.3　加气现场组织管理

8.3.1　LNG 加气站作业管理

1. 基本流程

（1）液化天然气加气站

低温运输槽车的液化天然气，经站内卸车接口、卸液管道、潜液泵等设备灌注到低温储罐，由加气机向汽车车瓶加注液化天然气。

（2）液化－压缩天然气加气站

低温运输槽车的液化天然气，经站内卸车接口、卸液管道、潜液泵等设备灌注到低温储罐，通过低温高压泵增压进入汽化器加温汽化后，储存到储气装置，由加气机向汽车车瓶充装压缩天然气。

2. 生产作业

（1）接卸作业

1）操作人员应按规定穿戴防护用具，人体未经保护的部位不得接触未经隔离装有液化天然气的管道和容器。

2）卸车前 2h 应进行管道预冷，并确认卸车区各阀门的开闭状态，微开罐底液相管道阀门使管道冷却，当液相管壁温度低于 −100℃时，达预冷状态，方可卸车作业。

3）运送液化天然气的低温运输槽车到站后，操作人员应引导槽车至指定作业点停车、熄火、垫好三角木，车钥匙由操作员暂时保管。

4）操作人员应认真查验送货单据，核对品名、数量、质量报告，严禁不合格气体卸入储罐。

5）操作人员应先摆放消防器材、采取警示措施、连接静电接地夹，并根据槽车罐与接收罐压力及液位，确定卸车方案：当储罐压力高于槽车压力时，宜采用顶部进液，否则反之；当储罐压力与槽车压力相近时，可用上部或下部进液，也可同时进液。

6）卸车前，应采用干燥氮气或者液化天然气气体对卸车软管进行吹扫。

7）接卸时，应检查液化天然气液相、气相卸车软管，确认卸车台至储罐的所有阀门开关处在正确位置，同时记录储罐区储罐和槽车压力、温度、液位后按照实际情况选用泵或增压器进行卸车作业。

8）卸车区至罐区的操作应由站内操作人员进行，槽车至卸车台的操作应由槽车押运员进行。

9）卸车过程中，操作人员应巡回检查所有工艺阀门、管线、仪表工况，并做好记录。观察槽车及接收罐的压力及液位变化，保持压差在 0.2MPa 左右。液化天然气储罐储液量不得超过储罐容积的 90%。

10）卸液结束后，操作人员关闭卸车台低温阀门、罐底阀门，并监督押运员关闭槽车内相关阀门，在安全排除管内留有的残液后，卸下软管，收起静电接地线及三角木。卸下的低温胶管应处于自然伸缩状态，严禁强力弯曲，并应对其接口进行封堵。

11）操作人员应使储罐上部进液阀处于开启状态，使液相管内残留的液体自然缓慢气化后进入罐顶部，在确认液相管内残留的液体已全部汽化后，关闭储罐顶部进液阀。

12）操作人员完成接卸后，应拆除警戒线，复位消防器材，双方签字并交接有关单据及车钥匙后，指引槽车驶离加气站。

（2）加气作业

1）加气机停止加注超过一定时间（约 20min）后再加气，应提前对加气机进行预冷操作。

2）进站车辆应限速在 5km/h 以内，严禁载人进入加气区。

3）加气员应引导加气车辆停靠在指定位置，将加气汽车钢瓶接地，并监督司机拉紧手刹，熄火引擎，关闭车灯，取下车钥匙，离开驾驶室，指导司乘人员到安全区等待。

4）由驾驶员打开加气接口盖，加气员记录加气车辆的车牌号和钢瓶编号，并由驾驶员签字确认。

5）加气员应佩戴手套、护目镜作业，不许穿露臂服装加气操作。

6）加气前，应使用高压氮气冲洗加气枪头和回气枪头，吹出枪头内部的冷凝水蒸气，防止冰堵现象发生。

7）加气员依次将加气枪插入车载液化天然气钢瓶进液口，回气枪插入车载钢瓶回气口，开始加气作业。

8）加气及大小循环预冷过程中，严禁用手指触摸加气机内部金属软管表面结霜部分，以防发生意外冻伤事故。如遇紧急情况应立即停止作业。

9）加气结束，应依次关闭钢瓶上的回气阀门，拔下回气枪和加气枪，将加气枪归位。应使用橡皮锤敲击钢瓶上的回气口单向阀，将回气软管内的气体排空，并用高压氮气冲洗车载液化天然气钢瓶进液口和回气口后，方可盖上盖子。

10）应记录下钢瓶上压力表压力、加液总量等参数，请驾驶员确认后，指引加气车辆驶离加气机。

8.3.2　LNG 加气站设备管理

1. 一般规定

同 7.3.2 节"1. 一般规定"的内容。

2. 液化天然气加气站设备的管理

同 7.3.2 节 "2.压缩天然气加气站设备的管理" 的内容。

（1）液化天然气储罐管理要求

1）储罐的设计、制造、验收和使用均应符合现行国家标准《压力容器》GB/T 150、《固定式真空绝热深冷压力容器》GB/T 18442 的规定，并办理注册登记。

2）定期检测储罐安全阀、压力表等安全附件，保证完好有效。

3）定时检查储罐阀门、接头，保持密封良好、无泄漏。

4）定期对储罐进行排污或排积液。

5）储罐内液化天然气的液位、压力、温度应定期进行现场检查和实时监控；储存液位应控制在 20%～90% 范围内，储存压力不得高于最大工作压力。

6）储罐基础应牢固，立式储罐的垂直度应定期检查。

7）应对储罐外壁进行定期检查，表面无凹陷，漆膜无脱落，且无结霜、结露现象。

8）真空绝热储罐的真空度检测每年不少于 1 次。

（2）汽化器管理要求

1）定时检查安全阀、压力表、温度计等接头，保证密封良好、无泄漏。

2）定期清洁汽化器外壳，确认汽化器无异响、过冷现象，保证汽化器的换热能力。

3）定期置换汽化除霜，确保汽化器换热能力达到要求。

（3）泵管理要求

1）定期检查泵的声音、振动、温升有无异常。

2）定期检查泵的润滑系统，按要求加注润滑油，保证润滑正常。

3. 特殊设备检验要求

同 7.3.2 节 "3.特殊设备检验要求" 的内容。

8.3.3　LNG 加气站人员岗位职责

1. 站长岗位职责

（1）对主管领导负责。

（2）负责站内日常工作安排、管理，协调各班组工作关系。

（3）负责站内有关安全措施、技术方案、重要文件及材料内容的编制。

（4）负责编制站内排班计划、生产计划、应急计划和安全目标并实施。

（5）完善站内各项安全管理制度、设备操作管理规程及维护保养计划并实施。

（6）传达并按要求完成上级及公司下达的各项指令和指标。

（7）总结站内工作并向上级领导和生产与安全管理部汇报。

（8）负责贯彻落实上级关于安全生产、平稳运行的指示和决议，遵守安全技术操作规程及各种规章制度，检查本站各岗位安全生产情况，制止违章作业，坚持查岗及随班交换，对本站的安全生产直接负责。

（9）布置工作计划时应贯彻 "五同时" 原则，做到班前安全讲话，班中检查，交班总结，搞好安全教育，检查工器具完好、齐全。

（10）每周一次工作例会，进行一次全面安全检查，定期进行安全培训和安全演习。

（11）搞好工艺设备、检测仪器的维护保养，发现隐患，应立即采取防范措施；发生事故，在保证安全的前提下积极抢修，防止事故扩大，短时不能消除的隐患要及时上报领导，遇到处理不了的事，应保护好现场，如实上报。

（12）负责站场建设，提高站场管理水平。保持生产作业现场整齐、清洁，实现文明生产。

2. 加（卸）气工岗位职责

（1）在班长的领导下，完成加注工作。

（2）遵守本岗位的各项规章制度，认真执行操作规程。

（3）熟练掌握本岗位的操作流程。

（4）负责加注设备的安全运行操作。

（5）负责加注设备的日常保养。

（6）负责登记本岗位的技术资料和操作记录。

（7）负责本操作区的卫生。

（8）不断钻研业务，提出改进工艺的合理化建议。

（9）完成领导交办的临时性任务。

3. 维修员岗位职责

（1）在班长的领导下，完成加气站各项维修工作任务。

（2）遵守本岗位的各项规章制度，认真执行操作规程。

（3）熟练掌握本岗位的操作流程。

（4）负责站内设备的日常维护保养及检修工作。

（5）负责归档登记本岗位的技术资料和操作记录。

（6）负责作业区的卫生。

（7）配合设备厂家对设备进行保养、维修作业。

（8）不断钻研业务，提出改进工艺的合理化建议。

（9）完成领导交办的临时性任务。

4. 安全员岗位职责

（1）严格执行《加气站生产管理制度》和《入站须知》，对不符合条件的车辆人员坚决禁止入站，并及时发现和消除站内各种安全隐患，制止一切违章操作的人和事。

（2）负责站内安全隐患的排查，按规定对各岗位安全生产进行检查监督，协助站长进行日常检查，并详细记录检查结果。

（3）定期检查站内外各种安全标志的完好情况，负责安全标志的悬挂及维修。

（4）掌握站内消防器材的配置质量、技术性能和使用方法，发现问题及时上报处理。

（5）做好防火防盗工作，确保加气站的安全。

（6）负责站内日常安全宣传工作，组织各项安全活动。

（7）负责站内安全培训工作，定期进行安全培训，提高每位员工的安全意识，并做好相关记录。

（8）完成领导交办的临时性工作。

5. 电工岗位职责

（1）负责保证加气站用电设备及照明电路的正常运行，及时维修保养，消除事故隐患。

（2）遵守本岗位的各项规章制度，认真执行操作规程。

（3）熟练掌握本岗位的操作流程。

（4）负责站内电气设备的日常维护保养及检修工作。

（5）负责归档登记本岗位的技术资料和操作记录。

（6）负责本操作区的卫生。

（7）不断钻研业务，提出改进工艺的合理化建议。

（8）完成领导交办的临时性任务。

参 考 文 献

［1］严铭卿. 燃气工程设计手册［M］. 北京：中国建筑工业出版社，2009.

［2］花景新. 燃气工程监理［M］. 北京：化学工业出版社，2007.

［3］黄国洪. 燃气工程施工［M］. 北京：中国建筑工业出版社，1994.

［4］张培新. 燃气工程［M］. 北京：中国建筑工业出版社，2004.

［5］詹淑慧. 燃气供应［M］. 北京：中国建筑工业出版社，2004.

［6］花景新. 城镇燃气规划建设与管理［M］. 北京：化学工业出版社，2007.

［7］邵宗义. 实用供热、供燃气管道工程技术［M］. 北京：化学工业出版社，2005.

［8］詹淑慧，李德英. 燃气工程［M］. 北京：中国水利水电出版社、知识产权出版社，2008.

［9］马长城，李长缨. 城镇燃气聚乙烯（PE）输配系统［M］. 北京：中国建筑工业出版社，
       2006.

［10］白世武. 城市燃气实用手册［M］. 北京：石油工业出版社，2008.

［11］谭洪艳. 燃气输配工程［M］. 北京：冶金工业出版社，2009.

［12］戴路. 燃气供应与安全管理［M］. 北京：中国建筑工业出版社，2008.